"十二五"普通高等教育本科国家级规划教材

# 碎矿与磨矿

## （第 3 版）

主　编　段希祥
副主编　肖庆飞

北　京
冶金工业出版社
2024

# 内 容 提 要

　　本书系统阐述了碎矿与磨矿方面的基本理论，详细讲述了国内选矿厂采用的定型设备的构造、工作原理、性能和使用环境，同时尽可能多地介绍了国外性能优越的碎磨设备，对近年来国内外碎磨技术的发展及新成果也作了系统的总结。各章都附有复习思考题，以便于读者自学。

　　本书为高等学校教学用书，也可作为各级职业技术院校教材，还可供相关的工程技术和管理人员参考。

## 图书在版编目（CIP）数据

　　碎矿与磨矿/段希祥主编 . —3 版 . —北京：冶金工业出版社，2012.8
（2024.1 重印）
　　"十二五"普通高等教育本科国家级规划教材
　　ISBN 978-7-5024-5982-6

　　Ⅰ.①碎…　Ⅱ.①段…　Ⅲ.①矿石破碎—高等学校—教材　②磨矿—高等学校—教材　Ⅳ.①TD921

　　中国版本图书馆 CIP 数据核字（2012）第 152313 号

**碎矿与磨矿（第 3 版）**

| | | | |
|---|---|---|---|
| 出版发行 | 冶金工业出版社 | 电　话 | （010）64027926 |
| 地　址 | 北京市东城区嵩祝院北巷 39 号 | 邮　编 | 100009 |
| 网　址 | www.mip1953.com | 电子信箱 | service@mip1953.com |

责任编辑　张耀辉　杨　敏　美术编辑　彭子赫　版式设计　孙跃红
责任校对　王永欣　责任印制　禹　蕊
北京印刷集团有限责任公司印刷
1980 年 7 月第 1 版，2006 年 8 月第 2 版，2012 年 8 月第 3 版，2024 年 1 月第 9 次印刷
787mm×1092mm　1/16；16.25 印张；391 千字；249 页
定价 **39.00** 元

投稿电话　（010）64027932　投稿信箱　tougao@cnmip.com.cn
营销中心电话　（010）64044283
冶金工业出版社天猫旗舰店　yjgycbs.tmall.com
（本书如有印装质量问题，本社营销中心负责退换）

# 第3版前言

《碎矿与磨矿》(第2版)自2006年8月出版以来，教学使用已近6年。在其使用期间发现有些地方需要修改，有的内容需补充。为了适时反映本学科近年来的最新成果，更好地适用教学，使读者全面系统地学习相关知识，我们对《碎矿与磨矿》(第2版)再次进行了修改及补充。

在修订过程中，继续保持了第2版的特色，对经实践证实不太适应教学的内容做了修改，并在此基础上对第2版的不足之处做了有益补充。各章节的修订工作由下列人员完成：昆明理工大学段希祥教授负责修订及补充的指导，并参与了部分具体工作；昆明理工大学肖庆飞副教授负责第2章及第3章的修订及补充，云南大学罗春梅博士负责第1章及第4章的修订及补充，昆明理工大学杨波副教授负责第4章第8节及实验指导书的修订及补充。第3版的文字录入及校对由肖庆飞副教授和罗春梅博士共同完成，段希祥教授负责全书的修改定稿和校订。

在此向对本书的编写工作给予支持和帮助的单位及个人致以衷心感谢！

由于编者水平所限，书中仍难免存在不足之处，衷心希望读者提出批评及修改意见。

编　者
2012年5月

# 第 2 版前言

原昆明工学院李启衡教授主编的《碎矿与磨矿》出版已逾二十年，其内容远不能适应目前的需要。按照冶金院校"十一五"教材出版规划，受冶金工业出版社的委托，对第 1 版进行了较大的修改，我们编写了本书。鉴于客观原因及现时条件，第 2 版的修订工作由昆明理工大学的老师完成。

在编写工作中，我们保持了第 1 版的特色，系统阐述碎矿与磨矿领域的基本理论，详述国内选矿厂采用的定型设备的构造、工作原理、性能和使用。同时，尽可能多地介绍国外性能优越的碎磨设备，因为国内已相当多地引进了这些设备。另外，对 20 世纪 80 年代以来国内外碎磨技术的发展及新成果也进行了系统的总结介绍。

书中概论、3.1 及 3.6 章、4.1~4.7 章由段希祥教授编写，2.1~2.4 章由戴惠新副教授编写，3.2~3.5 章由周平副教授编写，3.7、4.8 章及实验指导书由杨建波副教授编写，全书的复习思考题由段希祥统一提出。书稿的打字及校对工作由昆明理工大学博士生罗春梅、郭永杰、石贵明和肖庆飞完成。段希祥负责全书的最后修改定稿和校订。

由于编者水平有限，书中不足之处在所难免，衷心希望读者提出批评和修改意见。

在此向对本书的编写工作给予支持和帮助的单位及个人致以衷心的感谢！

编　者
2006 年 6 月

# 目　　录

# 1 概　　论

**教学目的：** ①了解碎矿与磨矿的目的、地位与重要性；②了解碎矿与磨矿的阶段及车间工作制度；③掌握碎矿与磨矿的任务及流程；④对碎矿与磨矿的发展趋势有大体认识。

**章节重点：** ①碎矿与磨矿的任务；②碎矿与磨矿的流程。

## 1.1　碎矿和磨矿的目的及任务

在选矿厂的整个工艺过程中，碎矿和磨矿承担着为后续的选别作业提供入选物料的任务。从采矿场送入选矿厂的原矿是上限粒度 1500~1000mm（露天采矿）至 600~400mm（地下采矿）的松散混合粒群，而选矿要求的入选粒度通常为 0.2~0.1mm 或更细，这就表明，碎矿和磨矿要将进入选矿厂的原矿在粒度上减小为原来的数千分之一甚至上万分之一，碎矿和磨矿过程就是一个减小粒度的过程。既然碎矿和磨矿是为后续选别作业准备物料的，就必然要按选别作业的要求来生产原料。

矿石中的有用矿物（待回收矿物）及脉石矿物（待抛弃矿物）紧密嵌生在一起，将有用矿物与脉石矿物以及各种有用矿物之间相互解离开来，是选别的前提条件，也是磨矿的首要任务。因此，选矿前的磨矿在性质上属解离性磨矿。没有有用矿物的充分解离，就没有高的回收率及精矿品位。有用矿物与脉石矿物呈连生体状态时，不容易回收，即使回收起来品位也低。因此，选矿对磨矿的首要要求就是磨矿产品有高的单体解离度。这也是判别磨矿产品质量的首要标准。

各种选矿方法的应用均受到粒度的限制，即均须有一定的合适粒度，过粗的入选粒度难以分选，过细的粒级又难以回收。因此，为选别提供粒度合适的原料是磨矿的第二个任务。值得注意的是，磨矿产品中过粗的粒度还有再被磨细的机会（如果是闭路磨矿或两段以上磨矿），而过度粉碎的矿物则没有再回收的机会。可以说，过粉碎既会增加磨矿过程中的电耗及钢材消耗，又会恶化选别过程并造成矿物资源的浪费，因而在磨矿过程中应尽量降低过粉碎粒级的产生。

综上所述，碎矿和磨矿的目的及任务是，使矿石中的有用矿物充分单体解离，粒度适合选别要求，并且过粉碎程度尽量轻，产品粒度均匀。

## 1.2　碎矿和磨矿的地位及重要性

碎矿和磨矿是选矿厂的重要组成部分，除了个别处理海滨砂矿的选矿厂外，任何一个选矿厂均须设置碎矿和磨矿作业。碎矿和磨矿是选矿厂的领头工序，而且选矿厂生产能力的大小实际上也是由磨矿能力决定的。

选矿厂中的碎矿和磨矿的投资占全厂总投资的 60% 左右，磁选厂甚至达 75% 以上；电耗占选矿的 50%～60%，生产经营费用也占选厂的 40% 以上。同时，磨矿作业产品质量的好坏也直接影响着选矿指标的高低。因此，碎矿和磨矿工段设计及运行的好坏，直接影响到选矿厂的技术经济指标。经济而合理地完成碎矿和磨矿的基本任务，是每个选矿工作者的职责。

除了金属选矿厂中设置碎磨作业外，冶金、化工、建材、煤炭、火电等很多国民经济基础行业中也均设置有碎磨作业，而且设备也是生产中的主机。特别是磨矿作业，对国民经济影响较大，全国每年有上百亿吨矿料需要破碎，全国每年的发电量约有 5% 以上消耗于磨矿，约有上百万吨钢材消耗于磨矿。因此，碎磨作业的增效降耗具有十分重要的意义。

## 1.3　碎矿和磨矿的阶段及流程

前已述及，将开采来的矿石破碎及磨碎到入选粒度时，原矿粒度要缩小为原来的数千分之一甚至上万分之一，这么艰巨的破碎任务不可能在一台破碎机械中一次完成，而只能分阶段串联起来完成。这个过程大的方面分为碎矿和磨矿两个阶段，其阶段粒度划分大致是 5mm。碎矿的产品粒度大于 5mm，破碎力以压碎为主；磨矿的给矿粒度为 5mm 以下，破碎力以冲击及磨剥为主。碎矿过程又进一步分为粗碎、中碎及细碎，磨矿过程又进一步分为粗磨和细磨。

为了提高主机的工作效率，并在电耗高和材料消耗高的碎磨作业中尽量避免"不必要的破碎"，破碎机常常与筛子联合工作，磨矿机一般必须与分级机联合工作。

在碎矿段中设置预先筛分，可将原料中不需此段破碎的物料预先筛除，可减少进入破碎机的给矿量及减少不必要的破碎。而在碎矿以后设置的检查筛分则可将粒度达不到要求的不合格粒级返回本段破碎机再破碎，检查筛分的设置可以严格控制破碎产品粒度。但设置检查筛分不仅增加筛子及返矿设备，也增加场地及建设费用，所以通常只在对粒度有严格要求的细碎作业中才采用。粗碎及中碎中通常只设预先筛分，如果粗碎机及中碎机的生产能力富裕，可以不设预先筛分，因为预先筛分的设置也要增加设备费用并损失空间高度。

磨矿的粒度比碎矿要求更严，而且磨矿机自身没有产品粒度的控制能力（棒磨机有一定的粒度控制能力，可以开路磨矿），因此，在磨矿机外面必须设置分级机来控制磨矿粒度，即闭路磨矿。

图 1-3-1 为三段一闭路碎矿及两段闭路磨矿的典型流程。

## 1.4　碎矿车间和磨矿车间的工作制度

碎矿车间的工作有其特殊性，在确定工作制度时要充分考虑到这些特殊性。

碎矿车间直接接受从采矿场来的原矿，采矿与碎矿之间最多只设置一个缓冲矿仓，因

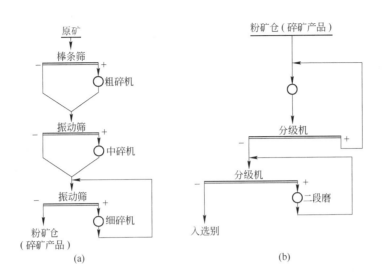

图 1-3-1 碎矿及磨矿的典型流程

(a) 三段一闭路碎矿流程；(b) 两段闭路磨矿流程

此，破碎机的工作时间就要与采矿场的供矿制度相配合，采场不是 24h 连续供矿，碎矿也就不必 24h 连续工作。破碎机破碎坚硬的巨大矿块，机器受力沉重，磨损严重，要求每班工作中均应留足机器检修时间。因此，如果采场两班出矿，碎矿车间就两班工作；若三班均出矿，碎矿车间就三班工作。通常，大型选矿厂均是三班工作制，而中小型选矿厂两班或三班工作制均有。两班制的每班工作 6 ~ 7h，三班制的每班工作 5 ~ 6h，其余时间用在开车、停车及设备检修上。

碎矿车间中，各段破碎机、筛子和附属设备等常常安装在几个不同的台阶上，呈分散布置，每个碎矿段中给矿机、运输机、破碎机、筛子及除尘器等设备互相衔接，各个破碎台阶连成一条生产线。这种设备配置特点就要求有与之相适应的操作管理制度。在这种生产线上，其中任何一台设备发生故障都会使全线停产，启动和停车时的任何一个错误操作都会造成事故，因此要注意调度控制、操纵和讯号指挥。矿石运入及送出都要计量。碎矿车间的操纵和控制有以下特点：(1) 各台机器必须按工艺过程设计的程序，以一定的时间间隔相继启动，启动次序与矿料运行方向相反，即逆向启动。(2) 各台机器既能单独启动，又可以成组启动；既可以在调度室集中操纵，又可在工作地点操纵。(3) 停止整个生产线时，采用正向停车，即和逆向启动相反，也就是和矿料运行方向相同。(4) 当生产线上的某一台设备被迫停车时，为避免堵塞，它以上的机器都必须停车，它后面的机器则可以继续工作。(5) 应该规定出各种讯号，以便指挥分散在全车间内的工作人员。

磨矿车间和碎矿车间不同，磨矿机时开时停会使生产不稳定，选别指标波动，并增加矿物流失，因此，磨矿机是每天 24h 连续工作，每月除计划的检修停车外，其他时间均在工作。

磨矿车间磨矿机通常配置在一个台阶上，比较集中，管理较为方便。碎矿车间操纵控制的要点在磨矿车间原则上适用。

由于碎矿车间与磨矿车间工作制度不相同，碎矿车间的小时生产率就应比磨矿车间的大，即是说，碎矿车间在 $3 \times 6h = 18h$ 的时间内要碎出磨机 24h 磨矿的量。这样，在碎矿车间和磨矿车间之间就必须设置一个粉矿仓装碎矿的最终产品并供给磨矿机原矿。粉矿仓通常能装磨机一天的处理量，矿山供矿情况良好时粉矿仓也可以小一些。

破碎机及磨矿机均是工作部件与坚硬矿石相接触，故磨损严重，必须有计划地准备配件和材料，并经常进行检修。

碎矿及磨矿虽然分在两个车间，而且工作情况不尽相同，但碎矿和磨矿均属矿料的粉碎，而且碎矿为磨矿准备矿料，故二者关系密切，在考虑技术经济问题时，就不应该把它们分开来只顾一方，必须对两个车间综合考虑，才能使碎矿与磨矿总的效果最好。

## 1.5　碎矿和磨矿的发展趋势

碎矿和磨矿是国民经济中许多基础行业的重要工序，它们必须受到应有的重视。随着世界经济技术的发展，矿业也得到了大的发展，作为破碎及磨碎矿料的碎矿和磨矿也随之出现了大的发展，其总的发展趋势是：研制及应用大型碎矿和磨矿设备，发展高效率的新型碎磨设备，将新技术、新材料引入碎磨设备，研究碎磨过程的机理及提高过程效率的途径，以及研究新的碎磨方法等。

二次世界大战后，各国都在恢复及发展经济，金属材料及矿物材料的需求剧增，故新建了很多大型选矿厂并对老选矿厂进行了改建扩建，这种矿业发展态势促进了设备向大型化发展，因为大型设备具有大的生产能力、低的投资及运营成本。例如，颚式破碎机的规格已达 2100mm×3000mm，旋回破碎机达 2130mm×4400mm，圆锥破碎机达 3048mm，棒磨机直径达 4.5m，球磨机直径达 8.25m，自磨机直径达 12.19m，等等。但是，设备大型化的发展也是有止境的，而且受资源条件及相关技术经济发展的限制。20 世纪 60、70 年代设备大型化发展迅速，80 年代大型化基本止步。值得注意的是，球磨机规格愈大，工作效率愈低，这与碎矿设备是不同的。

碎矿及磨矿设备中，大部分是在 19 世纪中出现及在工业生产中应用的，经上百年的工业生产应用，一方面证实这些设备性能是可靠的，具有生命力，另一方面也暴露出它们的工作效率低及消耗高，有待改进提高。20 世纪 80 年代初，世界性的经济危机导致矿业不景气，矿业要生存就必须以效率为中心进行改造。因此，这时期人们开始把注意力集中到碎磨设备的研制及改进上，这种情况下新设备及老设备的改进陆续出现。如冲击式颚式破碎机、超细碎机、无齿轮圆锥破碎机、各种反击式破碎机、环形电机传动磨矿机、塔式磨等。

在传统设备的改进及新设备的研制中，逐步将新技术、新材料引入应用。大型滚动轴承应用于碎磨设备中，高压油悬浮应用于磨机主轴承，聚氨酯耐磨材料应用于筛网以延长寿命，高强度金属材料在碎磨设备零件中的应用，橡胶衬板及磁性衬板的应用，以及自动化技术应用于碎磨设备机组的控制中等。

碎磨过程耗费的能量巨大，材料消耗也高，为了提高过程效率，选矿工作者不断地研究能耗规律及寻找节能降耗的途径，在磨矿领域开辟诸如选择性磨矿这样的领域以提高磨矿效率，开展球磨机介质的工作理论等的研究以进一步提高磨矿效率等。总之，围绕增效、节能降耗等目标开展的各种研究，已取得了不少显著的成绩。

破碎方法中仍然是机械破碎法占统治地位,但机械破碎法的缺点是能量转换效率低及产品的解离度特性不够好。因此,新的破碎方法的研究工作一直未停止过,如电热照射、液电效应、热力破碎方法等的研究,但这些研究均属初期研究,要应用于大宗矿料的工业破碎还有相当距离。

## 复习思考题

1-1 碎矿和磨矿的目的及任务是什么?

1-2 碎矿和磨矿在选矿厂的地位有何区别?

1-3 碎矿车间及磨矿车间的工作有何特点?

1-4 碎矿及磨矿的阶段怎么划分?

1-5 碎矿及磨矿的发展趋势如何?

# 2 筛 分

**教学目的：** ①了解筛分的定义及筛分原理；②掌握筛分效率的计算方法；③掌握筛分分析方法，学会绘制筛分分析曲线并找出其粒度特性方程式；④了解筛分动力学原理及应用方法；⑤掌握常见的固定格筛、条筛、自定中心惯性振动筛及细筛的工作原理，并对其他筛分机械有所认识。

**章节重点：** ①筛分质效率与筛分量效率的计算；②筛分分析方法与粒度特性方程式；③筛分动力学原理及应用；④固定格筛、条筛、自定中心惯性振动筛及细筛的工作原理。

## 2.1 筛分原理

### 2.1.1 筛分的定义及原理

#### 2.1.1.1 筛分的定义

筛分就是将颗粒大小不等的混合物料，通过单层或多层筛子分成若干个不同粒度级别的过程。矿物经过破碎后，常常以各种粒度不等的物料混合存在，有的物料甚至还含有水分、黏土或其他杂质，须通过筛分以满足生产工艺及操作过程的要求。筛分可分为干法和湿法两种，一般用干法，但对于潮湿物料，特别是潮湿并夹带泥质的物料进行干法筛分会很困难，这种物料在筛分时，就需要在筛面上喷水，以将细粒级及泥质冲洗掉。还有一种特殊的湿法筛分，则是将筛面及物料浸在水面以下。

筛分作用概括起来有分级、脱水、脱泥、脱介几种，其中分级是最为常用的。筛分按几何粒度进行分级，得到的是几何粒度，一般用于粗颗粒的分级。细粒物料通常用水力分级，按矿粒在水中的沉落速度进行分级，得到的是水力粒度。

#### 2.1.1.2 筛分原理

松散物料的筛分过程，可以看做是两个阶段的组成：

（1）易于穿过筛孔的颗粒通过不能穿过筛孔的颗粒所组成的物料层到达筛面；

（2）易于穿过筛孔的颗粒透过筛孔。

要使这两个阶段能够实现，物料在筛面上应具有适当的运动，一方面使筛面上的物料层处于松散状态并产生析离（按粒度分层），大颗粒位于上层，小颗粒位于下层，使小颗粒容易到达筛面，并透过筛孔。另一方面，物料和筛子的运动都应促使堵在筛孔上的颗粒脱离筛面，以利于小颗粒透过筛孔。

实践表明，物料粒度小于筛孔 3/4 的颗粒，很容易通过粗粒物料形成的间隙，到达筛面，并在到筛面后很快透过筛孔。这种颗粒称为"易筛粒"。物料粒度小于筛孔但大于筛孔 3/4 的颗粒，通过粗粒组成的间隙会比较困难，一般直径愈接近筛孔尺寸，其透过筛孔的困难程度就愈大，因此，这种颗粒称为"难筛粒"。下面用矿粒通过筛孔的概率理论来作说明。

矿粒通过筛孔的可能性称为筛分概率，一般来说，矿粒通过筛孔的概率受到下列因素影响：（1）筛孔大小；（2）矿粒与筛孔的相对大小；（3）筛子的有效面积；（4）矿粒运动方向与筛面所成的角度；（5）矿料的含水量和含泥量。

由于筛分过程是许多复杂现象和因素的综合，从而使筛分过程不易用数学形式来全面地描述，这里仅仅从颗粒尺寸与筛孔尺寸的关系进行讨论，在假定了某些理想条件（如颗粒是垂直地投入筛孔）的基础上而得到颗粒透过筛孔的概率的公式。

松散物料中粒度比筛孔尺寸小得多的颗粒，在筛分开始后，很快就会落到筛下产物中，而粒度与筛孔尺寸愈接近的颗粒，透过筛孔所需的时间则愈长。所以，物料在筛分过程中通过筛孔的速度取决于颗粒直径与筛孔尺寸的比值。

单颗矿粒透过筛孔的概率研究如图 2-1-1 所示。假设有一个由无限细的筛丝制成的筛网，筛孔为正方形，每边长度为 $L$。如果一个直径为 $d$ 的球形颗粒，在筛分时垂直地向筛孔下落，可以认为，颗粒与筛丝不相碰时，它就会毫无阻碍地透过筛孔。换言之，要使颗粒顺利地透过筛孔，在颗粒下落时，其中心应投在绘有虚线的面积 $(L-d)^2$ 内（图 2-1-1 （a））。

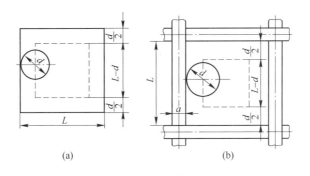

(a)　　　　　　　　　　(b)

图 2-1-1　颗粒透过筛孔示意图

由此可见颗粒透过筛孔或者不透过筛孔均是一个随机现象。如果矿粒投到筛面上的次数有 $n$ 次，其中有 $m$ 次透过筛孔，那么颗粒透过筛孔的频率就是：

$$频率 = \frac{m}{n}$$

当 $n$ 很大时，频率总是稳定在某一个常数 $p$ 附近，这个稳定值 $p$ 就称为筛分概率。因此筛分概率可以客观地反映矿粒透筛可能性的大小。

$$p = \frac{m}{n}$$

既然概率是某事件出现的可能性的大小，它也就永远不会小于零，也不会大于 1，而是在 0 与 1 之间，即 $0 \leqslant p \leqslant 1$。

可以设想有利于颗粒透过筛孔的次数，与面积 $(L-d)^2$ 成正比，而颗粒投到筛孔上的次数，与筛孔的面积 $L^2$ 成正比。因此，颗粒透过筛孔的概率就决定于这两个面积的比值：

$$p = \frac{(L-d)^2}{L^2} = \left(1 - \frac{d}{L}\right)^2 \qquad (2\text{-}1\text{-}1)$$

颗粒被筛丝所阻碍，它不透过筛孔的概率之值便等于 $1-p$。

当某事件发生的概率为 $p$ 时，若使该事件以概率 $p$ 出现需要重复 $N$ 次，则 $N$ 值与概率 $p$ 成反比，即：

$$p = \frac{1}{N}$$

在这里所讨论的 $N$ 值就是颗粒透过筛孔的概率为 $p$ 时必须与颗粒相遇的筛孔数目。由此可见，筛孔数目越多，颗粒透过筛孔的概率越小，当 $N$ 值无限增大时，$p$ 便无限接近于零。

取不同的 $\frac{d}{L}$ 比值，计算出的 $p$ 和 $N$ 值，见表 2-1-1。利用这些数据可画出图 2-1-2 中的曲线。该曲线可大体划分为两段，在颗粒直径 $d$ 小于 $0.75L$ 的范围内，曲线较平缓，随着颗粒直径的增大，颗粒透过筛面所需的筛孔数目有所增加。当颗粒直径超过 $0.75L$ 以后，曲线较陡，颗粒直径稍有增加，颗粒透过筛面所需的筛孔数目就需要很多。因此，用概率理论可以证明，在筛分实践中把 $d < 0.75L$ 的颗粒称为"易筛粒"和 $d > 0.75L$ 的颗粒称为"难筛粒"是有道理的。

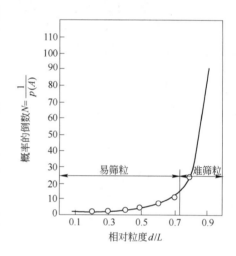

图 2-1-2　颗粒透过筛面的概率的倒数与颗粒和筛孔相对尺寸的关系

表 2-1-1　颗粒透过筛孔的概率与颗粒及筛孔相对尺寸的关系

| $\dfrac{d}{L}$ | $p$ | $N = \dfrac{1}{p}$ | $\dfrac{d}{L}$ | $p$ | $N = \dfrac{1}{p}$ |
|---|---|---|---|---|---|
| 0.1 | 0.810 | 2 | 0.7 | 0.090 | 11 |
| 0.2 | 0.640 | 2 | 0.8 | 0.040 | 25 |
| 0.3 | 0.490 | 2 | 0.9 | 0.010 | 100 |
| 0.4 | 0.360 | 3 | 0.95 | 0.0025 | 400 |
| 0.5 | 0.250 | 4 | 0.99 | 0.0001 | 10000 |
| 0.6 | 0.160 | 7 | 0.999 | 0.000001 | 100000 |

若考虑筛丝的尺寸（图 2-1-1（b）），与上面所讨论的原理一样，得到颗粒透过筛面的概率公式：

$$p = \frac{(L-d)^2}{(L+a)^2} = \frac{L^2}{(L+a)^2}\left(1 - \frac{d}{L}\right)^2 \qquad (2\text{-}1\text{-}2)$$

式中　$a$——筛丝直径;

　　　$L$——方形筛孔的边长。

式(2-1-2)说明,筛孔尺寸愈大,筛丝和颗粒直径愈小,则颗粒透过筛孔的可能性愈大。

### 2.1.2 筛分效率及影响因素

#### 2.1.2.1 筛分效率

在使用筛子时,既要求它的处理能力大,又要求尽可能多地将小于筛孔的细粒物料过筛到筛下产物中去。因此,筛子有两个重要的工艺指标:一个是它的处理能力,即筛孔大小一定的筛子每平方米筛面面积每小时所处理的物料吨数($t/(m^3 \cdot h)$),它是表明筛分工作的数量指标。另一个是筛分效率,它是表明筛分工作的质量指标,可以反映筛分的完全程度。

在筛分过程中,按理说比筛孔尺寸小的细级别应该全部透过筛孔,但实际上并不是如此,而是要根据筛分机械的性能和操作情况以及物料含水量、含泥量等而定。因此,总有一部分细级别不能透过筛孔成为筛下产物,而是随筛上产品一起排出。筛上产品中,未透过筛孔的细级别数量愈多,说明筛分的效果愈差,为了从数量上评定筛分的完全程度,这时要用到筛分效率这个指标。

所谓筛分效率,是指实际得到的筛下产物质量与入筛物料中所含粒度小于筛孔尺寸的物料的质量之比。筛分效率用百分数或小数表示。

$$E = \frac{C}{Q \cdot \frac{\alpha}{100}} \times 100\% = \frac{C}{Q\alpha} \times 10^4\% \qquad (2\text{-}1\text{-}3)$$

式中　$E$——筛分效率;

　　　$C$——筛下产品质量;

　　　$Q$——入筛原物料质量;

　　　$\alpha$——入筛原物料中小于筛孔的级别的含量,%。

式(2-1-3)是筛分效率的定义式,但实际生产中要测定 $C$ 和 $Q$ 是比较困难的,因此必须改用下面推导出的计算式来进行计算。

如图 2-1-3 所示,假定筛下产品中没有大于筛孔尺寸的颗粒,由此可以组成两个方程式:

(1)原料质量应等于筛上和筛下产物质量之和,即

$$Q = C + T \qquad (2\text{-}1\text{-}4)$$

(2)原料中小于筛孔尺寸的粒级的质量,等于筛上产物与筛下产物中所含有的小于筛孔尺寸的物料的质量之和。

$$Q\alpha = 100C + T\theta \qquad (2\text{-}1\text{-}5)$$

式中　$T$——筛上产物质量;

　　　$\theta$——筛上产物中所含小于筛孔尺寸粒级的含量,%。

将公式(2-1-4)代入公式(2-1-5),得

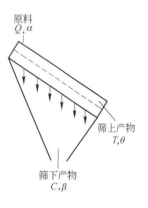

图 2-1-3　筛分效率的测定

$$Q\alpha = 100C + (Q - C)\theta$$

$$C = \frac{(\alpha - \theta)Q}{100 - \theta} \tag{2-1-6}$$

按照公式（2-1-3）表示的筛分效率的定义，将公式（2-1-6）代入公式（2-1-3）中，得

$$E = \frac{C}{Q\alpha} \times 10^4\% = \frac{\alpha - \theta}{\alpha(100 - \theta)} \times 10^4\% \tag{2-1-7}$$

必须指出，式（2-1-7）是指筛下产物中不含有大于筛孔尺寸的颗粒的条件下得出的物料平衡方程式，公式中的 $\alpha$、$\theta$ 必须用百分数的分子代入。由于实际生产中，筛网常常被磨损，或者由于颗粒形状的影响，部分大于筛孔尺寸的颗粒也会或多或少的透过筛孔进入筛下产物，如果考虑这种情况，筛分效率则应按下式计算：

$$E = \frac{\beta(\alpha - \theta)}{\alpha(\beta - \theta)} \times 100\% \tag{2-1-8}$$

式中    $\beta$——筛下产物中所含小于筛孔级别的含量，% 。

筛分效率的测定方法如下：在入筛的物料流中和筛上物料流中每隔 $15 \sim 20\min$ 取一次样，应连续取样 $2 \sim 4\text{h}$，将取得的平均试样在检查筛里筛分，检查筛的筛孔与生产上用的筛子的筛孔相同。分别求出原料和筛上产品中小于筛孔尺寸的级别的含量 $\alpha$ 和 $\theta$，代入公式（2-1-7）中可求出筛分效率。如果没有与所测定的筛子的筛孔尺寸相等的检查筛子时，可以用套筛作筛分分析，将其结果绘成筛析曲线，然后由筛析曲线图中求出该级别的百分含量 $\alpha$ 和 $\theta$。

#### 2.1.2.2 级别筛分效率与总筛分效率

**A 级别筛分效率**

级别筛分效率就是筛下产品中某一级别颗粒的质量与入筛物料中同一级别的颗粒的质量之比，又称筛分量效率或部分筛分效率。级别筛分效率用 $E$ 表示。它的计算式与公式（2-1-8）相同，只不过此时 $\alpha$、$\beta$、$\theta$ 在公式中不是表示小于筛孔尺寸粒级的含量，而是表示要测定的那一级别的颗粒的含量。

**B 总筛分效率**

总筛分效率等于按筛下的粒级计算的筛分效率减去筛下产物中混入的大于规定粒级的筛分效率，又称筛分质效率。

设 $Q$、$A$、$B$ 分别为入料量，筛下产物量和筛上产物量，$\alpha$ 为入料中小于筛孔级别的含量（%），$\beta$ 为筛下产物中小于规定粒级的细粒含量（%），$\theta$ 为筛上产物中小于筛孔级别的含量（%）。则

$$Q = A + B \quad 或 \quad B = Q - A$$

$$Q\alpha = A\beta + B\theta = A\beta + (Q - A)\theta = A\beta + Q\theta - A\theta$$

故          $Q(\alpha - \theta) = A(\beta - \theta)$

即          $$\frac{A}{Q} = \frac{\alpha - \theta}{\beta - \theta} \tag{2-1-9}$$

已知筛下产物中，小于规定粒级物料的筛分效率为 $\eta_1$（％），则

$$\eta_1 = \frac{A\beta}{Q\alpha} \times 100\% \qquad (2\text{-}1\text{-}10)$$

已知筛下产物中，大于规定粒级物料的筛分效率为 $\eta_2$（％），则

$$\eta_2 = \frac{A(100 - \beta)}{Q(100 - \alpha)} \times 100\% \qquad (2\text{-}1\text{-}11)$$

总筛分效率 $\eta_A$（％）为

$$\eta_A = \eta_1 - \eta_2 = \left[ \frac{A\beta}{Q\alpha} - \frac{A(100 - \beta)}{Q(100 - \alpha)} \right] \times 100\%$$

$$= \left\{ \frac{A}{Q} \left[ \frac{\beta(100 - \alpha) - \alpha(100 - \beta)}{\alpha(100 - \alpha)} \right] \right\} \times 100\%$$

$$= \frac{A}{Q} \left[ \frac{100(\beta - \alpha)}{\alpha(100 - \alpha)} \right] \times 100\% \qquad (2\text{-}1\text{-}12)$$

把式（2-1-9）代入式（2-1-12），则

$$\eta_A = \frac{\alpha - \theta}{\beta - \theta} \times \frac{100(\beta - \alpha)}{\alpha(100 - \alpha)} \times 100\%$$

$$= \frac{(\alpha - \theta)(\beta - \alpha) \times 100}{\alpha(\beta - \theta)(100 - \alpha)} \times 100\% \qquad (2\text{-}1\text{-}13)$$

级别筛分效率与总筛分效率有着密切的关系，细粒级别的级别筛分效率恒大于总筛分效率，且级别愈细，级别筛分效率愈高；"难筛颗粒"的级别筛分效率恒小于总筛分效率，且"难筛颗粒"尺寸愈接近筛孔尺寸，则其级别筛分效率愈低。

鉴于以上讲的这些情况，在遇见筛分效率时，就要注意是用什么公式计算的，分清是总筛分效率还是部分筛分效率，否则就会对所研究的问题认识不清。

### 2.1.2.3　影响筛分效率的因素

A　入筛原料性质的影响

（1）含水率。物料的含水率又称湿度或水分。附着在物料颗粒表面的水分称为外在水分，对物料筛分有很大影响；物料裂缝中的水分以及与物质化合的水分称为内在水分，对筛分过程则没有影响。例如：筛分某些烟煤时，如水分达到 6％，筛分过程实际上就难以进行了，因为这种烟煤的水分基本上是覆盖在表面上的；而孔隙很多的褐煤的水分虽然达到 45％，但筛分过程仍然能够正常地进行。

物料在细孔筛网上筛分时，水分的影响尤其突出。由于细粒级物料的比表面积很大，所以其外在水分含量也最高。物料的外在水分，能使细颗粒互相黏结成团，并附着在大块上。这种黏性物料会把筛孔堵住。除此以外，附着在筛丝上的水分，在表面张力的作用下，也可能形成水膜，把筛孔掩盖起来。所有这些情况，都妨碍了物料在筛面上按粒度分层，使细颗粒难以透过筛孔而留在筛上产物中。

当物料所含水分达到某一范围时，筛分效率会急剧降低。这个范围取决于物料的性质

和筛孔尺寸。物料所含水分超过这个范围以后，颗粒的活动性又重新提高，并逐渐达到湿筛的条件，换句话说，这时是物料与水一起进行筛分了。

　　水分对某种物料的筛分过程的具体影响，只能根据试验结果判断。筛分效率与物料湿度的关系见图 2-1-4。图中，水分对两种物料的影响是不同的，产生差别的原因可以由这两种物料具有不同的吸湿性能来解释。

　　试验表明，有时候把表面活性物质加到含水物料中，可以提高物料的活动性和分散性，改善筛分条件。用不能被水润湿的材料制成的筛面，也能改善筛子的工作效率。

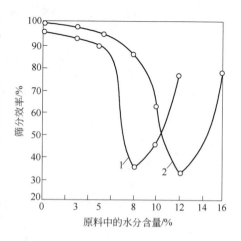

图 2-1-4　筛分效率与物料湿度的关系
1—吸湿性弱的物料；2—吸湿性强的物料

　　(2) 含泥量。如果物料含有易结团的混合物（如黏土等），即使在水分含量很少时，筛分也可能发生困难。因为黏土物料在筛分中会黏结成团，使细泥混入筛上产物中，除此以外，黏土也很容易堵塞筛孔。

　　黏土质物料和黏性物料，只能在某些特殊情况下用筛孔较大的筛面进行筛分。筛网粘住矿石时，必须采用特殊的措施进行处理。这些措施包括：湿法筛分（即向沿筛面运动的物料上喷水）；筛分前预先脱泥；对筛分原料进行烘干。另外，用电热筛面筛分潮湿且有黏性的矿石，能收到很好的效果。

　　在湿法筛分中，筛子的生产能力比干法筛分时高几倍；提高的倍数与筛孔尺寸有关。湿法筛分所消耗的水量，取决于应该排到筛下产物中的黏土混合物、细泥和尘粒的性质与数量。一般情况下，每 $1m^3$ 原料耗水 $1.5m^3$ 左右。如果工艺过程的条件容许进行湿法筛分，从生产厂房的防尘条件来看，湿筛比干筛更易于被人采用。在许多场合下，特别是筛分含砂较多的矿石时，为了减少尘埃飞扬，改善厂房卫生条件，通常使矿石保持一定的水分（4% ~6%）。

　　(3) 粒度特性。影响筛分过程的粒度特性主要是指原料中含有的对筛分过程有特定意义的各种粒级物料的含量。

　　表 2-1-2 列出了物料的粒度特性对筛分过程的影响。

表 2-1-2　物料的粒度特性对筛分过程的影响

| 粒级名称及粒度范围 | | | 对筛分过程的影响 |
|---|---|---|---|
| 原料（$d_1 \sim d_2$） | 能筛粒级（$d_1 \sim L$） | 易筛粒（$d_1 \sim 0.75L$） | 容易穿过粗粒层并接近筛面继而透过筛孔 |
| | | 难筛粒（$0.75L \sim L$） | 难于穿过粗粒层及透过筛孔，且容易卡在筛孔内 |
| | 不能筛粒级（$L \sim d_2$） | 阻碍粒（$L \sim 1.5L$） | 对其他粒级尤其是难筛粒级的穿层与透筛有阻碍作用，且容易卡在筛孔内 |
| | | 非阻碍粒（$1.5L \sim d_2$） | 对其他粒级的阻碍作用很小 |

注：$L$ 为筛孔尺寸，$d_1 < L < d_2$。

　　由表 2-1-2 中可知，原料中所含的难筛粒及阻碍粒相对其他粒级较多时，对筛分过程不利；而所含的易筛粒和非阻碍粒相对其他粒级较多时，对筛分过程有利。

当原料中细级别含量少，而筛上物本身又过粗，其粒度大大超过筛孔尺寸的时候，可以采取增加辅助筛分的方法，用筛孔尺寸较大的辅助筛，预先排出筛上产物过粗的级别，然后筛分含有大量细级别的较细物料，这样可以提高筛分效率和延长筛网的使用寿命。

影响筛分过程的粒度特性还包括颗粒的形状。对于三维尺寸都比较接近的颗粒，如球体、立方体、多面体等，筛分比较容易；而对于三维尺寸有较大差别的颗粒，如薄片体、长条体、怪异体等，在其他条件相同的情况下筛分就比较困难。

（4）密度特性。当物料中所有颗粒都是同一密度时，一般对筛分没有影响。但是当物料中粗、细颗粒存在密度差时，情形就大不一样。若粗粒密度小，细粒密度大，则容易筛分。比如对 $-50mm$ 破碎级煤与 $-200$ 网目磨碎级铁矿粉的混合物的筛分，或从稻谷粒中筛出混入的细砂等。这是由于粗粒层的阻碍作用相对较小，而细粒级的穿层及透筛作用却比较大。相反，若粗粒密度大，细粒密度小，比如含有较多粗粒级矸石的煤，筛分就相对困难。

　　B　筛子性能的影响

（1）筛面运动形式。筛面运动形式关系到筛上物料层的松散度及需要透筛的细物料相对筛面运动的速度、方向、频率等，因而对分层、透筛过程均有影响。例如，物料在固定筛上的运动，全靠物料在其本身重力的作用下滑移流动，筛分效果较差；在振动筛上，物料的运动能量主要来自筛面的振动，料层不断地充分松散，颗粒相对筛面不断地剧烈冲撞，筛分效果较好；转筒筛运动平缓，料层松散度不够，粗、细颗粒经常混杂，使分层不连续，物料相对筛面的运动速度较小，筛孔容易堵塞；摇动筛上的物料主要是沿筛面方向滑动，在筛面法向的速度分量较小，不利于细粒透筛。几种典型筛子的筛分效率大致如表 2-1-3 所示。

表 2-1-3　不同运动特性筛面的筛分效果

| 筛面运动形式 | 固定不动 | 筒形转动 | 摇动 | 振动 |
|---|---|---|---|---|
| 筛分效率/% | 50~60 | 60 | 70~80 | ≥90 |

在振动筛中，筛面的运动形式有圆振动、直线振动和椭圆振动几种。其中圆振动形式能使物料充分松散，抗堵孔能力强，但筛上物料的抛射角大，输送能力小。为提高输送能力，不得不加大筛面倾角，这使得筛分粒度不太严格，料层呈加速输送，减少了接近筛孔尺寸的颗粒在筛面排料端透筛的机会。直线振动形式不能使物料充分松散和重新排列，故细粒物料不易接近筛面而透筛，已经堵塞筛孔的颗粒不易抛出，使筛分过程恶化。但筛上物料的抛射角小，输送能力较大，筛面一般呈水平或接近水平安装，筛分粒度严格，料层呈匀速输送，有利于接近筛孔尺寸的颗粒透筛。椭圆振动形式的"轨迹长轴"是强化筛上物料输送的分量，"轨迹短轴"是促进物料松散的分量，因而兼有圆振动和直线振动的优点，并克服二者的缺点，故筛分质量较高。

（2）筛面结构参数。筛面结构参数如下：

1）筛面宽度与长度。一般情况下，筛面宽度决定筛子的处理能力，筛面越宽，处理能力就越大；筛面长度决定筛子的筛分效率，筛面越长，效率就越高。对于振动筛，增加宽度常受到筛框结构强度的限制。通常，宽度越大，筛框的寿命就越短。目前，我国筛宽一般在 2.5m 以内，而有的国家筛宽已达 5.5m。

筛面长度达到一定尺寸后，筛分效率提高很少，甚至不再提高，此时再增加筛面长度只会增加筛子的体积和质量，浪费厂房空间，所以筛面长度必须适当。只有在高负荷下工作的筛子，为了保证较高的筛分效率，且配置条件许可时，适当增加筛子长度，有时才是有利的。筛子的处理能力和筛分效率，是两个相依相存的指标，必须同时兼顾才具有实际意义。一般是在确定筛宽后，再根据长宽比确定筛长。我国矿用振动筛的长宽比多采用 2，煤用振动筛的长宽比多为 2.5。

2）筛面倾角。筛面倾角对筛分粒度有影响，倾角大，落下的粒度减小，倾角小，落下的粒度加大。为便于排出筛上物，筛面有时倾斜安装。倾角的大小与筛子的生产率和筛分效率有密切的关系，这是因为倾角大，料层在筛面上向前运动的速度就快，生产率就大，但物料在筛面上停留的时间缩短，减少了颗粒透筛机会，降低了筛分效率。一般来说，振动筛的倾角为 0°～25°，固定棒条筛的倾角为 40°～45°。

3）筛孔的大小、形状及开孔率。筛孔越大，单位筛面面积的处理能力就越大，筛分效率也越高。筛孔的大小主要取决于筛分的目的和要求。对于粒度较大的常规筛分，一般是令筛孔尺寸等于筛分粒度；但是当要求的筛分粒度较小时，筛孔应该比筛分粒度稍大些；对于近似筛分，筛孔要比筛分粒度大很多。

常见的筛孔形状有圆形、方形和长方形三种，依次以直径、边长和短边长来表示筛孔的尺寸。当三种筛子具有相同的筛孔尺寸时，筛下产物的粒度上限却不相同。筛下产物的最大粒度按下式计算：

$$d_{max} = kL \qquad (2\text{-}1\text{-}14)$$

式中　$d_{max}$——筛下产物最大粒度；

　　　$L$——筛孔尺寸；

　　　$k$——系数，见表 2-1-4。

表 2-1-4　不同形状的筛孔对筛分粒度的影响

| 筛孔形状 | 圆　形 | 方　形 | 长方形 |
|---|---|---|---|
| $k$ 值 | 0.7 | 0.9 | 1.2～1.7 |

圆形和方形筛孔所得到的筛下物的形状较为规则，而片状和条状的颗粒则容易从长方形筛孔中漏下，因此，长方形筛孔一般制作得较小。但是，在筛分潮湿、黏性的物料时，若把长方形筛孔的长边（通常称为筛缝）顺着筛上物料的移动方向布置，就可减少对筛上物料的阻碍，从而减少堵塞。在选择筛孔形状时，应该考虑与物料形状相适应，如处理块状物料就采用正方形筛孔，处理板状物料就采用长方形筛孔。在一般情况下，筛孔尺寸越大，筛面开孔率就越高。在筛孔尺寸一定时，开孔率越大对筛分越有利，但开孔率常受到筛面强度、使用寿命的限制。

（3）操作条件的影响。对一定的筛子和筛分原料而言，操作条件主要是指给料的数量和给料方式。前者即筛子负荷，通常以 $t/(台 \cdot h)$ 或 $t/(m^2 \cdot h)$ 为单位，它与筛分效率的关系在前面已经论述；后者是指应保持连续和均匀地向筛子给料，其中均匀性既包括在任意瞬时的筛子负荷都应相等，也包括物料是在整个筛面宽度上给入，让物料沿整个筛子的宽度布满成一薄层，这样既充分利用了筛面，又利于细粒透过筛孔，从而保证获得较高的生产率和筛分效率。此外，及时清理和维修筛面，也有利于筛分操作。

## 2.2 物料的粒度组成及粒度分析

### 2.2.1 粒度组成及粒度分析方法

选矿工艺特点之一，就是针对物料的不同粒度范围对它们采取不同的处理方法。在确定选矿工艺流程和选矿机械的效果时，物料的粒度组成是一个需要考虑的重要因素。这时常常需要对原矿和产品进行粒度分析，才能评价作业效果和分析生产过程，可见粒度组成的测定是选矿中经常遇到的一项重要工作。因此，规范碎散物料粒度组成的表示方法和分析方法是非常必要的。

#### 2.2.1.1 粒度表示法

**A 单个矿块的粒度表示法**

所谓粒度，就是颗粒（矿块）大小的量度，它表明物料粉碎的程度，一般用 mm（或 $\mu m$）表示。在实际工作中，粒度通常借用"直径"一词来表示，记为 $d$。每一块矿石的形状都是不规则的，为了便于表示它的大小，习惯上用平均直径。单个矿块的平均直径，就是在三个互相垂直方向上量得的尺寸的平均值。

设平均直径为 $d$，则

$$d = \frac{a + b + c}{3} \tag{2-2-1}$$

式中 $a$——矿块长度，最长的量度；

$b$——矿块宽度，次长的量度；

$c$——矿块厚度，最短的量度。

这种方法，常用来测定大矿块，如选矿厂用来测定破碎机的给矿和排矿中的最大块的粒度。在显微镜下测定微细粒子的平均直径，原则上也可用这种方法。

**B 粒级的表示法**

所谓粒级就是用某种分级方法（如筛分）将粒度范围较宽的碎散物料粒群分成粒度范围较窄的若干个级别，这些级别就称为粒级。用称量法称出各级别的质量并计算出它们的质量百分率，从而说明这批矿料是由含量各为多少的哪些粒级组成，这种分级资料就是矿料的粒度组成。

大批松散矿料，如果用 $n$ 层筛面把它们分成（$n+1$）个粒度级别，确定每一级别矿粒的尺寸，通常以矿粒能透过的最小正方形筛孔边长作为该级别的粒度。如筛孔边长为 $b$，则：

$$d = b \tag{2-2-2}$$

如透过上层筛的筛孔宽为 $b_1$，而留在下一层筛面上的筛孔宽为 $b_2$，则粒度级别可按以下表示：

$$-b_1 + b_2(-d_1 + d_2) \quad 或 \quad b_1 \sim b_2(d_1 \sim d_2)$$

如 $\qquad\qquad -10 + 6mm \quad 或 \quad 10 \sim 6mm$

### 2.2.1.2 平均粒度和物料的均匀度

在碎矿、磨矿的研究工作中，有时要计算平均粒度，以用来说明含有各种粒级的混合物料的平均大小。由不同的粒度级别组成的混合物料，可以看做是一个统计集体，求混合物料平均直径的方法，便可以用统计上求平均值的方法。

设 $r_i$ 表示各级别的质量百分率；$D$ 为混合物料的平均直径；$d_i$ 为各级别的平均直径。则计算混合物料平均粒度有下列 3 种方法：

（1）加权算术平均法

$$D = \frac{r_1 d_1 + r_2 d_2 + \cdots + r_n d_n}{r_1 + r_2 + \cdots + r_n}$$

$$= \frac{\Sigma r_i d_i}{\Sigma r_i} = \frac{\Sigma r_i d_i}{100} \tag{2-2-3}$$

（2）加权几何平均法

$$D = \left( d_1^{r_1} d_2^{r_2} \cdots d_n^{r_n} \right)^{\frac{1}{\Sigma r_i}}$$

取对数

$$\lg D = \frac{\Sigma r_i \lg d_i}{\Sigma r_i} = \frac{\Sigma r_i \lg d_i}{100} \tag{2-2-4}$$

（3）调和平均法

$$D = \frac{\Sigma r_i}{\Sigma \dfrac{r_i}{d_i}} = \frac{100}{\Sigma \dfrac{r_i}{d_i}} \tag{2-2-5}$$

以上三种计算方法所得的结果是：

$$算术平均值 > 几何平均值 > 调和平均值$$

在计算混合物料的平均粒度时，混合物料筛分的级别越多，求得的平均值也就相对越准确，其代表性也越高。对于窄级别（$d_1/d_2$ 大约为 $\sqrt{2}$ 以下），可以用 $D = (d_1 + d_2)/2$ 进行简便计算。

平均粒度虽然反映物料的平均大小，但单有平均粒度还不能完全说明物料的粒度性质。因为往往有这种情况，两批物料的平均粒度相等，但它们各相同粒级的质量百分率却完全不同。为了能对物料的粒度性质有完全的说明，除了平均粒度以外，还须用偏差系数 $K_{偏}$ 来说明物料的均匀程度。偏差系数按下面公式计算：

$$K_{偏} = \frac{\sigma}{D} \tag{2-2-6}$$

式中　$D$——用加权算术平均法 $\left( \dfrac{\Sigma r_i d_i}{\Sigma r_i} \right)$ 求得的平均粒度；

　　　　$\sigma$——标准差，$\sigma = \sqrt{\dfrac{\Sigma (d_i - D)^2 r_i}{\Sigma r_i}}$。

通常认为，$K_{偏} < 40\%$ 是均匀的；$K_{偏} = 40\% \sim 60\%$ 是中等均匀的；$K_{偏} > 60\%$ 是不均匀的。

### 2.2.1.3 粒度分析

所谓粒度分析，就是从粒度组成资料中得出各粒级在原料中的分布情况，从而确定物料粒度组成的判定实验。目前，在实际工作中常常采用的粒度分析方法主要有筛分分析法、水力沉降分析法和显微镜分析法。

（1）筛分分析法。筛分分析法就是利用筛孔大小不同的一套筛子对物料进行粒度分析的方法。$n$ 层筛子可把物料分成（$n+1$）个粒级，如筛孔宽度为 $b$，则 $d=b$。当上层筛孔宽为 $b_1$，下层筛孔宽为 $b_2$ 时，则两层筛子之间的这一粒级的粒度就可表示为 $-b_1+b_2$ 或 $b_1 \sim b_2$。筛分分析适用的物料粒度范围为 $100 \sim 0.043mm$，其中粒度大于 $0.1mm$ 的物料多采用干筛，而粒度在 $0.1mm$ 以下的物料则常采用湿筛。这种粒度分析方法的优点是设备简单、操作容易；缺点是颗粒形状对分析结果的影响较大。

（2）水力沉降分析法。水力沉降分析法就是利用不同尺寸的颗粒在水介质中沉降速度的不同而将物料分成若干粒度级别的分析方法。它不同于筛分分析法，因为水力沉降分析法测得的结果是具有相同沉降速度的颗粒的当量直径，而筛分分析法测得的是颗粒的几何尺寸。此外，这种分析方法的测定结果既受颗粒形状的影响，又受颗粒密度的影响。因此，当分析的物料中包含有不同密度的颗粒时，通过水力沉降分析所得到的各个粒级中都将包含有高密度的小颗粒和低密度的大颗粒；当分析的物料中包含有密度相同而形状不同的颗粒时，通过水力沉降分析所得到的各个粒级中又将包含有形状规则的小粒和形状不规则的大颗粒。水力沉降分析法适合用来对粒度范围在 $1 \sim 75\mu m$ 的物料进行粒度分析。

（3）显微镜分析法。显微镜分析法就是在显微镜下对颗粒的尺寸和形状直接进行观测的一种粒度分析方法。这种分析方法常用来检查分选作业的产品或校正用水力沉降分析法所得到的分析结果，以及研究矿石的结构和构造。它主要用于分析微细物料，其最佳测定粒度范围为 $0.25 \sim 20\mu m$。

## 2.2.2 筛分分析

### 2.2.2.1 标准筛

筛分分析用的筛子有两种：一种为非标准筛（或手筛），用来筛分粗粒物料，筛孔大小一般为 $150mm$、$120mm$、$100mm$、$80mm$、$70mm$、$50mm$、$25mm$、$15mm$、$12mm$、$6mm$、$3mm$、$2mm$、$1mm$ 等，根据需要确定，用于破碎各段或筛分产品的粒度分析；另一种是标准套筛，多用于磨矿产品，分级产品或选别产品的粒度分析，用来筛分分析 $6 \sim 0.038mm$ 的较细物料。它由一套相邻筛间筛孔尺寸有一定比例，孔径和筛丝直径都按统一标准制造的筛子组成。上层筛子的筛孔大，下层筛子的筛孔小，另外还有一个上盖（防止试样在筛分分析过程中损失）和筛底（用来直接接取最底层筛子的筛下产物）。

将标准筛按筛孔由大到小从上到下排列起来，这时各个筛子所处的层位次序称为筛序。使用标准筛时，绝对不可错叠筛序，以免造成试验结果混乱。

在叠好的筛序中，每两个相邻的筛子的筛孔尺寸之比称为筛比。有些标准筛有一个作为基准的筛子，称为基筛。重要的标准筛有以下几种。

A　泰勒标准筛

这种筛制是用筛网每 $1in$（$25.4mm$）长度上所占有的筛孔数目作为各个筛子号码的名称。$1in$ 长度中的筛孔数目称为网目，简称目，如 $200$ 目的筛子就是指 $1in$ 长度的筛网上有

200 个筛孔。泰勒筛制有两个序列，一是基本序列，其筛比是 $\sqrt{2}=1.414$；另一个是附加序列，其筛比是 $\sqrt[4]{2}=1.189$。基筛为 200 目的筛子，其筛孔尺寸是 0.074mm。

以 200 目的基筛为起点，对基本筛序来说，比 200 目粗一级的筛子的筛孔约为 $0.074 \times \sqrt{2}=0.104$mm，即 150 目，更粗一级的筛子的筛孔尺寸是 $0.074 \times \sqrt{2} \times \sqrt{2}=0.147$mm，即 100 目的筛子，比 0.074mm 细一级的筛孔尺寸为 $0.074/\sqrt{2}=0.053$mm，即 270 目的筛子。一般选矿产物的筛分分析多采用基本筛序，只在要求得到更窄的级别的产品时，才插入附加筛序（筛比 $\sqrt[4]{2}$ 的筛子）。

B 德国标准筛

这种筛子的"目"是 1cm 长的筛网上的筛孔数，或 $1cm^2$ 面积上的筛孔数。其特点是筛号与筛孔尺寸（mm）的乘积约等于 6，并规定筛丝直径等于筛孔尺寸的 2/3，各层筛子的筛网有效面积（所有筛孔的面积与整个筛面面积之比，用百分率表示）等于 36%。

C 国际标准筛

国际标准筛的基本筛比是 $\sqrt[10]{10}=1.259$，对于更精密的筛析，还插入附加筛比 $(\sqrt[40]{10})^6=1.41$ 和 $(\sqrt[40]{10})^{12}=1.99$。

此外，还有英国 BS 系列等标准筛。

常见的标准筛筛制如表 2-2-1 所示。

**表 2-2-1 常见的标准筛筛制一览表**

| 美国泰勒筛制 | | | 美国和加拿大国家标准 ANSI/ASTM E11—1970 (77) | | 英国国家标准 BS410—1976 筛孔/mm | 前苏联国家标准 ГОСТ3854—1973 $R_{10}$、$R_{20}$ 筛孔/mm | 国际标准化组织 ISO565—1972 | | |
|---|---|---|---|---|---|---|---|---|---|
| 筛号网目 | 筛孔尺寸/mm | | 网 目 | 筛孔/mm | | | 主序列 | 辅助序列 | |
| | 现行标准 | 旧标准 | | | | | $R_{20/3}$/mm | $R_{20}$/mm | $R_{40/3}$/mm |
| 2.5 | 8.00 | 7.925 | | 8.00 | 8.00 | | 8.00 | 8.00 | 8.00 |
| 3 | 6.70 | 6.680 | | | 6.70 | 6.70 | | 6.30 | 6.70 |
| 3.5 | 5.60 | 5.613 | 3.5 | 5.60 | 5.60 | | 5.60 | 5.60 | 5.60 |
| 4 | 4.75 | 4.699 | 4 | 4.75 | 4.75 | | 4.50 | 4.75 | |
| 5 | 4.00 | 3.962 | 5 | 4.00 | 4.00 | | 4.00 | 4.00 | 4.00 |
| 6 | 3.35 | 3.327 | 6 | 3.35 | 3.35 | | | 3.35 | 3.35 |
| 7 | 2.80 | 2.794 | 7 | 2.80 | 2.80 | | 2.80 | 2.80 | 2.80 |
| 8 | 2.36 | 2.362 | 8 | 2.36 | 2.36 | | 2.24 | | 2.36 |
| 9 | 2.00 | 1.981 | 10 | 2.00 | 2.00 | 2.00 | 2.00 | 2.00 | 2.00 |
| 10 | 1.70 | 1.651 | 12 | 1.70 | 1.70 | 1.60 | | 1.60 | 1.70 |
| 12 | 1.40 | 1.397 | 14 | 1.40 | 1.40 | | 1.40 | 1.40 | 1.40 |
| 14 | 1.18 | 1.168 | 16 | 1.18 | 1.18 | | | 1.12 | 1.18 |
| 16 | 1.00 | 0.991 | 18 | 1.00 | 1.00 | 1.00 | 1.00 | 1.00 | 1.00 |
| 20 | 0.850 | 0.833 | 20 | 0.850 | 0.850 | 0.800 | | 0.800 | 0.850 |
| 24 | 0.710 | 0.701 | 25 | 0.710 | 0.710 | 0.710 | 0.710 | 0.710 | 0.710 |
| 28 | 0.600 | 0.589 | 30 | 0.600 | 0.600 | 0.560 | | 0.560 | 0.600 |

续表 2-2-1

| 美国泰勒筛制 | | | 美国和加拿大国家标准 ANSI/ASTM E11—1970 (77) | | 英国国家标准 BS410—1976 筛孔/mm | 前苏联国家标准 ГОСТ3854—1973 $R_{10}$、$R_{20}$ 筛孔/mm | 国际标准化组织 ISO565—1972 | | |
|---|---|---|---|---|---|---|---|---|---|
| 筛号网目 | 筛孔尺寸/mm | | 网 目 | 筛孔/mm | | | 主序列 | 辅助序列 | |
| | 现行标准 | 旧标准 | | | | | $R_{20/3}$/mm | $R_{20}$/mm | $R_{40/3}$/mm |
| 32 | 0.500 | 0.495 | 35 | 0.500 | 0.500 | 0.500 | 0.500 | 0.500 | 0.500 |
| 35 | 0.425 | 0.417 | 40 | 0.425 | 0.425 | 0.400 | | 0.400 | 0.400 |
| 42 | 0.335 | 0.351 | 45 | 0.355 | 0.355 | 0.355 | 0.355 | 0.355 | 0.355 |
| 48 | 0.250 | 0.246 | 60 | 0.250 | 0.250 | 0.250 | 0.250 | 0.250 | 0.250 |
| 65 | 0.212 | 0.208 | 70 | 0.212 | 0.212 | 0.200 | | 0.200 | 0.212 |
| 80 | 0.180 | 0.175 | 80 | 0.180 | 0.180 | 0.180 | 0.180 | 0.180 | 0.180 |
| 100 | 0.150 | 0.147 | 100 | 0.150 | 0.150 | 0.150 | | 0.140 | 0.150 |
| 115 | 0.125 | 0.124 | 120 | 0.125 | 0.125 | 0.125 | 0.125 | 0.125 | 0.125 |
| 150 | 0.106 | 0.104 | 140 | 0.106 | 0.106 | 0.100 | | 0.100 | 0.106 |
| 170 | 0.090 | 0.088 | 170 | 0.090 | 0.090 | 0.090 | 0.090 | 0.090 | 0.090 |
| 200 | 0.075 | 0.074 | 200 | 0.075 | 0.075 | 0.071 | | 0.071 | 0.075 |
| 250 | 0.063 | 0.063 | 230 | 0.063 | 0.063 | 0.063 | 0.063 | 0.063 | 0.063 |
| 270 | 0.053 | 0.053 | 270 | 0.053 | 0.053 | 0.050 | | 0.050 | 0.053 |
| 325 | 0.044 | 0.044 | 325 | 0.045 | 0.045 | 0.045 | 0.045 | 0.045 | 0.045 |
| 400 | 0.038 | 0.037 | 400 | 0.038 | | 0.040 | | 0.036 | 0.038 |

### 2.2.2.2 筛分分析

确定松散物料粒度组成的筛分工作称为筛分分析，简称筛析。粒度大于 6mm 的物料的筛析属于粗粒物料的筛析，采用钢板冲孔或铁丝网制成的手筛来进行。其方法是用一套筛孔大小不同的筛子进行筛分，将矿石分成若干粒级，然后分别称量各粒级质量。如果原矿含泥、含水较多，大量的矿泥和细粒矿石黏附在大块矿石上面，则应将它们清洗下来，以免影响筛析的精确性。

粒度范围为 6 ~ 0.038mm 的物料的筛析，用实验室标准套筛进行。如果对筛析的精确度要求不甚严格，通常直接进行干法筛析即可。但如果试样含水、含泥较多，物料互相黏结时，应采用干湿联合筛析法，那样筛析所得到的结果才比较精确。

干法筛析是先将标准筛按顺序套好，把样品倒入最上层筛面上，盖好上盖，放到振筛机上筛分 10 ~ 30min。然后依次将每层筛子取下，用手在橡皮布上筛分，如果 1min 内所得筛下物料量小于筛上物料量的 1%，则认为已达到终点，否则筛分就应该继续进行，直到符合上述要求为止。干筛完成后，将筛得的各个粒级分别称量出质量。

干湿联合筛析法是先将试样倒入细孔筛（如 200 目的筛子）中，在盛水的盆内进行筛分，每隔一两分钟，将盆内的水更换一次，直到盆内的水不再混浊为止。将筛上物料进行干燥和称重，并根据称出质量和原样品质量之差，推算洗出的细泥质量。然后再将干燥后的筛上物料用干法筛析，此时所得最低层筛面的筛下物料量应与湿筛时洗出的细泥量合在一起计算。筛析结束后，将各粒级物料用工业天平（精确度 0.01g）称重，各粒级总质量与原样品质量之差不得超过原样品质量的 1% ，否则应重做。

筛析的目的在于求得各粒级的质量百分数（产率），从而确定物料的粒度组成。可以把所有筛分级别的总产率作为 100% ，分别求各级别的产率及累积产率。

$$\frac{某一粒级的质量}{被筛物料的总质量} \times 100\% = 某粒级的产率(\%)$$

累积产率分为筛上累积产率（又称正累积）及筛下累积产率（又称负累积）。筛上累积产率是大于某一筛孔的各级别产率之和，即表示大于某一筛孔的物料共占原物料的百分率。筛下累积产率是小于某一筛孔的各级别产率之和，即表示小于某一筛孔的物料共占原物料的百分率。

筛分分析结果填入规定的表格，最常见的筛析记录如表 2-2-2 所示。

表 2-2-2　筛分分析结果

| 粒级/mm | 质量/kg | 各级别产率/% | 筛上（正）累积产率/% | 筛下（负）累积产率/% |
|---|---|---|---|---|
| $-16+12$ | 2.25 | 15.00 | 15.00 | 100.00 |
| $-12+8$ | 3.00 | 20.00 | 35.00 | 85.00 |
| $-8+4$ | 4.50 | 30.00 | 65.00 | 65.00 |
| $-4+2$ | 2.25 | 15.00 | 80.00 | 35.00 |
| $-2+0$ | 3.00 | 20.00 | 100.00 | 20.00 |
| 合　计 | 15.00 | 100.00 | — | — |

### 2.2.3　粒度特性及粒度特性方程式

#### 2.2.3.1　粒度分析曲线

为了便于根据筛析结果研究问题，常将表 2-2-2 中的资料绘成曲线，这种按筛析结果绘制出的曲线，称为粒度分析曲线。它直观地反映出被筛析物料中的任何一个粒级的产率与粒级之间的关系，即物料的粒度组成。根据用途的不同，粒度分析曲线有各种不同的绘制方法，一般是以产率为纵坐标，粒度为横坐标。根据各个级别的产率绘制的曲线，称为部分粒度分析曲线；根据累积产率绘制的曲线，称为累积粒度分析曲线。实际上最常用的是累积粒度分析曲线。通常有三种绘图方法，即算术坐标法、半对数坐标法和全对数坐标法。

#### 2.2.3.2　算术坐标法

算术坐标法是把粒度分析曲线绘制在普通的直角坐标系统上，图 2-2-1 是根据表 2-2-2 的资料绘制的粒度分析曲线。

如图 2-2-1 所示，如纵坐标表示大于某一筛孔尺寸的产率，则粒度特性为正累积曲线；如纵坐标表示小于某一筛孔尺寸的产率，则粒度特性为负累积曲线。这两条曲线是互相对称的，如果绘在一张图纸上，它们相互交于物料产率为 50% 的点上。在正累积粒度分

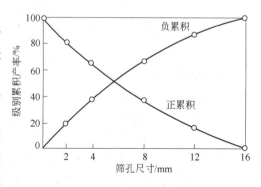

图 2-2-1　累积粒度分析曲线

析曲线上，由于大于零级别的累积产率等于100%，所以曲线与纵坐标相交于100%。在负累积粒度分析曲线上由于小于零级别的累积产率等于零，所以曲线与纵坐标交于零点。

这种累积粒度分析曲线在生产考查和流程计算中得到广泛的应用。用此曲线：（1）可以求出任意粒级的产率。某一粒级（$-d_1+d_2$）产率即为直径$d_1$和$d_2$的纵坐标的差值。（2）求物料中最大块的直径。我国选矿工艺中规定用物料的95%能够通过的方筛孔宽度表示该物料的最大块直径。因此，在负累积粒度分析曲线上，与纵坐标95%相对应的筛孔尺寸即最大块的直径。（3）判别物料的粒度特性。如图2-2-2所示，当物料中粗粒级占多数时正累积粒度分析曲线呈凸形（曲线A）；当物料中的细粒级占多数时，正累积粒度分析曲线呈凹形（曲线C）；如果粒度分布是粗和细的数量大致相同，则粒度分析曲线呈直线（曲线B）或接近于直线。

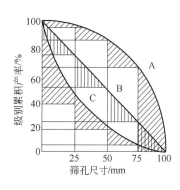

图2-2-2　各种类型的累积粒度特性

用简单坐标法绘制的累积粒度分析曲线虽然广泛应用，但也有缺点。如粒度范围很宽时，由于细粒级在横坐标上的间距特别短，点很密集，曲线难于绘制和使用。因此，必须把曲线绘在很大的图纸上，制作和使用都很不方便。这种情况如果用对数坐标来表示颗粒级别的尺寸，细级别的横坐标的间距增大，就可以避免细粒级各点过分密集的缺点。

### 2.2.3.3　半对数坐标法

半对数坐标法是横坐标（粒级尺寸）用对数表示，纵坐标用算术坐标表示的累积粒度分析曲线的方法，这样的曲线称为半对数累积粒度分析曲线。

如果筛分分析所用的套筛的筛比相同，绘制半对数粒度分析曲线非常简单。因为在横坐标上相邻两个筛子的筛孔之间的距离都是一样的。例如筛比为$\sqrt{2}$的泰勒标准筛，各筛孔尺寸的对数差值恒等于$\lg\sqrt{2}$，即每个筛子的孔宽都成为等分的间距。例如：

| 筛孔尺寸 | 筛孔尺寸的对数 | 相邻筛子筛孔尺寸的对数差 |
| --- | --- | --- |
| $b$ | $\lg b$ | — |
| $b\sqrt{2}$ | $\lg b+\lg\sqrt{2}$ | $(\lg b+\lg\sqrt{2})-\lg b=\lg\sqrt{2}$ |
| $b(\sqrt{2})^2$ | $\lg b+2\lg\sqrt{2}$ | $(\lg b+2\lg\sqrt{2})-(\lg b+\lg\sqrt{2})=\lg\sqrt{2}$ |

图2-2-3是根据表2-2-2的资料绘制的半对数累积粒度分析曲线。在绘制这种曲线时，值得注意的是：当$d\rightarrow0$时，$\lg d=\lg0=-\infty$，故曲线不能画到粒度为0之处。

### 2.2.3.4　全对数坐标法

此法的横坐标和纵坐标都用对数表示。如图2-2-4就是根据表2-2-2的资料作出的全对数累积粒度分析曲线。

通常用碎矿和磨矿产物的筛分分析数据在全对数坐标纸上作图，它的负累积产率与粒度的关系，常常近似于直线。从图2-2-4中所示的情况可以求出这条曲线的斜率和截距。令这条直线的方程式为

$$\lg y=k\lg x+\lg A\quad\text{或}\quad y=Ax^k \tag{2-2-7}$$

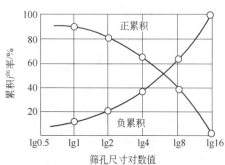
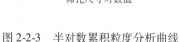

图 2-2-3　半对数累积粒度分析曲线

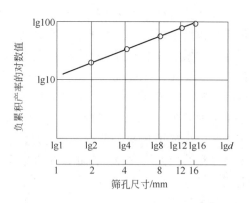

图 2-2-4　全对数负累积粒度分析曲线

在直线上取相距较远的两点 $(x_1, y_1)$ 和 $(x_2, y_2)$，斜率即为

$$k = \frac{\lg y_1 - \lg y_2}{\lg x_1 - \lg x_2}$$

将 $k$ 值代入方程式（2-2-7），然后用上面选定的一个点，例如点 $(x_2, y_2)$，求截距 $A$ 为

$$y_2 = A x_2^k \quad \text{或} \quad A = \frac{y_2}{x_2^k}$$

使用全对数坐标绘制筛分分析曲线的目的，就在于找寻可能存在的类似于方程式（2-2-7）这样的规律。

### 2.2.3.5　粒度特性方程式

碎矿和磨矿产物的筛分分析资料是一批数据，如果用数学方法整理它们，就有可能得到足以概括它们的数学式，这样得到的数学式称为粒度特性方程式。

同一批破碎产物，用不同的数学方法处理，可以得到不同的粒度特性方程式。破碎产物的粒度特性，有时不是只用一个方程式就能概括得了的，甚至找不到适合它的粒度特性方程式。但是，一般破碎机、磨矿机和分级设备处理组织不太复杂的矿料所得的产物，常常可以用下面讲的两种粒度特性方程式。既然粒度特性方程式有概括复杂的筛分分析数据的好处，早期的研究工作中就曾用它来计算比表面积，求平均粒度和推导计算部分筛分效率的公式等，近些年来又用它和破碎所耗的功相联系，因而成为研究碎矿和磨矿过程的重要手段之一。文献中记录的粒度特性方程式有多种，但选矿上常用的只有下面两个方程式。

**A　A. M. 高登（Gaudin）-C. E. 安德烈耶夫（Андреев）-R. 舒曼（Schuhman）粒度特性方程式**

这三个人分别提出的粒度特性方程式，在不同文献中虽冠以不同的人名，但实质上是相同的，三者的区别仅在于所用符号的意义不同。他们都是用上面讲的全对数坐标绘制筛分分析曲线，进而得到一种经验公式，此公式可写为

$$y = 100\left(\frac{x}{K}\right)^a = 100\left(\frac{x}{x_{最大}}\right)^a \tag{2-2-8}$$

式中　$y$——筛下产物的负累积产率,%;

　　　$K$——粒度模数,即理论最大粒度($x_{最大}$),当筛孔宽($x$)与它相等时,全部矿料皆进入筛下,$y = 100\%$;

　　　$a$——与物料性质有关的参数,破碎产物的 $a$ 值常介于 $0.7 \sim 1.0$ 之间。

在颚式破碎机和圆锥破碎机的破碎产物的粒度特性曲线中,从零到破碎机排矿口尺寸范围内的粒级产率都近似地与公式(2-2-8)符合。

R. 舒曼、R.T. 查尔斯(Charles)和 J. H. 布朗(Brown)等人,用这个粒度特性方程式和破碎所需的能量相联系,开展了能量与破碎产物粒度特性关系的研究。例如,他们对美洲数地产的石英的磨细试验,在不同磨矿条件下测出所需的能量 $E$,并将磨矿产物的筛分分析资料按公式(2-2-8)整理,从而求出粒度模数 $K$,得到下面的关系:

$$E = AK^{-0.96} \tag{2-2-9}$$

式中　$A$——与物料性质和所用的破碎设备有关的参数。

B　R. 罗逊(Rosin)-E. 莱蒙勒尔(Rammler)粒度特性方程式

该方程式是 1934 年罗逊和莱蒙勒尔用统计方法整理破碎机和磨矿机的产品得出的。它适合于破碎的煤、细碎的矿石和磨细的矿料及水泥等。锤碎机、球磨机和分级机产物的粒度特性都常常符合此规律。它的数学形式如下:

$$R = 100e^{-bx^n} \tag{2-2-10}$$

式中　$R$——大于 $x$ 粒级的累积产率,%;

　　　$x$——矿粒直径或筛孔宽;

　　　$b$——与产物细度有关的参数;

　　　$n$——与物料性质有关的参数。

罗逊-莱蒙勒尔方程式的图解方法是将方程式(2-2-10)连续取两次对数,变为如下形式:

$$\lg\left(\frac{100}{R}\right) = bx^n \lg e$$

$$\lg\left(\lg\frac{100}{R}\right) = n\lg x + \lg(b\lg e)$$

用 $\lg\left(\lg\frac{100}{R}\right)$ 为纵坐标,用 $\lg x$ 为横坐标,根据上式绘出一条直线,参数 $n$ 可以从直线的斜率找出。

例如用表 2-2-3 的数据绘制的这种图的示例见图 2-2-5。这个图的横坐标($\lg x$)的画法,就是前面讲过的对数刻度。它的纵坐标$\left(\lg\left(\lg\frac{1}{R}\right)\right)$的刻度,用适当的尺寸乘表 2-2-3 中最后一栏的数据,即可作出。纵坐标在 $R = 10\%$ 处把它分为正的和负的两部分,$\lg\left(\lg\frac{100}{10}\right) = 0$。

表 2-2-3　经球磨机细磨后的石英的粒度组成示例

| $x$ 级别 /μm | lg$x$ | 累积出量（小数） | | lg(1−$R$) | $\dfrac{1}{R}$ | lg $\dfrac{1}{R}$ | lg$\left(\text{lg }\dfrac{1}{R}\right)$ |
| --- | --- | --- | --- | --- | --- | --- | --- |
| | | 负累积 1−$R$ | 正累积 $R$ | | | | |
| 420 | 2.6232 | 0.994 | 0.006 | −0.00261 | 166.66 | 2.22167 | 0.34674 |
| 300 | 2.4771 | 0.970 | 0.030 | −0.01323 | 33.33 | 1.52284 | 0.18270 |
| 210 | 2.3222 | 0.927 | 0.073 | −0.03292 | 13.698 | 1.13762 | 0.05576 |
| 150 | 2.1761 | 0.834 | 0.166 | −0.07883 | 6.024 | 0.77988 | −0.10796 |
| 100 | 2.0000 | 0.704 | 0.296 | −0.15243 | 3.378 | 0.52866 | −0.27679 |
| 74 | 1.8692 | 0.566 | 0.434 | −0.24718 | 2.3041 | 0.36248 | −0.44069 |
| 52 | 1.7160 | 0.443 | 0.557 | −0.35360 | 1.7953 | 0.25406 | −0.59500 |
| 37 | 1.5682 | 0.330 | 0.670 | −0.48149 | 1.4925 | 0.17392 | −0.75970 |
| 26 | 1.4150 | 0.250 | 0.750 | −0.60206 | 1.3333 | 0.12483 | −0.90379 |
| 18 | 1.2553 | 0.180 | 0.820 | −0.74473 | 1.2195 | 0.08618 | −0.06459 |
| 13 | 1.1139 | 0.130 | 0.870 | −0.88606 | 1.1494 | 0.06032 | −1.21954 |
| 9 | 0.9542 | 0.100 | 0.900 | −1.0000 | 1.1111 | 0.04571 | −1.33999 |
| 6 | 0.7782 | 0.070 | 0.930 | −1.15490 | 1.0753 | 0.03141 | −1.50293 |

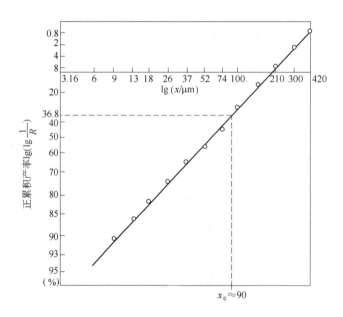

图 2-2-5　罗逊-莱蒙勒尔粒度特性

求方程式中参数的方法如下：

在直线上取相距较远的两点（粒度 $x_1$、累积产率 $R_1$ 和粒度 $x_2$、累积产率 $R_2$），列出联立方程式：

$$\begin{cases} R_1 = 100\mathrm{e}^{-bx_1^n} \\ R_2 = 100\mathrm{e}^{-bx_2^n} \end{cases}$$

解联立方程式，求出 $n$：

$$n = \frac{\lg\left(\lg\dfrac{100}{R_1}\right) - \lg\left(\lg\dfrac{100}{R_2}\right)}{\lg x_1 - \lg x_2} \tag{2-2-11}$$

由已知点 $R_1$、$x_1$ 的数值可以求出 $b$：

$$R_1 = 100\mathrm{e}^{-bx_1^n} \quad 或 \quad R_1 = \frac{100}{\mathrm{e}^{bx_1^n}}$$

$$bx_1^n \lg\mathrm{e} = \lg\frac{100}{R_1}$$

$$b = \frac{\lg\dfrac{100}{R_1}}{x_1^n \lg\mathrm{e}} \tag{2-2-12}$$

用此办法，即可找出图 2-2-5 中的直线的方程式为

$$R = 100\mathrm{e}^{-bx^n} = 100\mathrm{e}^{-0.0099x^{1.0286}}$$

由公式（2-2-10）可以看出，只有当 $x = \infty$，才能有 $R = 0$。即，只有在物料粒度为无限大时，级别产率才为零，显然这是不符合实际情况的。但也并不影响它的应用，解决的方法是，可以取得很小的 $R$ 值（例如 $0.1\%$），把和它相对应的粒度作为最大粒，这样就可接近实际情况。

令

$$b = \frac{1}{x_\mathrm{e}^n} \tag{2-2-13}$$

则公式（2-2-10）可以写为

$$R = 100\mathrm{e}^{-\left(\frac{x}{x_\mathrm{e}}\right)^n}$$

当 $x = x_\mathrm{e}$ 时，$R = \dfrac{100}{\mathrm{e}} = 36.8\%$。故从图 2-2-5 的纵坐标 $36.8\%$ 处作一水平线与图中的直线相交，此交点的横坐标即为 $x_\mathrm{e}$。在罗逊-莱蒙勒尔方程式中，$x_\mathrm{e}$ 被称为"绝对粒度常数"，它就是筛上累积百分率为 $36.8\%$ 时的筛孔宽。

符合罗逊-莱蒙勒尔方程式的物料筛下累积产率可以表示为

$$y = 100\left[1 - \mathrm{e}^{-\left(\frac{x}{x_\mathrm{e}}\right)^n}\right] = \left[\left(\frac{x}{x_\mathrm{e}}\right)^n - \frac{\left(\frac{x}{x_\mathrm{e}}\right)^{2n}}{2!} + \frac{\left(\frac{x}{x_\mathrm{e}}\right)^{3n}}{3!} - \cdots\right]$$

当 $\dfrac{x}{x_\mathrm{e}} < 1$ 时，如对上式仅取首项，可得

$$y = 100\left(\frac{x}{x_\mathrm{e}}\right)^n \tag{2-2-14}$$

此式与公式（2-2-8）类似，故可以把高登-安德烈耶夫-舒曼粒度特性方程式看做是罗逊-莱蒙勒尔方程式的近似式。也就是说，后者虽然比前者复杂，但却更为精确。

破碎产物的粒度特性符合罗逊-莱蒙勒尔方程式的例子很多，因而它在研究工作中有广泛的用途。例如 B. A. 奥列夫斯基（Олевский）通过对磨矿机的排矿、分级机的溢流和

返砂的筛分分析资料做整理，发现它们的粒度特性在大多数情况下都符合此公式，因而应用此公式又制定了一套求分级机溢流细度、分级机溢流中的固体含量和分级机的生产率的经验公式。

粒度特性方程式能够概括复杂的筛分分析数据，因此可用它计算表面积、颗粒数、平均粒度、某一粒级的筛分效率等。近年来，将它和碎矿和磨矿的功耗相联系，成为研究这些生产过程的重要手段。

## 2.3　筛分动力学及应用

### 2.3.1　筛分动力学

筛分动力学主要研究筛分过程中筛分效率与筛分时间的关系。在筛分物料的筛分过程中，不论什么场合，都存在一种普遍规律，这种规律表现为：筛分开始时，在较短时间内，"易筛粒"很快透过筛孔，筛分效率增加很快，随后的一段时间内，筛上物料中的"难筛粒"比例增加，筛分效率降低；过了一定时间以后，"易筛粒"和"难筛粒"的比例达到平衡，筛分效率大致保持不变（见图 2-3-1）。这里用筛分石英颗粒时筛分效率随筛分时间的变化来进行说明，如表 2-3-1 所示。

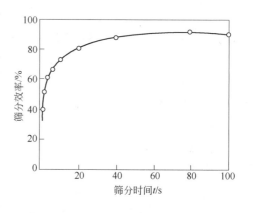

图 2-3-1　筛分效率与筛分时间的关系

表 2-3-1　石英颗粒的筛分效率与时间关系的试验资料

| 筛分时间 $t/s$ | 由实验开始计算的筛分效率 $E$ | $\lg t$ | $\lg\left(\lg\dfrac{1}{1-E}\right)$ | $\lg\dfrac{1-E}{E}$ |
| --- | --- | --- | --- | --- |
| 4 | 0.534 | 0.6021 | − 0.47939 | − 0.05918 |
| 6 | 0.645 | 0.7782 | − 0.34698 | − 0.25665 |
| 8 | 0.758 | 0.9031 | − 0.21028 | − 0.49594 |
| 12 | 0.830 | 1.0792 | − 0.11379 | − 0.68867 |
| 18 | 0.913 | 1.2553 | + 0.02531 | + 1.02136 |
| 24 | 0.941 | 1.3802 | + 0.08955 | + 1.20273 |
| 40 | 0.975 | 1.6021 | + 0.20466 | − 1.57512 |

如果把表中的第三行和第五行数据绘在对数坐标纸上，以横坐标表示 $\lg t$，以纵坐标表示 $\lg\dfrac{1-E}{E}$，就可以得到一条直线，如图 2-3-2 所示。

由图 2-3-2 可以写出直线方程式：

$$\lg\frac{1-E}{E} = -m\lg t + \lg a$$

式中  $m$——直线的斜率；

$\quad$ $\lg a$——直线在纵坐标上的截距。

因此  $\lg\dfrac{1-E}{E} = \lg(t^{-m} \cdot a)$

即 $\qquad E = \dfrac{t^m}{t^m + a}$ $\qquad$ (2-3-1)

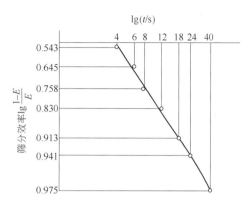

图 2-3-2 筛分效率 $\left(\lg\dfrac{1-E}{E}\right)$ 与

筛分时间（$\lg t$）的关系

式中，参数 $m$ 及 $a$ 与物料性质及筛分进行情况有关。对于振动筛，$m$ 可取 3，由公式（2-3-1）可导出 $a = \dfrac{1-E}{E}$，$E = 50\%$ 时，$a = t_{50}^m$，所以参数 $a$ 是筛分效率为 50% 时筛分时间的 $m$ 次方。因此参数 $a$ 可以看作是物料的可筛性指标。

试验证明：筛分不分级物料，例如破碎产物，筛分结果可以用几段直线组成的折线表示。这种情况表明，方程式的参数在不同的线段上有不同的数值。第一段直线的筛分效率为 40% ~ 60%；第二段直线的筛分效率为 90% ~ 95%；第三段直线相当于更高的筛分效率。对接近于筛孔尺寸（$0.75L \sim L$）的窄级别物料进行筛分时，筛分效率从 5% ~ 95% 的整个范围内，都可以用一条直线表示。

筛分时间与筛分效率之所以有上述关系，可以用下面的理论来解释。

令 $W$ 为某一瞬间存在于筛面上的比筛孔小的矿粒的质量，$\dfrac{\mathrm{d}W}{\mathrm{d}t}$ 为比筛孔小的矿粒被筛去的速率（$t$ 是筛分时间），因为每一瞬间的筛分速率可假设为与该瞬间留在筛面上的比筛孔小的矿粒的质量成正比，即

$$\frac{\mathrm{d}W}{\mathrm{d}t} = -kW \qquad (2\text{-}3\text{-}2)$$

式中，$k$ 为比例系数，负号表示 $W$ 随时间的增加而减少，积分上式得

$$\ln W = -kt + C$$

设 $W_0$ 是给矿中所含比筛孔小的矿粒的质量，当 $t = 0$ 时，$W = W_0$，即

$$\ln W_0 = C$$

因此 $\qquad\qquad\qquad\qquad \ln W - \ln W_0 = -kt$

或 $\qquad\qquad\qquad\qquad \dfrac{W}{W_0} = \mathrm{e}^{-kt}$

比值 $\dfrac{W}{W_0}$ 是筛下级别在筛上产物中的回收率，因此筛分效率 $E$ 应当为

$$E = 1 - \frac{W}{W_0} \quad \text{或} \quad E = 1 - \mathrm{e}^{-kt} \qquad (2\text{-}3\text{-}3)$$

更符合实际的公式为

$$E = 1 - \mathrm{e}^{-kt^n} \quad \text{或} \quad 1 - E = \mathrm{e}^{-kt^n} \qquad (2\text{-}3\text{-}4)$$

将公式（2-3-4）取两次对数，可得到

$$\lg\left(\lg\frac{1}{1-E}\right) = n\lg t + \lg(k\lg e)$$

若以纵坐标轴表示 $\lg\left(\lg\frac{1}{1-E}\right)$，横坐标轴表示 $\lg t$，用公式（2-3-4）作出的图形是一条直线，直线的斜率为 $n$。

把式（2-3-4）改写为

$$E = 1 - \frac{1}{e^{kt^n}}$$

将 $e^{kt^n}$ 分解为级数

$$e^{kt^n} = 1 + kt^n + \frac{(kt^n)^2}{2} + \cdots$$

取级数的前两项代入公式（2-3-4），得到

$$E = 1 - \frac{1}{1 + kt^n} = \frac{kt^n}{1 + kt^n} \tag{2-3-5}$$

公式（2-3-5）是式（2-3-4）的近似式，如果令 $k = \frac{1}{a}$，则

$$E = \frac{t^n}{a + t^n}$$

所以公式（2-3-5）与公式（2-3-1）是相同的。

参数 $k$ 和 $n$，既决定于被筛物料的性质，也决定于筛分的工作条件。如果设 $k = \frac{1}{t^n}$，则公式（2-3-4）为 $E = 1 - \frac{1}{e} = 1 - \frac{1}{2.71} = 63.4\%$，对公式（2-3-5），则有 $E = \frac{1}{2} = 50\%$，因此称参数 $k$ 为物料的可筛性指标。

设筛面长度为 $L$，因为 $t \propto L$，故公式（2-3-5）可表示为

$$E = \frac{K'L^n}{1 + K'L^n} \tag{2-3-6}$$

同样公式（2-3-4）可表示为

$$1 - E = e^{-K'L^n} \tag{2-3-7}$$

### 2.3.2　筛分动力学应用

#### 2.3.2.1　筛分动力学的应用之一

利用筛分动力学公式可以研究筛子的负荷与筛分效率的相互关系。如果筛孔尺寸和物料沿筛面运动的速度一定，则筛面上的物料层厚度取决于筛子的给料量。给料量愈多，物料层厚度就愈大，筛分效率则愈低。因为这种情况下小于筛孔的级别比较难于通过较厚的物料层而透筛。给料量很大时，为了达到相同的筛分效率，必须增加筛分时间。因此，可

以近似地认为，筛分效率不变时，筛子的生产率与筛分时间成反比，即

$$\frac{Q_1}{Q_2} = \frac{t_2}{t_1} \qquad (2\text{-}3\text{-}8)$$

式中　$Q_1$，$Q_2$——筛子的生产率；

　　　　$t_1$，$t_2$——达到规定筛分效率所需要的筛分时间。

由公式（2-3-1）可知

$$t^m = \frac{aE}{1-E} \quad \text{或} \quad t = \sqrt[m]{\frac{aE}{1-E}}$$

若筛分时间相同，而给矿量为 $Q_1$ 及 $Q_2$，相应的筛分效率为 $E_1$ 及 $E_2$，代入公式（2-3-8）得

$$\frac{Q_1}{Q_2} = \frac{\sqrt[m]{\dfrac{aE_2}{1-E_2}}}{\sqrt[m]{\dfrac{aE_1}{1-E_1}}}$$

即

$$\frac{Q_1}{Q_2} = \sqrt[m]{\frac{E_2(1-E_1)}{E_1(1-E_2)}} \qquad (2\text{-}3\text{-}9)$$

这个公式表达出筛子的生产率和筛分效率的关系。

应用这个公式时，要先知道 $m$ 值。如果收集到一些生产率和相应的筛分效率的试验数据，就可以得到这个值。振动筛可以取 $m=3$，按照公式（2-3-9）计算的结果列于表 2-3-2 中。表中取筛分效率为 90% 时的相对生产率为 1，并列出试验平均值。从表中可以看出按公式（2-3-9）的计算结果与试验值基本相近。

表 2-3-2　振动筛的筛分效率与生产率的关系

| 筛分效率/% | | 40 | 50 | 60 | 70 | 80 | 90 | 92 | 94 | 96 | 98 |
|---|---|---|---|---|---|---|---|---|---|---|---|
| 生产率 /t·h⁻¹ | 试验平均值[①] | 2.3 | 2.1 | 1.9 | 1.6 | 1.3 | 1.0 | 0.9 | 0.8 | 0.6 | 0.4 |
| | $m=3$ 时，按式（2-3-9）的计算值 | 2.36 | 2.09 | 1.82 | 1.57 | 1.31 | 1.00 | 0.92 | 0.83 | 0.72 | 0.585 |

①目前在选矿厂设计中，振动筛生产率的计算采用表中的试验平均值。

### 2.3.2.2　筛分动力学的应用之二

利用筛分动力学公式可以研究筛分效率与筛面长度的关系。在选矿厂中，有时需要提高筛子的筛分效率和处理能力，为缩小碎矿产物粒度和增加破碎机生产能力创造条件，措施之一就是在配置条件允许的情况下增加筛子的长度，筛分动力学为这种措施提供了理论依据。

令 $t_1$、$L_1$ 和 $E_1$ 为第一种情况下的筛分时间、筛面长度和筛分效率；$t_2$、$L_2$ 和 $E_2$ 为第二种情况下的筛分时间、筛面长度和筛分效率。因为筛分时间与筛面长度成正比，故公式（2-3-6）可以写为

$$L_1^n = \frac{E_1}{K'(1 - E_1)} \quad 及 \quad L_2^n = \frac{E_2}{K'(1 - E_2)}$$

从而
$$\left(\frac{L_1}{L_2}\right)^n = \frac{E_1}{1 - E_1} \cdot \frac{1 - E_2}{E_2} \tag{2-3-10}$$

或
$$E_2 = \frac{L_2^n E_1}{L_1^n - L_1^n E_1 + L_2^n E_1}$$

对于振动筛，此处的 $n$ 值为 3。

# 2.4　筛　分　机　械

## 2.4.1　筛分机械分类

筛分机械的分类方法较多，可按运动轨迹、传动方式分类，也可按其用途分类。按其结构、工作原理和用途，筛分机大体上分为表 2-4-1 中所列几类。

**表 2-4-1　筛分机的分类**

| 筛分机类型 | 运动轨迹 | 最大给料粒度/mm | 筛孔尺寸/mm | 用　途 |
|---|---|---|---|---|
| 固定格筛 | 静　止 | 1000 | 25 ~ 300 | 预先筛分 |
| 圆筒筛 | 圆筒按一定方向旋转 | 300 | 6 ~ 50 | 矿石分级、脱泥 |
| 滚轴筛 | 筛轴按一定方向旋转 | 200 | 25 ~ 50 | 预先分级、大块矿物筛分脱介 |
| 摇动筛 | 近似直线 | 50 | 13 ~ 50 <br> 0.5 | 分级、脱水、脱泥等 |
| 圆振动筛 | 圆、椭圆 | 400 | 6 ~ 100 | 分级 |
| 直线振动筛 | 直线、准直线 | 300 | 3 ~ 80 <br> 0.5 ~ 13 | 分级、脱水、脱介 |
| 共振筛 | 直　线 | 300 | 0.5 ~ 80 | 分级、脱水、脱介 |
| 概率筛 | 直线、圆、椭圆 | 100 | 15 ~ 60 | 矿物分级 |
| 等厚筛 | 直线、圆 | 300 | 25 ~ 40 <br> 6 ~ 25 | 矿物分级 |
| 高频振动筛 | 直线、圆、椭圆 | 2 | 0.1 ~ 1 <br> (20 ~ 50 目) | 细粒物料分级、回收 |
| 电磁振动筛 | 直　线 | | | 细粒物料分级 |

## 2.4.2　固定筛

固定筛是由平行排列的钢条或钢棒组成，钢条和钢棒称为格条，格条通过横杆联结在一起。

固定筛有两种：格筛和条筛，格筛安在粗矿仓顶部，以保证粗碎机的入料粒度要求，筛上大块需要用手锤或其他方法破碎，以使其能够过筛。一般为水平安装。

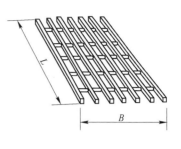

图 2-4-1 条筛示意图

条筛（见图 2-4-1）主要用于粗碎和中碎前的预先筛分，一般为倾斜安装，倾角的大小应能使物料沿筛面自动地滑下，即筛条倾角应大于物料对筛面的摩擦角。一般条筛倾角为 40°~50°，对于大块矿石，倾角可小些，对于黏性矿石，倾角应稍大些。

条筛筛孔尺寸约为筛下粒度的 1.1~1.2 倍，一般筛孔尺寸不小于 50mm。条筛的宽度决定于给矿机、运输机以及破碎机给矿口的宽度，并应大于给矿中最大块粒级的 2.5 倍。条筛的长度 $L$ 应根据宽度 $B$ 选择，一般满足：

$$L \approx 2B$$

条筛的生产率用下式计算：

$$Q = qS$$

式中  $S$——筛面面积，$m^2$；

  $q$——单位面积生产率，$t/(m^2 \cdot h)$，取值可查表 2-4-2。

表 2-4-2  单位筛分面积的生产率 $q$ 值

| 筛孔尺寸/mm | 20 | 25 | 30 | 40 | 50 | 75 | 100 | 150 | 200 |
|---|---|---|---|---|---|---|---|---|---|
| $q/t \cdot m^{-2} \cdot h^{-1}$ | 24 | 27 | 30 | 34 | 38 | 40 | 40 | 40 | 40 |

条筛的优点是构造简单，无运动部件，也不需要动力；缺点是易堵塞，所需高差大，筛分效率低，一般为 50%~60%。

### 2.4.3  振动筛

筛子种类虽多，但在选矿厂使用最多的是振动筛。振动筛根据筛框的运动轨迹不同，可以分为圆运动振动筛和直线运动振动筛两类。圆运动振动筛包括单轴惯性振动筛、自定中心振动筛和重型振动筛。直线运动振动筛包括双轴惯性振动筛（直线振动筛）和共振筛。

振动筛是选矿厂中普遍采用的一种筛子，它具有以下突出的优点：

（1）筛体以低振幅、高振动次数做强烈振动，消除了物料的堵塞现象，使筛子有较高的筛分效率和生产能力。

（2）动力消耗小，构造简单，操作、维护检修比较方便。

（3）因为振动筛生产率和效率很高，故所需的筛网面积比其他筛子小，可以节省厂房面积和高度。

（4）应用范围广，适用于中、细碎前的预先筛分和检查筛分。

2.4.3.1  惯性振动筛

A  构造

国产振动筛有 SZ（坐式）型（图 2-4-2）和 SXG（悬挂式）型等型号。

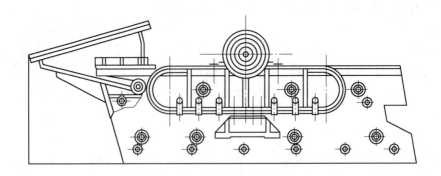

图 2-4-2　SZ 型惯性振动筛

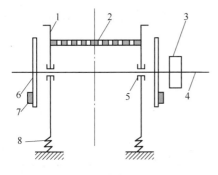

图 2-4-3　惯性振动筛原理示意图
1—筛箱；2—筛网；3—皮带轮；4—主轴；
5—轴承；6—偏心轮；7—重块；8—板簧

　　图 2-4-3 为 SZ 型惯性振动筛的工作原理示意图。筛网 2 固定在筛箱 1 上，筛箱安装在两组椭圆形板簧 8 上，板簧组底座固定在基础上。振动器的两个滚动轴承 5 固定在筛箱上，振动器主轴的两端装有偏心轮 6。调节重块 7 在偏心轮上的位置，可以得到不同的惯性力，从而调整筛子的振幅。安装在固定机座上的电动机，通过三角皮带轮 3 带动主轴旋转，使筛子产生振动。筛子中部的运动轨迹为圆形，筛子两端运动轨迹因板簧作用而成椭圆形。根据生产量和筛分效率不同的要求，筛子可安装在 15°～25°倾斜的基础上。

　　SZ 型惯性振动筛可用于选煤厂、焦化厂和选矿厂对煤、焦炭、矿石的筛分，入筛物料的最大粒度为 100mm。

　　SXG 型惯性振动筛与 SZ 型振动筛的主要区别在于此筛的筛箱是用弹簧悬挂装置吊起的。电动机经三角皮带，带动振动器主轴回转，由于振动器上不平衡质量的离心力的作用，使筛子产生圆运动。此筛适用于煤和矿石的筛分。

　　B　惯性振动筛的工作原理

　　惯性振动筛是由于振动器的偏心轮的回转运动产生的离心惯性力（称为激振力）传给筛箱而激起筛子振动的。筛上物料受筛面向上运动的作用力，被向前抛起，前进一段距离后再落回筛面，进而完成松散、分层和透筛的整个筛分过程。

　　如图 2-4-4 所示，当主轴以一定的转速 $n(\text{r/min})$ 转动时，偏心重块的向心加速度为

$$a_n = R\omega^2$$

式中　$R$——偏心重块重心的回转半径，m；

　　　　$\omega$——偏心重块的角速度，rad/s，$\omega = \dfrac{\pi n}{30}$。

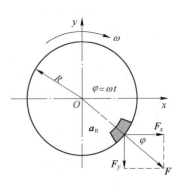

图 2-4-4　惯性振动筛受力分析图

所以，作用在筛箱上的离心力 $F$ 为

$$F = ma_n = \frac{q}{g}R\omega^2 \qquad (2\text{-}4\text{-}1)$$

式中　$m$——偏心重块的质量，kg；

　　　$q$——偏心重块的重力，N；

　　　$g$——重力加速度，$9.8\,\mathrm{m/s^2}$。

这个离心力 $F$ 称为激振力，其方向随偏心重块所在位置的变化而改变，指向永远背离转动中心。在任意瞬时 $t$，$F$ 与 $x$ 轴的夹角 $\varphi = \omega t$，则力 $F$ 在 $x$ 和 $y$ 轴方向的分力为

$$F_x = F\cos\varphi = \frac{q}{g}R\omega^2\cos\omega t \qquad (2\text{-}4\text{-}2)$$

$$F_y = F\sin\varphi = \frac{q}{g}R\omega^2\sin\omega t \qquad (2\text{-}4\text{-}3)$$

这两个分力，一个垂直于筛面，也就是沿弹簧轴线的方向；另一个与筛面平行。第一个分力使支承筛箱的弹簧压缩和拉长，第二个分力使弹簧作横向变形，由于弹簧的横向刚度较大，因此筛箱的运动轨迹为椭圆或近似圆。

一般振动筛的转速选择在远离共振区的范围，即工作转数比共振转数大几倍。因为在远离共振区工作，振幅比较平稳，弹簧的刚度可以较小。这样，不但可以减少弹簧数量，节约材料使机器轻便，而且由于弹簧刚度小，传给地基的动载荷小，机器的隔振效果也好。但是，必须注意，选择在远离共振区工作的振动筛，当启动和停车时，筛子的转速由慢到快，或由快到慢，都会经过共振区，从而引起短时的系统共振，这时，筛箱的振幅很大，在操作过程中常可以见到。因此，为克服共振出现了可自动移动偏心重块位置的激振器，如后面所介绍的重型振动筛就是采用这种结构的筛子。

由于振动筛选用的弹簧刚度小，弹簧很软，振幅也不大（一般 $A = 1.5 \sim 2.5\,\mathrm{mm}$），因此筛箱运动过程中，弹簧变形小，作用于筛箱上的弹性力也很小，一般可以忽略不计。如果振动中心是选择在弹簧-筛体的静平衡位置，则可以认为弹簧的作用只是用来抵消筛子自重的影响，在运动过程中可以不考虑弹簧的作用，这时就好像筛子悬空一样。若保持两个回转质量平衡，它将不受外力的作用而进行自由振荡。

偏心重块的重心 $B$ 以 $R$ 为半径，以角速度 $\omega$ 做等速圆周运动，产生的旋转着的惯性力作用在筛箱上，迫使筛箱的重心 $C$ 以振幅 $A$ 为半径和以偏心重块同样的角速度 $\omega$ 做圆周运动，并产生旋转着的惯性力 $F'$。如图 2-4-5 所示，将偏心重块的质量及振动体的质量看成集中在各自的重心 $B$ 和 $C$ 上，于是得到以下关系：

$$F = mR\omega^2 = \frac{q}{g}R\omega^2$$

$$F' = MA\omega^2 = \frac{Q}{g}A\omega^2$$

由于　　　　　　　　　　　$F = F'$

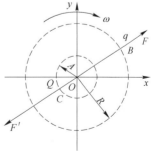

图 2-4-5　偏心重块旋转时
所产生的惯性力分析

所以 $$mR = MA \qquad\qquad (2\text{-}4\text{-}4)$$

或 $$qR = QA \qquad\qquad (2\text{-}4\text{-}5)$$

式中　$m$——偏心重块质量；

　　　$M$——参加振动的质量；

　　　$R$——偏心重块的重心至回转轴的距离；

　　　$A$——振幅；

　　　$q$——偏心重块重力；

　　　$Q$——参加振动的总重力（包括筛箱、筛网、传动轴、偏心轮及负荷的总重力）。

　　由式（2-4-4）和式（2-4-5）可知：偏心重块的质量虽小，但其旋转半径比振幅 $A$ 大，因此它的惯性力矩可以平衡筛箱运动产生的很大的惯性力矩；当 $Q$ 不变时，改变偏心重块的质量 $m$ 或回转半径 $R$，可以得到不同的振幅。当 $m$ 和 $R$ 不变，但给矿波动引起 $Q$ 变化时，振幅 $A$ 也相应地改变。

　　当偏心重块转过不同的角度时，筛箱和偏心重块在空间的位移情况如图 2-4-6 所示。从图中可以看出激振力的方向与筛箱的运动方向相反。当偏心重块转到上方时，激振力向上，筛箱的位置向下；反之，偏心重块转到下方时，激振力向下，筛箱的位置向上。这是由于当激振力的强迫振动频率大于筛体的固有振动频率好几倍时，筛体和弹簧的运动将滞后于激振力约180°相位。因此，当产生激振力的偏心重块转到上方时，筛箱向下运动，弹簧被压缩。当产生激振力的偏心重块转到下方时，筛箱向上运动，弹簧被拉伸。可见，皮带轮随筛箱一起在围绕某个运动中心做圆周运动。

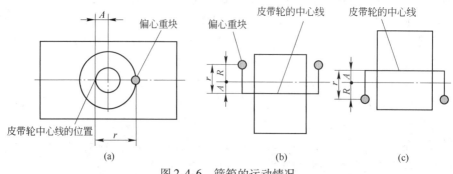

图 2-4-6　筛箱的运动情况

（a）筛箱侧视图；（b），（c）筛箱正视图

$r$——偏心重块至皮带轮中心线的距离，$r = R + A$

C　惯性振动筛的性能与用途

　　惯性振动筛的振动器安在筛箱上，轴承中心线与皮带轮中心线一致，随着筛箱的上下振动而引起皮带轮振动，这种振动会传给电机，使得传动皮带时松时紧，电机负荷时轻时重，从而影响电机的使用寿命。因此，这种筛子的振幅不宜太大。此外，由于惯性振动筛振动次数高，使用过程中必须十分注意它的工作情况，特别是轴承的工作情况。

　　惯性振动筛振幅小而振动次数高，适用于筛分中、细粒物料，并且要求在给料均匀的条件下工作。因为当负荷加大时，筛子的振幅减小，容易发生筛孔堵塞现象；反之，当负荷过小时，筛子的振幅加大，物料颗粒会因过快的跳跃而越过筛面，这两种情况都会导致筛分效率降低。由于筛分粗粒物料需要较大的振幅，才能把物料抖动，并由于筛分粗粒物料时，很难做到给料均匀，故惯性振动筛只适宜于筛分中、细粒物料，它的给料粒度一般不能超过100mm。同时，筛子不宜制造得太大，只有中、小型选矿厂才宜采用。

### 2.4.3.2　自定中心振动筛

国产自定中心振动筛的型号为SZZ，按筛面面积有各种规格，每种规格筛子又分为单层筛网（$SZZ_1$）与双层筛网（$SZZ_2$）两种。一般均系吊式筛，但也有坐式筛。

自定中心振动筛可供冶金、化工、建材、煤炭等工业部门作中、细粒物料的筛分之用。

**A　自定中心振动筛的构造**

如图2-4-7所示为国产SZZ1250×2500自定中心振动筛的外形图，主要由筛箱、振动器、弹簧等部分组成。筛箱用钢板和钢管焊接而成，筛网用角钢压板压紧在筛箱上。在振动器的主轴上，除中间部分安装偏心装置外，在轴的两端还装有可调节配重的皮带轮和飞轮。电动机通过三角皮带带动振动器，振动器的偏心效应与惯性振动筛的情况相同，可使整个筛子产生振动。弹簧是支持筛箱用的，同时也减轻了筛子在运转时传给基础的动力。

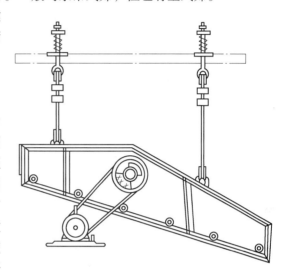

图2-4-7　SZZ1250×2500自定中心振动筛

**B　自定中心振动筛的工作原理**

自定中心振动筛与惯性振动筛的主要区别在于，惯性振动筛的传动轴与皮带轮是同心安装的，而自定中心振动筛的皮带轮与传动轴不同心。下面将这两种不同的结构作一比较。

惯性振动筛在工作过程中，当皮带轮和传动轴的中心线做圆周运动时，筛子随之以振幅$A$为半径做圆周运动，但装于电动机上的小皮带轮中心的位置是不变的，因此大小两皮带轮中心距将随时改变，从而引起皮带时松时紧，使皮带易于疲劳断裂，而且这种振动作用也影响电动机的使用寿命。为了克服这一缺点，才出现了自定中心振动筛。

皮带轮偏心式自定中心振动筛的结构如图2-4-8所示，与惯性振动筛相比较，其不同

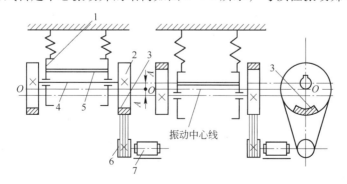

图2-4-8　皮带轮偏心式自定中心振动筛示意图

1—筛箱；2—皮带轮；3—偏心重块；4—传动轴；5—筛网；6—皮带轮；7—电动机

的只是传动轴 4 与皮带轮 2 相联接时，在皮带轮上所开的轴孔的中心与皮带轮几何中心不同心，而是处于偏心重块 3 所在位置的对方，偏离皮带轮几何中心一个偏心距 $A$。$A$ 为振动筛的振幅。因此，当偏心重块 3 在下方时，筛箱 1 及传动轴 4 的中心线在振动中心线 $O—O$ 之上，距离为 $A$。同样由于轴孔在皮带轮上是偏心的，因此，仍然使得皮带轮 2 的中心与振动中心线 $O—O$ 相重合。所以不管筛箱 1 和传动轴 4 在运动中处于任何位置，皮带轮 2 的中心 $O$ 总是保持与振动中心线相重合，因而空间位置不变，即实现皮带轮自定中心。由于大小两皮带轮的中心距保持不变，故消除了皮带时紧时松现象。

此外，还有一种轴承偏心式自定中心振动筛，如图 2-4-9 所示。图中表明，由于轴承与轴的中心线存在偏离距离 $A$（约等于振幅），故在振动中偏心轴颈虽有上或下的位移，但皮带轮相接处的位置却是不变的。

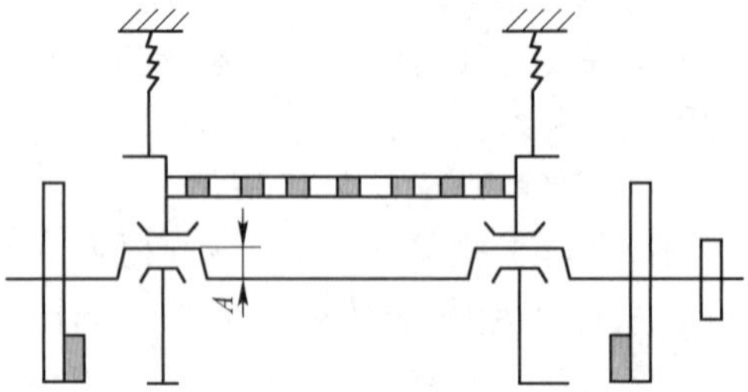

图 2-4-9　轴承偏心式自定中心振动筛的
结构及工作原理示意图

C　自定中心振动筛的性能与用途

由前面的叙述可知，自定中心振动筛实质上与惯性振动筛相同，其区别仅仅是采用上述两种措施，使振动中心线不发生位移，因而两者的性能和用途基本上一样。

自定中心振动筛的振动中心线有时也会发生位移。正像公式（2-4-5）表示的那样，如果偏心重块的重力 $q$ 过小，而参加振动的总重力 $Q$ 不变，则筛箱将以半径小于振幅 $A$ 的圆形轨迹回转；如果偏心重块过重，筛箱的回转半径就会大于皮带轮的偏心距 $A$。在上述两种情况下，皮带轮中心线也将发生圆周运动。但是，如果偏心重块质量的变化不大，皮带轮中心线会只做直径很小的圆运动，由于变化很微，故不会对电动机的挠性传动有什么影响。根据这一点可以认为，自定中心振动筛的偏心重块质量并不需要十分精确的选择。

自定中心振动筛的优点是在电机的稳定方面有很大的改善，所以筛子的振幅可以比惯性振动筛的稍大一些。筛分效率较高，一般可以达到 80% 以上。但是，在操作中，它也和惯性振动筛一样，表现极为明显的是筛子的振幅变化无常。当筛子负荷过大时，它的振幅很小，不能把筛网上的矿石全部抖动起来，因而筛分效率显著下降。当筛子负荷很小时，它的振幅又会急剧增大，若矿石抖动得太厉害，就会很快跳离筛面，使筛分时间缩短，筛分效率也就降低。因此，使用这种筛子时，给矿量也不宜波动太大。由于这一缺点，这种结构形式的自定中心振动筛，也只适宜于均匀给矿的中、细粒物料的筛分。

### 2.4.3.3　重型振动筛

国产重型振动筛（见图 2-4-10）的型号为 SZX，有单层筛和双层筛两种（$SZX_1$ 型和 $SZX_2$ 型）。这种振动筛结构比较坚固，能承受较大的冲击负荷，适用于筛分块度大、密度大的物料，最大入筛粒度可达 350mm。由于它结构重、振幅大，双振幅一般为 4～80mm，而一般自定中心振动筛为 4～8mm，故在启动及停车时，共振现象更为严重，因此采用具有自动平衡的振动器，可以起到减振的作用。

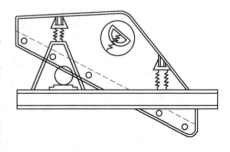

图 2-4-10　重型振动筛示意图

重型振动筛的原理与自定中心振动筛相似，但是振动器的主轴完全不偏心，而是借助皮带轮中的自动调整振动器来达到运转时自定中心的目的。振动器的结构如图 2-4-11 所示。装有偏心重块的重锤 1 由卡板 2 支承在弹簧 3 上，重锤可以在小轴 4 上自由转动，因此振动器的重块是可以自动调整的。这种结构的特点是，筛子在低于共振转速时，筛子不发生振动；当超过临界转速时，筛子开始振动。筛子在启动（或停车）时，主轴的转速较低，重锤所产生的离心力也很小（因离心力随转速而变）。由于弹簧弹力的作用，重锤的离心力不足以使弹簧 3 受到压缩，则重锤对回转中心不发生偏离，因此产生

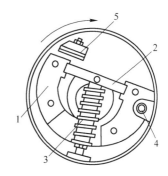

图 2-4-11　重型振动筛的自动调整振动器
1—重锤；2—卡板；3—弹簧；
4—小轴；5—撞铁

的激振力很小，这时筛子不产生振动，可以平稳地克服共振转速。即，当筛子在启动和停车过程中达到共振转速时，可以避免由于振幅急剧增加而损坏支承弹簧。筛子启动后，转速高于共振转速时，重锤产生的离心力大于弹簧的作用力，弹簧被压缩，重锤开始偏离回转中心，从而产生激振力，使筛子振动起来，这时撞铁对冲击力起缓冲作用。

筛子的振幅靠增、减重锤上偏心重块的质量来调节；振动频率可以用更换小皮带轮的方法来改变。

重型振动筛的筛面由框架及算条焊接而成，一个筛子由 20 块筛面组成。为了克服因来料中大块物料过多而影响筛分效率，筛面上可焊接上高算条，算条沿筛面长度方向呈阶梯状排列，有利于筛上物料沿运动方向排料，不致阻塞筛孔。

重型振动筛主要用于中碎机前的预先筛分，可代替筛分效率低、易阻塞的棒条筛；对于含水、含泥量高的矿石，可用于中碎前的预先筛分及洗矿，其筛上物送入中碎机，筛下物进入洗矿脱泥系统。

### 2.4.3.4　直线振动筛

筛框作直线振动的筛子很多，这里讲的是双轴惯性振动筛（直线振动筛），它的结构示意图及双轴振动器的工作原理如图 2-4-12 所示。

这种筛子的两根轴是反向旋转的，主轴和从动轴上安有相同偏心距的重块。当激振器工作时，两个轴上的偏心重块相位角一致，产生的离心惯性力的 $x$ 方向分力促使筛子沿 $x$ 方向振动，$y$ 方向的离心惯性力则大小相等，方向相反，相互抵消。因此，筛子只在 $x$ 方向振动，称为直线振动筛。振动方向角通常选择 45°，物料在筛面上的移动不是靠筛面的倾角，而是取决于振动的方向角，所以筛子通常水平安装或呈 5°~10°安装。

两个偏心重块，可以用一对齿轮的传动来实现反相等速同步运行，这样的振动筛称为强迫同步的直线振动筛。但是，在两个偏心重块之间，也可以没有任何联系，而是依靠力学原理，实现同步运行，这样的振动筛称为无强迫联系的自同步直线振动筛。

直线振动筛激振力大，振幅大，振动强烈，筛分效率高，生产率高，可以筛分粗块物料。由于筛面水平安装，故脱水、脱泥、脱介质的效率相当高。但它的激振器复杂，两根轴高速旋转，故制造精度和润滑要求高。

目前我国常用的直线振动筛有 ZS 型、ZSM 型、ZKX 型、ZKB 型、ZKR 型和 ZK 型等

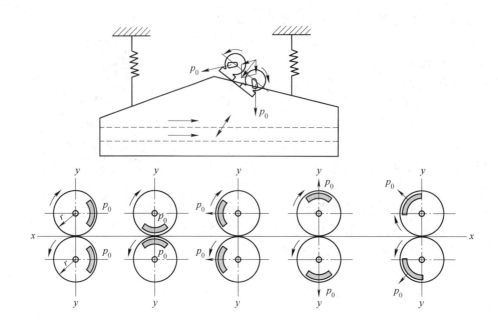

图 2-4-12    直线振动筛及双轴振动器的工作原理图

数种型号。此筛适用于脱水、分级、脱介、脱泥，亦可用于磁铁矿的冲洗、脱泥、分级及干式筛分等。其缺点是构造比较复杂，振幅一般不能调整。

### 2.4.3.5    共振筛

共振筛（也称弹性连杆式振动筛），是用连杆上装有弹簧的曲柄连杆机构驱动，使筛子在接近共振状态下工作，达到筛分的目的。图 2-4-13 为共振筛的原理示意图，此类筛主要由上筛箱 1、下机体（即平衡机体）2、传动装置 3、共振弹簧 4、板簧 5、支承弹簧 6等部件组成。当电动机通过皮带传动使装于下机体上的偏心轴转动时，轴上的偏心作用使连杆做往复运动。连杆通过其端部的弹簧将作用力传给筛箱，同时下机体也受到相反方向的作用力，使筛箱和下机体沿着倾斜方向振动，但它们运动方向彼此相反。筛箱和弹簧装置形成一个弹性系统，这个弹性系统有自己的自振频率，传动装置也有一定的强迫振动频率，当这两个频率接近相等时，便会使筛子在接近共振状态下工作。

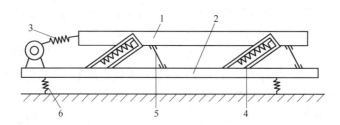

图 2-4-13    共振筛的原理示意图

1—上筛箱；2—下机体；3—传动装置；4—共振弹簧；5—板簧；6—支承弹簧

当共振筛的筛箱压缩弹簧而运动时，其运动速度和动能都逐渐减少，而被压缩的弹簧所储存的位能却逐渐增加。当筛箱的运动速度和动能等于零时，弹簧被压缩到极限，它所储存的位能也达到最大值，接着筛箱向相反的方向运动，弹簧放出所储存的位能，使其转化成筛箱的动能，因而筛箱的运动速度又开始增加。当筛箱的运动速度和动能达到最大值时，弹簧恢复到原状，所储存的位能也就最小。由此可见，共振筛的工作过程是系统的位能和动能相互转化的过程。所以在每一次振动中，只供给克服阻力所需的能量就可以使筛子连续运转，因此筛子虽大但功率消耗却很小。

共振筛是一种在接近共振状态下进行工作的筛子。它具有处理能力大，筛分效率高，振幅大，电耗小以及结构紧凑等优点。但共振筛目前也尚存在一些缺点，如制造工艺比较复杂，机器质量大，振幅很难稳定，调整比较复杂，橡胶弹簧容易老化，使用寿命短等。

共振筛常用于选煤和金属选矿厂的洗矿分级、脱水、脱介等作业。我国选煤厂已经广泛应用，此外，有少数非煤选矿厂也开始应用。

### 2.4.4  其他筛子

#### 2.4.4.1  细筛

细筛一般指筛孔尺寸小于 0.4mm、用于筛分 0.2 ~ 0.045mm 以下物料的筛分设备。当物料中的欲回收成分在细级别中大量富集时，常用细筛作选择筛分设备，以得到高品位的筛下物。据报道，我国目前生产的铁精矿有 50% 以上是细筛产出的筛下产物。

按振动频率划分，细筛可分为固定细筛、中频振动筛和高频振动细筛 3 类，中频振动筛的振动频率一般为 13 ~ 20Hz；高频振动筛的振动频率一般为 23 ~ 50Hz。目前生产中使用的固定细筛主要有平面固定细筛和弧形细筛两种，中频细筛主要有 HZS1632 型双轴直线振动细筛和 ZKBX1856 型双轴直线振动细筛两种，高频振动细筛主要有双轴直线振动高频细筛和单轴圆振动高频细筛两种。

平面固定细筛（见图 2-4-14）通常以较大的倾角安装，筛面倾角一般为 45° ~ 50°。筛面是由尼龙制成的条缝筛板，缝宽通常在 0.1 ~ 0.3mm 之间变动。平面固定细筛的筛分效率不高，但因结构十分简单，目前被广泛应用于铁矿石分选厂。

弧形细筛是利用物料沿弧形筛面运动时产生的离心惯性力来提高筛分过程的筛分效率。图 2-4-15 所示的弧形细筛的半径为 550mm。弧形细筛的构造也比较简单，但筛分效

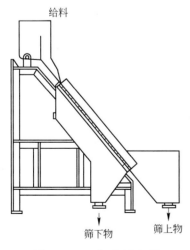

图 2-4-14  平面固定细筛

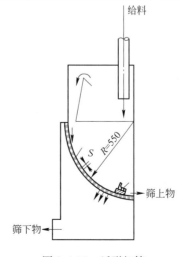

图 2-4-15  弧形细筛

率却明显比平面固定细筛的高，可用于跳汰、摇床等选别作业的预筛，水力旋流器沉砂或溢流的脱水，与磨矿机成闭路作为分机设备，以及重介质选矿的脱介等，目前在国内选煤、水泥工业中应用比较多。

固定细筛的工作原理与前面所述的振动筛不同。在振动筛中，筛孔尺寸是筛下产物的最大块粒度极限值，而在固定细筛中，物料沿筛面的切线给入，颗粒随浆体一起沿筛面以速度 $v$ 运动（见图 2-4-16），当粒度小于筛孔尺寸的颗粒经过筛孔上方时，由于重力的作用，物料产生一个垂直向下的速度 $v_G$，此时，颗粒以 $v$ 与 $v_G$ 的矢量和 $v_x$ 运动。从图中可以看出，只有速度 $v_x$ 的方向指向筛孔下边缘后方的颗粒，才能进入筛下物中。其余颗粒则随浆体流一起越过筛孔，继续沿筛面运动。根据实践经验，固定细筛的分离粒度与筛孔尺寸之间的关系为：

$$d = \frac{sK}{2} \tag{2-4-6}$$

式中　$d$——分离粒度，mm；

　　　　$s$——筛孔尺寸，mm；

　　　　$K$——系数，一般为 0.75 ~ 1.25。

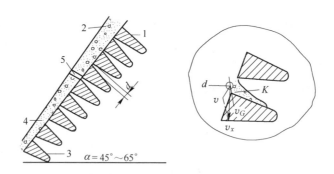

图 2-4-16　固定细筛的工作原理示意图

1—筛条；2—浆体；3—筛下产物；4—筛上产物；5—筛孔；$d$—透筛最大粒度

### 2.4.4.2　概率筛

概率筛的筛分过程是按照概率理论进行的，由于这种筛分机是瑞典人摩根森（F. Mogensen）于 20 世纪 50 年代首先研制成功的，所以又称为摩根森筛。我国研制的概率筛于 1977 年问世，目前在工业生产中得到广泛应用的有自同步式概率筛和惯性共振式概率筛两种。

自同步式概率筛的工作原理如图 2-4-17 所示，其结构如图 2-4-18 所示。它由 1 个箱形框架和 5 层（一般为 3 ~ 6 层）坡度自上而下递增、筛孔尺寸自上而下递减的筛面所组成。筛箱上带偏心块的激振器使悬挂在弹簧上的筛箱作高频直线

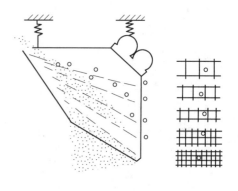

图 2-4-17　自同步式概率筛的工作原理图

振动。物料从筛箱上部给入后，迅速松散，并按不同粒度均匀地分布在各层筛面上，然后各个粒级的物料分别从各层筛面下端及下方排出。

惯性共振式概率筛的结构如图2-4-19所示，它与自同步式概率筛的主要不同在于激振器的形式及主振动系统的动力学状态。自同步式激振器的振动系统在远超共振的非共振状态下工作，而惯性共振式概率筛采用的单轴惯性激振器的主振系统，则在近共振的状态下工作。

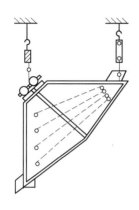

图2-4-18　自同步式概率筛的结构图

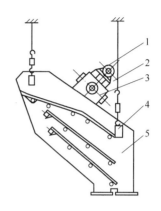

图2-4-19　惯性共振式概率筛
1—传动部分；2—平衡质体；3—剪切橡胶弹簧；
4—隔振弹簧；5—筛箱

概率筛的突出优点是：（1）处理能力大，单位筛面面积的生产能力可达一般振动筛的5倍以上；（2）筛孔不容易被堵塞，由于采用了较大的筛孔尺寸和筛面倾角，物料透筛能力强，故不容易堵塞筛孔；（3）结构简单，使用维护方便，筛面使用寿命长，生产费用低。

### 2.4.4.3　等厚筛

等厚筛是一种采用大厚度筛分法的筛分机械，在其工作过程中，筛面上的物料层厚度一般为筛孔尺寸的6~10倍。普通等厚筛具有3段倾角不同的冲孔金属板筛面，给料段一般长3m，倾角为34°，中段长0.75m，倾角为12°，排料段长4.5m，倾角为0°。筛分机宽2.2m，总长度达10.45m。

等厚筛的突出优点是生产能力大、筛分效率高，缺点是机器庞大、笨重。为了克服这些缺点，人们将概率筛和等厚筛的工作原理结合在一起，成功研制了一种采用概率分层的等厚筛，称为概率分层等厚筛。

概率分层等厚筛的结构特点是第1段基本上采用概率筛的工作原理，而第2段则采用等厚筛的筛分原理，其结构如图2-4-20所示。这种筛分机有筛框、2台激振电动机和带有隔振弹簧的隔振器3个组成部分。筛框由钢板与型钢焊成箱体结

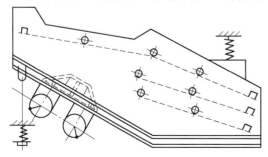

图2-4-20　概率分层等厚筛

构，筛框内装有筛面。第 1 段筛面倾角较大，
层数一般为 2～4 层，长度为 1.5m 左右；第 2
段筛面倾角较小，层数一般为 1～2 层，长度为
2～5m。筛分机的总长度比普通等厚筛缩短了
2～4m。

概率分层等厚筛既具有概率筛的优良性能，
又具有等厚筛的优点，而且明显的缩短了机器
的长度。

#### 2.4.4.4　胡基筛

胡基筛的筛分原理兼有水力分级和筛分的
作用。如图 2-4-21 所示，该筛分机主要由一个
敞开的倒锥体组成，顶部为圆筒筛，给矿由顶
部中央进入，利用一个装有径向清扫叶片的低
速旋转圆盘使矿浆以环形方式按一定角速度移
动而给到圆筒筛上，这样筛面可以不直接负载
物料而进行筛分。冲洗水引入圆锥体部分，可

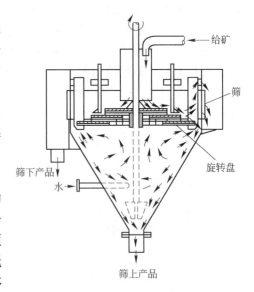

图 2-4-21　胡基筛分装置

使物料进一步产生分级作用，粗粒沉落到锥体底部，通过控制阀排料。粗粒部分沉降时所
夹带下来的细粒，依靠向上冲洗水送回旋转圆盘顶部进行循环处理。筛面由合金、塑料楔
棒构成，棒间向外扩展的长条筛孔与水平成直角，筛子有效面积为 5%～8%。

据胡基推荐，可采用这种筛分机械从旋流器底流中分离细粒级。例如一种小型试验设
备，当长筛孔尺寸为 500μm，筛面为 0.24m² 时，每小时可以处理旋流器沉砂 13.2t，细粒
级回收率达 87%。1975 年在芬兰奥托昆普公司装了一台直径 1.6m 的工业型胡基筛，生产
率为 100～200t/h。

#### 2.4.4.5　沃利斯超声波筛分机

沃利斯超声波筛分机的原理是利用低振幅、高频率的筛分运动，使小于筛孔级别的颗
粒与筛面接触的机会增多，从而使其通过筛孔的可能性增
大，进而有利于改善筛分效率。

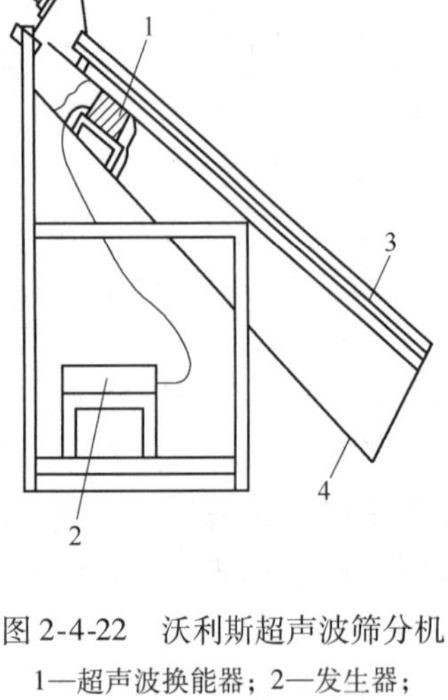

沃利斯超声波筛分机如图 2-4-22 所示。此种筛子包括
筛面、超声传感器和发生器、带下槽的给矿箱。这些部件
都安装在铝制机架上，整个设备很轻，易于移动和安装，
筛分机并不振动，只有超声波的声频起作用。筛分机的筛
面宽度为 0.77m，筛面由拉紧安装在铝架上的不锈钢筛网
构成，筛面呈 35°角倾斜安装。超声波传感器安装在筛下距
筛网约 2cm 处，传感器所需发生器的功率为 2kW，超声波
频率为 18kHz。

图 2-4-22　沃利斯超声波筛分机
1—超声波换能器；2—发生器；
3—筛面；4—排水孔

给矿箱由不锈钢制成，基本上是一个堰板装置，具有
尺寸可变的出口缝，从而保证分配均匀地给矿到筛上。此
筛只适用于湿式筛分，不能进行干式操作，因为湿式筛分
的矿浆水兼有冷却传感器和传递超声波的作用。根据金刚

石矿的试验表明，用这种筛分机处理 $750\mu m$ 以下的粒度，筛分效率很高，超过此粒级以上时筛分效率显著下降。当筛分细物料时，筛分效率反倒增高，因为这种筛分机的筛孔被堵塞的可能性小，另外超声波有助于避免筛孔堵塞，这种作用在筛孔较细的情况下特别显著。用这种筛分机筛分 $104\mu m$ 粒级占 $35\%$ 的物料时，效果良好，处理能力为 $15t/h$，筛分效率达 $99\%$，筛上产物含水分在 $16\%\sim22\%$ 之间。这种筛分机的缺点是筛网磨损快，传感器有时不起作用。

### 2.4.4.6 德瑞克筛

德瑞克筛如图 2-4-23 所示，筛面安装在框架上，框架以高速低振幅振动（振动次数为 3000 ~ 3600 次/min，取决于电流），其振动来自与偏心旋转轴承箱安装在一起的低功率全封闭三相感应电动机。电动机安装在筛子中央的上部，筛子做垂直椭圆运动，可使物料运动的进料端加速，而在排料端减缓。由于筛子框架受到高频低振幅的振动，故保证了矿浆流膜与筛面紧密接触。

为了在低浓度给矿条件下进行分离范围为 44 ~ 350$\mu$m 的筛分，筛面须由两层重叠的同等绷紧程度

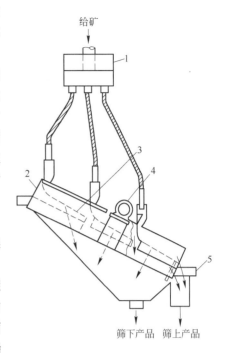

图 2-4-23 德瑞克三路给矿筛
1—分配器；2—筛架；3—双层筛布；
4—振动电动机；5—机体支架

的不锈钢丝筛布组成，这种叠层结构能使顶层和底层筛布产生轻微的相对运动，从而避免了筛孔堵塞。与一般所采用的相同孔径的单层筛布相比，其可以采用粗规格金属丝。这种筛的有效面积为 $45\%$，下层筛孔较上层筛孔小三个筛号。为了加速筛分作用，筛子装成多路给矿装置，例如在具有 3.05m 的有效宽度上，安装三路给矿的筛子，筛面全长 2.7m，筛布的尺寸为 $150\mu m$，在相对密度为 2.7，固体质量浓度为 $20\%$，筛上产物占 $15\%$ 的条件下，筛子的处理能力为 $40t/h$。

### 2.4.4.7 圆筒筛

圆筒筛如图 2-4-24 所示，其筛面为圆柱形，安装角度一般为 $4°\sim5°$。在有的情况下，筛面为圆锥形。筛面为圆锥形时，采用水平或微倾斜安装。工作时物料从一端给入筛筒内，随着筛筒的旋转，物料向另一端移动，在移动过程中，细粒物料透过筛孔落入筛下漏斗，大于筛孔的粗粒物料从另一端排出。

圆筒筛属于低速筛分机，运转比较平稳，安装于高层楼上，振动较少。缺点是筛分效率较低，处理量也较低。圆筒筛常作湿筛，并兼作洗矿机。由于其结构简单，有些小型采石场将它用于石料分级。

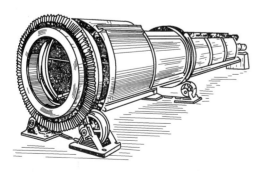

图 2-4-24 圆筒筛

### 2.4.4.8　滚轴筛

滚轴筛的结构如图 2-4-25 所示。它由多根平行排列的滚轴组成，一般为 6~10 根滚轴，最多达 20 根滚轴。滚轴上装有偏心圆盘或三角形盘。滚轴由电动机和减速机经链轮或齿轮带动旋转，转动方向与物料流的方向相同，筛面倾角一般为 12°~15°。

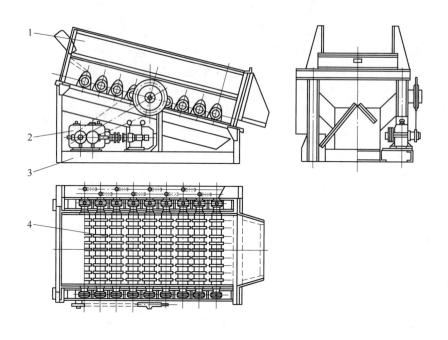

图 2-4-25　滚轴筛结构图
1—筛箱；2—传动装置；3—筛架；4—滚轴

滚轴筛主要用于煤矿的原煤分级和大块矸石脱介，以及焦化厂、炼铁厂等物料的筛分。滚轴筛虽然结构笨重，筛分效率较低，但是工作十分可靠。

### 2.4.4.9　摇动筛

摇动筛的结构如图 2-4-26 所示。它曾经被广泛应用于矿物的分级、脱水和脱介。摇动筛的筛箱由 4 根弹性支杆或弹性铰接支杆来支撑，用偏心轴和弹性连杆来传动。由于支杆是倾斜安装，所以筛箱具有向上和向前的加速度，可使物料不断地从筛面上抛起，并使小于筛孔的颗粒透筛，同时把物料向前输送。

摇动筛的振动次数一般为 300~400r/min，快速摇动筛可达 500r/min。但是从摇动筛的总体特征来看，它属于慢速筛分机，其处理量和筛分效率都较低，因此，目前在一般选矿厂、选煤厂和采石场已很少采用。

## 2.4.5　筛子生产能力计算

筛分机的生产能力是筛分机的一个重要的性能指标，它受很多因素影响，工况也很复杂，如预先筛分，分级脱水筛分，脱水脱介筛分和最终筛分等，情况各不相同。要精确计算筛分机的处理量比较困难，因此，往往采用近似的方法来估算。近似计算的方法很多，

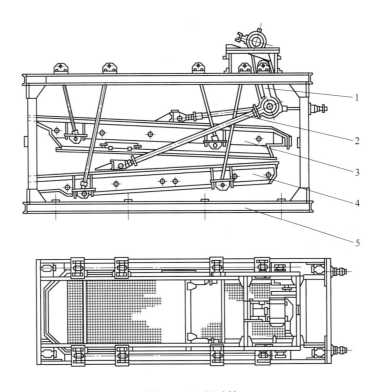

图 2-4-26　摇动筛
1—传动部；2—连杆；3—上筛箱；4—下筛箱；5—架子

下面介绍几种常用的计算方法。

### 2.4.5.1　固定筛生产能力计算

在生产实践中，固定筛的生产能力一般按下式进行计算：

$$Q = \varepsilon As \qquad (2\text{-}4\text{-}7)$$

式中　$Q$——筛分机按给料计算的生产能力，t/h；

$A$——筛分机的筛面面积，$m^2$；

$s$——筛孔尺寸，mm；

$\varepsilon$——比生产率，即筛孔尺寸为 1mm 时单位筛面面积的生产率，$t/(mm \cdot h \cdot m^2)$，
对于不同类型的筛分机，$\varepsilon$ 的数值可从表 2-4-3 和表 2-4-4 中选取。

表 2-4-3　固定格筛和条筛的比生产率

| 筛孔尺寸/mm | 10 | 12.5 | 20 | 30 | 40 | 50 | 75 | 100 | 150 | 200 |
|---|---|---|---|---|---|---|---|---|---|---|
| 比生产率 $\varepsilon$ /$t \cdot mm^{-1} \cdot h^{-1} \cdot m^{-2}$ | 1.4 | 1.35 | 1.2 | 1.0 | 0.85 | 0.75 | 0.53 | 0.40 | 0.26 | 0.2 |

表 2-4-4　滚轴筛的比生产率

| 筛孔尺寸/mm | 50 | 75 | 100 | 125 |
|---|---|---|---|---|
| 比生产率 $\varepsilon$ /$t \cdot mm^{-1} \cdot h^{-1} \cdot m^{-2}$ | 0.8~0.9 | 0.8~0.85 | 0.75~0.85 | 0.8~0.9 |

2.4.5.2　振动筛生产能力计算

对于振动筛的生产能力，综合考虑影响筛分过程的各种因素，以校正系数的方式将它们引入计算公式中，从而得振动筛生产能力的计算公式为

$$Q = A_1\rho_0 qKLMNOP \tag{2-4-8}$$

式中　$Q$——振动筛按给料计算的生产能力，t/h；

　　　$A_1$——筛分机的有效筛面面积，$m^2$，一般取筛面几何面积的 $0.8 \sim 0.9$ 倍；

　　　$\rho_0$——入筛物料的堆密度，$t/m^3$；

　　　$q$——单位面积筛面的平均生产能力，$m^3/(m^2 \cdot h)$，不同筛孔尺寸时的 $q$ 值可以从表 2-4-5 中选取；

　　　$K$——代表细粒影响的校正系数；

　　　$L$——代表粗粒影响的校正系数；

　　　$M$——与筛分效率有关的校正系数；

　　　$N$——代表颗粒形状影响的校正系数；

　　　$O$——代表湿度影响的校正系数；

　　　$P$——与筛分方法有关的校正系数。

各个校正系数的数值可以从表 2-4-6 中选取。

**表 2-4-5　单位面积筛面的生产能力**

| 筛孔尺寸/mm | 0.16 | 0.2 | 0.3 | 0.4 | 0.6 | 0.8 | 1.17 | 2 | 3.15 | 5 |
|---|---|---|---|---|---|---|---|---|---|---|
| $q/m^3 \cdot m^{-2} \cdot h^{-1}$ | 1.9 | 2.2 | 2.5 | 2.8 | 3.2 | 3.7 | 4.4 | 5.5 | 7 | 11 |
| 筛孔尺寸/mm | 8 | 10 | 16 | 20 | 25 | 31.5 | 40 | 50 | 80 | 100 |
| $q/m^3 \cdot m^{-2} \cdot h^{-1}$ | 17 | 19 | 25.5 | 28 | 31 | 34 | 38 | 42 | 56 | 63 |

**表 2-4-6　校正系数 $K$、$L$、$M$、$N$、$O$、$P$ 的数值**

| 给料中粒度小于筛孔尺寸一半的颗粒含量/% | 0 | 10 | 20 | 30 | 40 | 50 | 60 | 70 | 80 | 90 |
|---|---|---|---|---|---|---|---|---|---|---|
| $K$ 的数值 | 0.2 | 0.4 | 0.6 | 0.8 | 1.0 | 1.2 | 1.4 | 1.6 | 1.8 | 2.0 |
| 给料中粒度大于筛孔尺寸的颗粒含量/% | 10 | 20 | 25 | 30 | 40 | 50 | 60 | 70 | 80 | 90 |
| $L$ 的数值 | 0.94 | 0.97 | 1.0 | 1.03 | 1.09 | 1.18 | 1.32 | 1.55 | 2.0 | 3.36 |
| 筛分效率/% | 40 | 50 | 60 | 70 | 80 | 90 | 92 | 94 | 96 | 98 |
| $M$ 的数值 | 2.3 | 2.1 | 1.9 | 1.6 | 1.3 | 1.0 | 0.9 | 0.8 | 0.6 | 0.4 |
| 颗粒形状 | 除煤以外的破碎物料 | | | 圆形颗粒（如砾石） | | | 煤 | | | |
| $N$ 的数值 | 1.0 | | | 1.25 | | | 1.5 | | | |
| 物料的湿度 | 筛孔尺寸小于25mm | | | | 筛孔尺寸大于25mm | | | | | |
| | 干的 | | 湿的 | | 成团 | | 视湿度而定 | | | |
| $O$ 的数值 | 1.0 | | 0.75 ~ 0.85 | | 0.2 ~ 0.6 | | 0.9 ~ 1.0 | | | |
| 筛分方法 | 筛孔尺寸小于25mm | | | | 筛孔尺寸大于25mm | | | | | |
| | 干式 | | 湿式（附有喷水） | | | | 任何情况 | | | |
| $P$ 的数值 | 1.0 | | 1.25 ~ 1.4 | | | | 1.0 | | | |

### 2.4.5.3 圆振动筛生产能力计算

圆振动筛生产能力可按下式近似计算:

$$Q = Mq_0B_0L\delta \tag{2-4-9}$$

式中  $Q$——按给料计算的生产能力,t/h;

$M$——筛分效率校正系数,见表2-4-7; $M$ 也可按下式计算:

$$M = \frac{100 - \eta}{7.5} \tag{2-4-10}$$

$\eta$——筛分效率,%;

$q_0$——单位面积生产能力,$m^3/(m^2 \cdot h)$,见表2-4-8;

$B_0$——筛面计算宽度,m,其数值确定如下:

$$B_0 = 0.95B \tag{2-4-11}$$

$B$——实际筛面宽度,m;

$L$——筛面工作长度,m;

$\delta$——物料的松散密度,$t/m^3$。

表 2-4-7  筛分效率校正系数 $M$

| 筛分效率/% | 校正系数 $M$ | 筛分效率/% | 校正系数 $M$ |
|---|---|---|---|
| 75 | 3.30 | 92.5 | 1.00 |
| 80 | 2.67 | 93 | 0.93 |
| 85 | 2.00 | 94 | 0.80 |
| 88 | 1.60 | 95 | 0.67 |
| 89 | 1.47 | 96 | 0.53 |
| 90 | 1.33 | 97 | 0.40 |
| 91 | 1.20 | 98 | 0.27 |

表 2-4-8  圆振动筛假定的单位面积容积生产能力(筛分效率 $\eta = 92.5\%$)

| 筛孔尺寸 $a/mm$ | 按给料计算时假定的每1h单位面积容积生产能力 $q_0/m^3 \cdot m^{-2} \cdot h^{-1}$ | 筛孔尺寸 $a/mm$ | 按给料计算时假定的每1h单位面积容积生产能力 $q_0/m^3 \cdot m^{-2} \cdot h^{-1}$ |
|---|---|---|---|
| 0.10 | 0.167 | 10.00 | 16.70 |
| 0.15 | 0.25 | 12.00 | 20.00 |
| 0.20 | 0.33 | 14.00 | 23.40 |
| 0.30 | 0.50 | 16.00 | 26.70 |
| 0.50 | 0.84 | 20.00 | 33.30 |
| 1.00 | 1.67 | 25.00 | 41.70 |
| 2.00 | 3.33 | 30.00 | 50.00 |
| 3.00 | 5.00 | 50.00 | 83.40 |
| 5.00 | 8.40 | 75.00 | 125.00 |
| 6.00 | 10.00 | 100.00 | 167.00 |
| 8.00 | 13.30 | | |

### 2.4.5.4　煤用筛分机生产能力计算

$$Q = Fq \tag{2-4-12}$$

式中　$Q$——筛分机的生产能力，t/h；

　　　$F$——筛分机筛面的工作面积，m²；

　　　$q$——单位筛面面积的生产能力，t/(m²·h)，煤炭筛分 $q$ 的推荐值见表2-4-9。

表2-4-9　煤炭筛分单位面积生产能力 $q$

| 筛子种类 | 筛分种类 | | 筛分效率/% | 筛孔尺寸/mm | | | | | | |
|---|---|---|---|---|---|---|---|---|---|---|
| | | | | 100 | 50 | 25 | 13 | 6 | 0.5 | 0.25 |
| | | | | 单位面积生产能力 $q$/t·m⁻²·h⁻¹ | | | | | | |
| 圆振动筛 | 准备筛分 | | >70 | 110~130 | 55~65 | | | | | |
| 直线振动筛 | 准备筛分 | 干法 | >80 | | 35~40 | 20~25 | 8~10 | | | |
| | | 湿法 | >85 | | | | 10~12 | 8~10 | | |
| | 最终筛分 | 干法 | >85 | | 35~40 | 18~22 | | | | |
| | | 湿法 | >85 | | | | 10~12 | 8~10 | | |
| | 脱水 | 干法 | | | | | | | 7 | |
| | | 湿法 | | | | | | | 2 | 1.5 |
| | 脱介 | 块煤 | | | | | 10 | 10 | | |
| | | 末煤 | | | | | | | 3 | |
| | | 末矸 | | | | | | | 2 | |

### 2.4.5.5　块煤和块矸石脱介时生产能力的估算

块煤和块矸石脱除磁性介质时的生产能力，可根据经验数据，按下面的计算式估算。

$$\left. \begin{array}{ll} 块煤 & Q = q_k B \\ 块矸 & Q = 1.15 q_k B \end{array} \right\} \tag{2-4-13}$$

式中　$B$——筛面宽度，m；

　　　$q_k$——单位筛宽的生产能力，t/(m·h)，见表2-4-10。

表2-4-10　单位筛宽的生产能力 $q_k$

| 物料粒度/mm | 1.7~12.7 | 6.4~19.1 | 6.4~25.4 | 6.4~31.8 | 6.4~50.8 | 6.4~76.2 |
|---|---|---|---|---|---|---|
| $q_k$/t·m⁻¹·h⁻¹ | 23.9 | 29.9 | 35.8 | 47.8 | 53.6 | 59.5 |

注：本表适用于最大给料粒度为76mm时的单层筛，若最大给料粒度大于76mm时，则此值为上层筛面负担给料量的35%情况下下层筛的生产能力。

## 2.4.6　筛子的使用与维护

### 2.4.6.1　筛子的使用

**A　启动筛分机前的检查**

筛分机的操作人员，应了解筛分机的各部件结构及简单的工作原理。在开动筛分机之前，应做好开车准备，检查传动带或轮胎联轴器的状况，筛网完好情况及其他各部零件部件状况。如螺钉等连接部件是否紧固可靠，电气元件有无失效，振动器的主轴是否灵活，轴承润滑情况是否良好等。

B　筛分机的启动和停车

筛分机一般都用在破碎筛分或洗选工艺流程中，且要求筛分机空载启动和停车，因此需遵守逆工艺流程启动，顺工艺流程停车。

筛分机启动时，需闭合闸刀开关，将线路接入电网，按启动按钮，完成一次启动。

筛分机除特殊事故外，不允许带料停车，筛分机停车，按停车按钮完成。

C　筛分机的润滑

筛分机的润滑，主要是指对振动器轴承的润滑。有些强迫同步的直线振动筛，还要对传动齿轮进行润滑。传动电动机也应按使用说明书规定，每年检修时加注油脂。

振动筛的润滑分油脂润滑和稀油润滑两种。对采用油脂润滑的振动器，应使用温度范围在 $-30 \sim 120℃$ 的优质锂基润滑脂。在正常工作条件下，一般每个振动器在 24h 内加注油脂 150~200g。由于振动器工作环境恶劣，也可每 8h 加注油脂 1 次。最好采用高压式黄油枪注油。

采用万向联轴器传动轴的筛子，也需对万向联轴器部分加注润滑脂。

对采用稀油润滑的振动器和齿轮，可用优质齿轮油，加油量视振动器的结构而定。

新安装的筛子，运行 80h 后，要更换润滑油 1 次，以后每 300h 更换润滑油 1 次。

在冬季和夏季，由于气温的不同，最好采用不同黏度的润滑油。

注油时，一定要将油枪嘴和注油口周围清理干净，不能让灰尘进入油腔。

D　筛分机振动器的旋转方向

圆振动筛的振动器的旋转方向，可以顺料流方向旋转，也可逆料流方向旋转。但是，顺料流方向旋转，物料通过筛面的速度较快，因而有利于提高筛子的处理能力；逆料流方向旋转，物料通过筛面的速度较慢，物料的堵孔倾向较大，一般需要加大筛面的倾角。

自同步直线振动筛，一般两个偏心质量由两个电动机分别带动。两个电动机的特性必须相同，旋转方向必须相反。

强迫同步的直线振动筛，对旋转方向无明确规定。

筛分机振幅的调整：在操作过程中，发现其振幅的大小不能满足筛分作业的要求时，可以对其振幅进行调整。

对块偏心式振动器，可以调整主副偏心块的夹角。夹角变小，激振力变大，振幅变大；反之，夹角变大，激振力变小，振幅变小。对轴偏心式振动器，可以增减配重飞轮和带轮上的配重块，以增减振动筛的振幅。

**2.4.6.2　筛子的维护**

（1）在正常运转中，应密切注意轴承的温度，一般不得超过 40℃，最高不得超过 60℃。

（2）运转过程中应注意筛子有无强烈噪声，筛子振动应平稳，不准有不正常的摆动现象。当筛子有摇晃现象发生时，应检查四根支承弹簧的弹性是否一致，有无折断情况。

（3）设备在运行期间，应定期检查磨损情况，如出现磨损过度应立即予以更换。

（4）经常观察筛网有无松动，有无因筛网局部磨损造成漏矿。遇有上述情况，应立即停车进行修理。

（5）筛子轴承部分必须设有良好的润滑，当轴承安装良好，无发热、漏油时，可每隔一周左右用油枪注入黄油一次，每隔两月左右，应拆开轴壳，对轴承进行清洗，并重新注入洁净的黄油。

## 复习思考题

2-1 何谓筛分，筛分适用于什么粒度范围的分级？

2-2 矿粒透筛的概率与哪些因素有关，"易筛粒"及"难筛粒"怎样划分？

2-3 何谓筛分效率，定义式如何表达？

2-4 推导筛网未磨损时的筛分效率计算式。

2-5 影响筛分效率的因素有哪些？

2-6 何谓级别筛分效率及总筛分效率？

2-7 何谓矿粒的粒度，单颗矿粒粒度怎么表示，粒级的粒度怎么表示？

2-8 粒度分析方法有哪几种，各适用于什么范围？

2-9 何谓标准筛，泰勒筛的基筛筛孔是多少，基本筛比及附加筛比各是多少？

2-10 何谓粒度特性，常用的粒度特性方程式是哪两个，如何表达？

2-11 粒度特性方程式有些什么用途？

2-12 何谓筛分动力学，物料筛分过程中筛分效率为什么会出现那样的变化规律？

2-13 筛分动力学规律如何表达，对于振动筛，$m$ 的取值是多少，什么叫物料的可筛性指标？

2-14 筛分效率与处理能力的关系如何，如何利用它们的关系式定量地解决工程上的计算问题？

2-15 筛分效率与筛面长度的关系如何，如何利用它们的关系式定量地解决工程上的计算问题？

2-16 选矿厂常用的筛分机械是哪些，各适用于什么粒度范围的筛分？

2-17 固定格筛及棒条筛各用于什么场合？

2-18 惯性振动筛的性能如何，在哪些情况下使用？

2-19 为什么振动筛要求自定中心？简述两种类型自定中心振动筛的自定中心原理。

2-20 重型振动筛的振动器如何做到自动调整激振力的，重型振动筛的性能及适用场合如何？

2-21 说明直线振动筛的直线振动原理及其应用场合。

2-22 说明共振筛的工作原理及其性能。

2-23 除上述筛子外，还有一些什么筛子，它们各用于什么场合？

2-24 学会筛子生产能力的计算，以实例演算之。

# 3 碎 矿

**教学目的：** ①了解破碎方法及矿石的力学性质；②掌握颚式破碎机的构造及工作原理，了解其性能、生产率与功率计算、使用与维护；③掌握圆锥破碎机的构造及工作原理，了解其性能、生产率与功率计算、使用与维护；④掌握反击式破碎机与辊式破碎机的构造及工作原理，了解其性能、生产率与功率计算、使用与维护；⑤了解其他的碎矿设备；⑥掌握破碎筛分流程。

**章节重点：** ①颚式破碎机的构造及工作原理；②圆锥破碎机的构造及工作原理；③粗碎设备的选择；④反击式破碎机与辊式破碎机的构造及工作原理；⑤多碎少磨的依据及方法。

## 3.1 碎矿的理论及工艺

### 3.1.1 碎矿的基本概念

#### 3.1.1.1 碎矿及碎矿比

用外力克服固体物料各质点间的内聚力，使物料块破坏以减少其颗粒粒度的过程，称为破碎和磨碎。破碎使用破碎机，磨碎使用磨矿机。

在破碎或磨碎中，原料粒度与产物粒度的比值称为破碎比。破碎比从数量上衡量和评价破碎和磨矿过程，它表示物料粒度在破碎和磨矿过程中减小的倍数。

破碎比的表示及计算方法有以下 3 种，各有一定用途。

（1）最大破碎比。用物料破碎前后的最大粒度来确定及表示，设破碎前后物料的最大粒度分别为 $D_{\max}(\mathrm{mm})$ 及 $d_{\max}(\mathrm{mm})$，则最大破碎比 $i_{\max}$ 为

$$i_{\max} = \frac{D_{\max}}{d_{\max}} \tag{3-1-1}$$

最大粒度并非物料中最大的尺寸，而是有其技术的规定，我国及前苏联等国将矿料 95% 的过筛正方形孔尺寸定为最大粒度，欧美等国则将矿料 80% 的过筛正方形筛孔尺寸定为最大粒度。显然，同一批物料的最大粒度 $D_{95}$ 比 $D_{80}$ 值大，而同一个最大粒度值则是 $D_{80}$ 表示的物料比 $D_{95}$ 表示的物料粗。在矿料的筛上累积产率曲线上，由产率 5% 可查出 $D_{95}$，由产率 20% 可查出 $D_{80}$。最大破碎比在选矿厂设计中常被采用，因为设计上要根据最大块直径来选择破碎机的给矿口及分配各破碎段的负荷。

如果原料及产品粒度均用 100% 过筛的粒度来表示，则其实际上是物料中的极限粒度，

此时的破碎比亦可称极限破碎比。

（2）公称破碎比。用破碎机给矿口的有效宽度和排矿口的宽度来确定及表示，设破碎机给矿口的公称宽度为 $B(\mathrm{mm})$，排矿口宽度为 $S(\mathrm{mm})$，则公称破碎比 $i_{公称}$ 为

$$i_{公称} = \frac{0.85B}{S} \qquad (3\text{-}1\text{-}2)$$

破碎机的给矿口虽然宽度为 $B$，但在给矿口边缘上是不能有效地钳住矿石进行破碎的，能有效钳住矿块破碎的地方在破碎腔的上部，即大约在给矿口宽度85%的地方，因此，在设计上能给入破碎机的最大矿块通常按给矿口宽度的85%计，故 $0.85B$ 称为破碎机给矿口的有效宽度。排矿口取值时，粗碎机取最大宽度，中、细碎机取最小宽度。公称破碎比在生产中常用来估计破碎机的负荷。生产中不可能经常对大批矿料作筛分分析，但只要知道破碎机的给矿口及排矿口宽度就可以方便地计算出破碎比，及时地了解破碎机组的负荷情况。

（3）平均破碎比或真实破碎比。用破碎前后物料的平均粒度来表示及确定。设物料破碎前后的平均粒度分别是 $D_{平均}(\mathrm{mm})$ 及 $d_{平均}(\mathrm{mm})$，则平均破碎比或真实破碎比 $i_{平均}$ 表示为：

$$i_{平均} = \frac{D_{平均}}{d_{平均}} \qquad (3\text{-}1\text{-}3)$$

破碎前后的物料，都是由若干粒级组成的碎散物料统计总体，只有平均直径才能代表它们的真实粒度，这种破碎比更能真实地反映物料破碎的程度，但由于确定它比较麻烦，故通常只在科研中应用。

### 3.1.1.2　破碎及磨碎的阶段及破碎比

（1）各破碎段及破碎比。选矿厂中的矿料破碎是由串联的各个破碎段组成的，碎矿及磨矿上的"段"是根据所处理的矿料粒度划分的，从给矿和产品的粒度上划分，碎矿和磨矿的阶段大致划分如下：

| 阶　段 | | 给矿最大块直径 $D_{\max}/\mathrm{mm}$ | 产品最大块直径 $d_{\max}/\mathrm{mm}$ |
|---|---|---|---|
| 碎矿 | 粗碎 | 1500 ~ 350 | 350 ~ 100 |
| | 中碎 | 350 ~ 100 | 100 ~ 40 |
| | 细碎 | 100 ~ 40 | 30 ~ 5 |
| 磨矿 | 一段磨矿 | 30 ~ 5 | 1 ~ 0.3 |
| | 二段磨矿 | 1 ~ 0.3 | 0.1 ~ 0.075 或更细 |

上述各破碎段均有本段的破碎比，粒度减小一次就有一个破碎比。现代大型选矿厂或硬度很大的矿石有用四段碎矿的，前两段均算粗碎，第三段算中碎，第四段算细碎。少数选厂要求物料磨得很细的也有采用三段磨矿的，故上面的划分是近似的，只能大致反映一般情况。

（2）总破碎比和部分破碎比。整个碎矿和磨矿流程的破碎比称为总破碎比 $i_{总}$，各阶段的破碎比 $i_i(i_1, i_2, i_3, \cdots, i_n)$ 叫部分破碎比。设 $D_{\max}$ 是原矿的最大块直径，$d_n$ 是破碎最终产物的最大粒直径，$d_1$，$d_2$，$\cdots$，$d_{n-1}$，$d_n$ 是第一段，第二段，$\cdots$，第 $n$ 段破碎产物中的最大粒直径，由于各破碎段是从大到小依次串联完成，则它们之间有如下关系：

$$i_{\text{总}} = \frac{D_{\max}}{d_1} \times \frac{d_1}{d_2} \times \cdots \times \frac{d_{n-1}}{d_n} = \frac{D_{\max}}{d_n} = i_1 \times i_2 \times \cdots \times i_n \qquad (3\text{-}1\text{-}4)$$

即总破碎比等于各破碎段破碎比的连乘积，也即选用若干种合适的碎磨设备串联起来，便可将原矿分段逐步地破碎及磨碎到规定的入选粒度。

### 3.1.1.3 单体解离度和过粉碎

矿相鉴定的结果说明，绝大多数矿石中的有用矿物和脉石都是紧密连生在一起的。如果不先将它们解离，任何选矿方法都不能富集它们。矿石破碎后，由于粒度变小了，并且不同矿物之间的交界面裂开了，本来连生在一起的各种矿物就有一定程度的分离。在破碎后的矿石中，有些粒子只含有一种矿物，称为单体解离粒；还有一些粒子是几种矿物连生着的，称为连生粒。某矿物的单体解离度，就是指该矿物的单体解离粒颗数与含该矿物的连生粒颗数及该矿物的单体解离粒颗数之和的比值，用百分率表示。选矿产物的检验结果表明，精矿品位低，尾矿品位高和中矿产率大，往往是单体解离度不够造成的。因此，碎矿和磨矿是进行选别前必不可少的作业，它可为选别作业准备有用矿物的单体解离度充分大的入选物料。就矿物的组织看，除了少数极粗粒嵌布的矿石，仅用碎矿即可获得相当多的单体解离粒外，一般都必须经过磨矿，有用矿物才能得到充分高的单体解离度。碎矿的作用通常是为磨矿准备给料，磨矿则是物料达到充分解离的最后工序。

磨矿产物过粗，则由于解离还不充分，选出的精矿品位及回收率便较差。过细也没有必要，甚至还会因此造成危害，因为矿石破碎过细会产生难以选别的微细粒子。如果这种微粒较多，使生产不利，那就说明矿石被过度地粉碎了。过粉碎的危害是：难以控制的微细粒子增多，精矿品位和回收率变差，机器磨损增大，设备的处理能力降低，破碎矿石的无益功率消耗增多。过粉碎的发生以磨矿过程为严重，但从碎矿起已有出现。因此，在开始破碎矿石时，就应当注意防止过粉碎，遵守"不做不必要的破碎"规则。处理脆性矿石的钨、锡矿重选厂，更须重视此问题。产生过粉碎的原因通常是：磨矿细度超过最佳粒度，所用设备与矿石性质不适应而易将其泥化，碎矿与磨矿流程不合理，操作条件不好等。对每一具体情况，只有作全面考查，才能找准发生过粉碎的原因。

### 3.1.1.4 破碎过程的评价指标

为了评价破碎过程的效率，通常采用破碎机处理量、破碎效率及破碎的技术效率来评价破碎过程。

（1）破碎机处理量。从数量上评价破碎过程，以"t/h"表示处理能力大小，但必须指明给矿及排矿粒度。

（2）破碎效率。破碎是一个耗能巨大的过程，通常从能耗上评价破碎过程的效率，可采用"千瓦·时/吨"（kW·h/t）或"吨/（千瓦·时）"（t/(kW·h)）作为从能耗上评价破碎过程的指标。此指标也应指明给矿粒度及排矿粒度。

（3）破碎的技术效率。破碎既然是减小粒度的过程，就需要从粒度减小的状况上评价破碎过程的技术效率。若破碎机的处理能力为 $Q(\text{t/h})$，待破碎物料中小于规定粒级的含量为 $\alpha$（%），则原物料中需要破碎的物料为 $Q(1-\alpha)$。破碎后产品中小于规定粒级的含量为 $\beta$（%），则 $Q(\beta-\alpha)$ 表示破碎后新产生的小于规定粒级的量。于是，破碎的技术效率 $E_{\text{技}}$ 为

$$E_{\text{技}} = \frac{Q(\beta-\alpha)}{Q(1-\alpha)} \times 100\% = \frac{\beta-\alpha}{1-\alpha} \times 100\% \qquad (3\text{-}1\text{-}5)$$

在给排矿粒度一定的情况下，破碎机处理量愈大效率愈高；"千瓦·时/吨"愈小，表示破碎效率愈高；"吨/千瓦·时"愈大，表示破碎效率愈高；$E_技$愈高，表示破碎过程愈有效。

在同一个选矿厂，碎矿的给排矿粒度相同，采用上述几个评价指标可以快速有效地评价各台破碎机的工作效率，进而指导生产改进。

### 3.1.2 机械破碎法及破碎施力情况

机械破碎法是最古老的矿料破碎法，也是迄今运用最广泛的矿料破碎方法，它以破碎机械的工作部件直接作用于矿块而使其破碎，尽管工作部件磨损严重及产品质量不好，但由于它工作可靠及破碎成本低而在破碎领域一直占统治地位，因而是矿料破碎中重点研究的方法。

机械破碎法是靠破碎机械的施力来完成的，破碎机械的施力方式不外是压碎、劈开、折断、磨剥及冲击等，如图 3-1-1 所示。

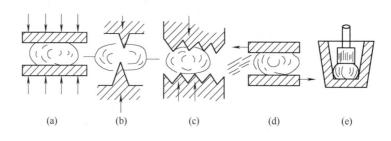

图 3-1-1　破碎机械对矿石的施力情形
（a）压碎；（b）劈开；（c）折断；（d）磨剥；（e）冲击

以上几种破碎施力方式是破碎机械中常见的方式，但并不是每种破碎机中都包含这些方式，破碎机械的运动方式决定了每种破碎机中往往以一种破碎方式为主而辅以其他破碎方式，如颚式破碎机中以压碎力为主，同时兼有折断力作用，而球磨机中以冲击及磨剥作用为主等。但这里也应指出，破碎机械都是用它的工作部件以动载荷来反复作用于矿石的，因而均具有一定的冲击效果。

矿石是破碎的对象，破碎又是个力学过程，故认识矿石的力学性质是十分重要的。矿石是硬而脆的晶体聚合材料，它的力学性质依破碎力的不同而表现出不同的抗破碎性能。矿石硬度大，采用压碎力破坏时就会遭到巨大的抵抗。矿石脆性大，其抵抗折断及劈开作用的能力差，采用劈开及折断矿块的方式时破碎便容易进行。矿石脆性大，磨剥作用下还容易造成过度粉碎。矿石是不同矿物的聚合体，力学性质极不均匀，矿石块中存在不少力学上的脆弱面，故抵抗冲击的能力很差，因而，用冲击破碎矿石的耗能是最低的。因此，仅从矿石的力学性质上分析，采用压碎的方式破碎矿石不合理，而采用折断及劈开的方式破碎矿石较有利。但在实际破碎机械中，压碎力最容易实现，而折断及劈作用仅能借助衬板上交错的破碎齿条来实现，而且大的矿石硬度会使劈开作用难于进行，故只有硬度低的煤矿块可采用劈开作用强的高尖破碎齿条破碎。因此，针对不同性质的矿石而选用合适的破碎机是破碎中的一条重要原则，即破碎力要适应于矿石性质，才会有好的破碎效果。对于硬矿石，应当用弯折配合冲击来破碎它，但若采用磨剥，机器则必遭严重磨损；对于脆性矿石，弯折及劈开较为有利，而若采用磨剥，则产品中的过细粉末就会太多；对于韧性及黏性较大的矿石，宜采用磨剥方式破碎，若采用冲击及弯折效果反而都不好；等等。矿石的性质是多种多样的，根据矿石的性质而选用合适的破碎力方式是提高破碎效率的重要途径。

前面已指出，机械破碎中的载荷是动载荷，具有一定的冲击效果。这里还要进一步指出，动载荷的冲击特性不仅与动载荷的大小有关，而且还与动载荷的频率有关。在冲击作用下，被冲击部位的动能迅速转变成变形能，这种变形能使被冲击部位产生相当大的局部应力，在变形能来不及向整体传递时即在被冲击部位发生破碎，故动载荷的破坏作用比静载荷的大。如果载荷超过矿块的疲劳极限，增加反复冲击次数可以减小破坏所需的应力。因此，高频冲击的方法破碎矿石有很好的破碎效果，如功率消耗较小，破碎比高而过粉碎轻，容易在较粗粒级发生充分解离。高频冲击效率高还因为矿料抵抗高频冲击的性能较低频冲击时更差。近年来出现的冲击破碎机及振动磨等，都具有高频冲击的特点，属于高能强破碎方法。

这里还要指出一点，虽然破碎方法是机械破碎法，但破碎的产品粒度不一定成机械性地减小，这是由于矿石的结构及力学性质不均匀所致。组成矿石的不同矿物的力学强度不同，在遭受机械破碎力作用时各种矿物破碎的行为也是不相同的，强度高的矿物破碎的程度小，强度低的矿物破碎程度大，这种现象称为选择性破碎。这种选择性破碎现象的存在对选矿工艺有着重要的实际意义。如有用矿物容易破碎，则它们将在产品的细级别中富集，通过筛选就可尽早将有用矿物从破碎过程中筛出，以减轻有用矿物过粉碎，或者将粒度粗的脉石矿物尽早排出破碎过程，以减少不必要的破碎，减少能耗及材料消耗。

### 3.1.3　岩矿的力学性质及对破碎的影响

#### 3.1.3.1　岩矿的力学性质

岩矿的破碎是个力学过程，岩矿是被破碎的对象，因此，研究破碎前必须对岩矿的力学性质有所认识。

岩矿的力学性质依破碎力方式的不同而具有不同的表现，如岩矿受压力作用时岩矿表现出抵抗压碎的能力，受剪切力作用时表现出抵抗剪切的能力，受弯折力作用时表现出抵抗弯折的能力等。通常用强度来表征岩矿的抵抗能力，同种岩矿抵抗不同作用力的能力是不同的，一般地，岩矿的抗压强度最大，抗剪强度次之，抗弯强度较小，抗拉强度最小。假设抗压强度为1，则其他强度只是它的很小的分数。M. M. 普罗托吉雅可诺夫认为，岩石的坚固性在各方面的表现是趋于一致的，难破碎的岩石，用各种方法都难破碎，而易破碎的岩石，用各种方法都易破碎，于是，他提出了"坚固性系数" $f$ （即普氏硬度系数），用以表示岩石的相对坚固性。一种岩石较另一种岩石的坚固性系数大若干倍，就意味着用任何一种方法破碎前者都比破碎后者困难许多倍。普氏硬度系数 $f$ 约为单轴抗压强度 $\sigma_\text{压}$ 的百分之一，即

$$f = \frac{\sigma_\text{压}}{100} \tag{3-1-6}$$

因此，求出岩矿的抗压强度 $\sigma_\text{压}$ 也就能通过式（3-1-6）求出普氏系数，而普氏系数

综合反映了岩矿的综合强度。按照 M. M. 普罗托吉雅可诺夫的说法，当知道一种岩矿的 $\sigma_{压}$、$\sigma_{拉}$、$\sigma_{剪}$、$\sigma_{弯曲}$ 及 $\sigma_{冲击}$ 时，只要再知道另一种岩矿的 $\sigma_{压}$，就可以由已知岩矿的各种强度推算另一种岩矿的各种强度。普罗托吉雅可诺夫提出的办法，得到矿业界的公认，行业学者还把普氏硬度系数 $f$ 作为岩矿的综合强度，作为综合矿山工艺过程的方法。岩矿的破碎及磨碎，无论是其机械的设计还是工艺过程的实施均必须依据岩矿的力学强度值，否则，设计的破碎机或是机械强度不够，或是破碎不能顺利进行。破碎过程实施时也必须依据岩矿力学强度值调整破碎参数其效果才能良好。

岩矿的普氏硬度系数 $f$ 反映了岩矿的综合强度，可以由它确定破碎力的强度。破碎力的作用方式也是影响破碎的重要因素，而影响破碎力作用方式的是岩矿的韧性，包括脆性、柔性、延展性、挠性及弹性等。这就必须测定岩矿的弹性模量及泊松比（反映纵向变形与横向变形比值的参数）。只有综合依据岩矿的这些力学性质才能确定破碎力的合适方式，也才能使破碎效果好。

### 3.1.3.2 岩矿的力学特性

岩矿的力学性质仅从概念及定义上了解是不够的，还必须从物质成分、结构组织及成因变化等方面认识其力学性质特性才更有实际意义。

岩矿是一种特殊的物质材料，矿物本身的物质结构十分复杂，各质点之间有原子键结合的，有离子键结合的，还有分子键结合的、金属键结合的或氢键结合的，更复杂的则同时有这几种键存在。多数矿物为离子键结合，故矿物一般呈现出硬而脆的特性。岩矿是由多种矿物聚合而成的，不同矿物的聚合力是不同的，不同矿物的结合界面恰是力学的脆弱面。岩矿物质结构的复杂性导致了岩矿宏观上表现出的一系列力学特性：

（1）岩矿力学性质的各向异性。因为矿物多数为晶体矿物，所以矿物的各向异性也使岩矿具有各向异性特点。

（2）岩矿组成上具有非均质性。无论是岩体还是从岩体中采出的岩块，它们的不同部位常常出现组织上和结构上的差异，进而导致性质上的差异，这是岩矿材料与金属材料所不同的。金属材料结构组成是相对均匀的，可以用材料常量来表征材料的性质，而岩矿材料则属非均质材料，不能用材料常量来表征岩矿性质。

（3）岩矿力学性质的多元性。一种矿物晶体内会存在两种以上的键合力，不同晶体矿物中存在的键合力则是多种多样的。同种矿物晶格内部与晶面上的聚合力均不相同，不同矿物晶体聚合体内部和外部的聚合力亦不相同，不同矿物晶体聚合体结合面上的聚合力也不相同。岩矿力学结构的多元性导致了力学性质的不均匀，也导致了复杂性。

（4）岩矿具孔隙性及裂隙性。由于存在先天的及后天的孔隙及裂隙，故岩矿的应力-应变曲线是非线性的，弹性模量及泊松比也会因应力不同而发生变化。由于宏观及微观裂隙的存在，岩矿粗块裂隙多，力学强度低。随着矿块粒度减小，裂隙逐渐消失，矿块力学强度也随之增高。

（5）岩矿力学性质测试结果无重复性。由于岩矿材料的性质极不均匀和十分复杂，故即使是同一岩矿上切下的试件，测试结果也无重复性，且波动性很大，离散性也很大。

岩矿力学性质的复杂性，导致各厂因处理的矿石力学性质不一样而采取的碎磨措施及参数也不一样。欲提高碎磨效率，各厂必须针对本厂矿石的力学特性采取相应的碎磨措施及参数。可以说，提高针对性是提高碎磨效率的关键，也是当代碎磨领域的重要原则。缺乏针对性，放到各厂均可用的碎磨措施及参数绝不会有好的碎磨效果。基于此，各厂针对本厂矿石开展力学特性研究是必要的，它可为提高碎磨效率制定碎磨工艺时提供力学依据。

### 3.1.3.3 岩矿力学性质对破碎及磨碎的影响

可碎性和可磨性反映矿石被破碎的难易，它决定于矿石的力学强度，愈硬的矿石愈难破碎及磨碎。为了能将岩矿力学强度对破碎及磨碎的影响进行量化确定，在工程计算上，提出用可碎性系数及可磨性系数来表征这种影响。

$$可碎性系数 = \frac{该破碎机在同样条件下破碎指定矿石的生产率}{某破碎机破碎中硬矿石的生产率} \quad (3\text{-}1\text{-}7)$$

$$可磨性系数 = \frac{该磨矿机在同样条件下磨细指定矿石的生产率}{某磨矿机磨细中硬矿石的生产率} \quad (3\text{-}1\text{-}8)$$

在工程应用及计算上，为了确定岩矿力学强度对碎磨的影响，常将岩矿按强度进行分级，表 3-1-1 是碎矿和磨矿中常用的岩矿强度分级表。当然，各种书分级的等级并不一致，如还有分三级的、四级的或五级的。岩矿的强度分级表及可碎性系数和可磨性系数在计算设计碎磨设备时要用到。

表 3-1-1 普氏岩石分级表及碎矿和磨矿中的硬度分级[①]

| 等级 | 坚固性程度 | 岩 石 | $f$ | 我国一些选厂处理的矿石的 $f$ 值 |
|---|---|---|---|---|
| I | 最坚固的岩石 | 最坚固、细致和有韧性的石英岩和玄武岩，其他各种特别坚固岩石 | 20 | |
| II | 很坚固的岩石 | 很坚固的花岗质岩石，石英斑岩，很坚固的花岗岩，硅质片岩，与上一级比较不坚固的石英岩，最坚固的砂岩和石灰岩 | 15 | |
| III | 坚固的岩石 | 花岗岩（致密的）和花岗质岩石，很坚固的砂岩和石灰岩，石英质矿脉，坚固的砾岩，极坚固的铁矿 | 10 | 大孤山赤铁矿（12～18），大孤山磁铁矿（12～16），东鞍山铁矿（12～18），铁山（12～16），南芬铁矿（12～16），海南铁矿（12～15），大冶铁矿（10～16），大吉山钨矿（10～14），通化铜矿（8～12），铜官山（9～17），寿王坟（8～12），桓仁铅锌矿（8～12），新冶铜矿（8～10），赤马山（8～9），双塔山铁矿（9～13），因民铜矿（8～10），凹山铁矿（8～12），水口山铅锌矿（8～10），青城子铅锌矿（8），华铜（6～10），比子沟（6～10） |
| III$_a$ | 坚固的岩石 | 石灰岩（坚固的），不坚固的花岗岩，坚固的砂岩，坚固的大理石和白云岩，黄铁矿 | 8 | |
| IV | 颇坚固的岩石 | 一般的砂岩，铁矿 | 6 | |
| IV$_a$ | 颇坚固的岩石 | 硅质页岩，页岩质砂岩 | 5 | |
| V | 中等的岩石 | 坚固的黏土质岩石，不坚固的砂岩和石灰岩，各种页岩（不坚固的），致密的泥灰岩 | 4 | |
| V$_a$ | 中等的岩石 | | 3 | |
| VI | 颇软弱的岩石 | 软弱的页岩，很软弱的石灰岩，白垩，岩盐，石膏，冻结的土壤，无烟煤，普通泥灰岩，破碎的砂岩，胶结砾石，石质土壤 | 2 | |
| VI$_a$ | 颇软弱的岩石 | 碎石质土壤，破碎的页岩，凝结成块的砾石和碎石，坚固的煤，硬化的黏土 | 1.5 | |
| VII | 软弱的岩石 | 黏土（致密的），软弱的烟煤，坚固的冲积层——黏土质土壤 | 1.0 | |
| VII$_a$ | 软弱的岩石 | 轻砂质黏土，黄土，砾石 | 0.8 | |
| VIII | 土质岩石 | 腐殖土，泥煤，轻砂质土壤，湿砂 | 0.6 | |
| IX | 松散性岩石 | 砂，山麓堆积，细砾石，松土，采下的煤 | 0.5 | |
| X | 流沙性岩石 | 流砂，沼泽土壤，含水黄土及其他含水土壤 | 0.3 | |

| 等级 | 坚固性程度 | 岩　石 | | | | | | | | | $f$ | 我国一些选厂处理的矿石的 $f$ 值 |
|---|---|---|---|---|---|---|---|---|---|---|---|---|

碎矿和磨矿工程中的矿石硬度分级

| | 矿石硬度分三级 | 软 | | 中　硬 | | | | 硬 | | | | |
|---|---|---|---|---|---|---|---|---|---|---|---|---|
| A | 普氏硬度值（$f$ 值） | <8 | | 8～16 | | | | 16～20 | | | | |
| | 可碎性系数 $K_1$ | 1.1～1.2 | | 1.0 | | | | 0.90～0.95 | | | | |
| | 矿石硬度分四级 | 软 | | 中　硬 | | | | 硬 | | | 特　硬 | |
| B | 普氏硬度值（$f$ 值） | 10 | 11 | 12 | 13 | 14 | 15 | 16 | 17 | 18 | 19 | 20 |
| | 可碎性系数 $K_1$ | 1.20 | 1.15 | 1.10 | 1.05 | 1.00 | 0.95 | 0.90 | 0.85 | 0.80 | 0.75 | 0.70 |
| | 矿石硬度分五级 | 很软 | | 软 | | 中硬 | | 硬 | | 很硬 | | |
| C | 普氏硬度值（$f$ 值） | <2 | | 2～4 | | 4～8 | | 8～10 | | >10 | | |
| | 可磨性系数 $K_1$ | ≥2.0 | | 2.0～1.5 | | 1.5～1.0 | | 1.0～0.75 | | 0.75～0.5 | | |

①将每一种岩石划分为这种或那种等级时，不仅仅单独地按照其名称，而且必须按照岩石的物理状态，并根据它的坚固性与分级表中列出的诸岩石进行比较。风化的、破碎的、打碎成个体的，经断层挤压过的，接近于地表的等状态岩中，一般说来，应当把它划分在比处于完整状态的同种岩石稍低的等级中。

同时必须注意：在分级表中指出的数值是对某一类岩石中所有岩石而言的（例如：页岩类，石英岩类，石灰岩类等），而不是对其中个别岩石而言的；因而，在特定情况下确定 $f$ 值时，必须十分慎重，并且这一 $f$ 数值在不同的情况下是不一样的。

## 3.1.4　破碎耗功学说与应用

### 3.1.4.1　常见的几个主要耗功学说

岩矿的破碎过程是一个力学过程，要依靠外界对矿块做功，通过使矿块变形，变成矿块的变形能，变形至极限产生裂缝，裂缝扩展形成新的表面积，则变形能又转变为新生表面积的表面能。因此，破碎过程是一个功能转变的力学过程，研究破碎过程，就应该从过程的力学实质上去研究功能的转变规律，即研究破碎耗功的规律。不同的研究者从不同的角度出发而总结出不同的耗功规律，得到不同的耗功学说。矿业界常见的几个主要耗功学说是体积学说、裂缝学说和面积学说，后面逐一简介。

### 3.1.4.2　P.R.雷廷格尔（Rittinger）面积学说

这是 1867 年 P.R.雷廷格尔提出的，他认为，破碎矿石所做的功用于使矿块产生新的表面积，故破碎矿石消耗的功与产生的新表面积成正比。此学说的物理基础表达式为

$$A_1 = K_1 \Delta S \tag{3-1-9}$$

式中　$A_1$——产生新表面积 $\Delta S$ 所需的功；

　　　$K_1$——比例系数，即产生一个单位新表面积所需的功，又称为比表面能。

式（3-1-9）是面积学说的物理基础表达式，概念虽直观清楚，但工程上无法计算应用，故应该推导出面积学说的功耗计算式。此计算式应该能解决将一定尺寸及数量的矿块破碎减小至某一粒级时需要多大的功的计算问题。设矿块直径为 $D$，如果由直径求表面积的形状系数为 $k_1$，由直径求体积的形状系数为 $k_2$，那么 $k_1 D^2$ 为矿块总面积，$k_2 D^3$ 为矿块体积。再设 $Q$ 为被破碎矿石的总质量，如果 $\delta$ 为单位体积的矿石质量，那么在总质量 $Q$ 的矿石中含有直径为 $D$ 的矿块数是

$$n = \frac{Q}{\delta k_2 D^3} \tag{3-1-10}$$

取物理基础表达式（3-1-9）的微分式

$$dA_1 = \gamma dS \tag{3-1-11}$$

由式（3-1-11）可以列出破碎质量为 $Q$ 的矿石所需的功为

$$dA_1 = \gamma \cdot \frac{Q}{\delta k_2 D^3} \cdot d(k_1 D^2) \tag{3-1-12}$$

或

$$dA_1 = \frac{2\gamma k_1}{\delta k_2} \cdot \frac{Q}{D^2} \cdot dD \tag{3-1-13}$$

式中，令 $K_1 = \dfrac{2\gamma k_1}{\delta k_2}$，设 $D_0$ 为给矿直径，$D_p$ 为破碎产物直径，在 $D_0$ 与 $D_p$ 限内对式（3-2-13）积分得

$$A_1 = K_1 Q \int_{D_p}^{D_0} \frac{1}{D^2} dD = K_1 Q \left( \frac{1}{D_p} - \frac{1}{D_0} \right) \tag{3-1-14}$$

或

$$A_1 = K_1 Q \frac{1}{D_0} \left( \frac{D_0}{D_p} - 1 \right) = K_1 Q \frac{1}{D_0} (i - 1) \tag{3-1-15}$$

式中　$i$——破碎比。

计算式（3-1-15）表明：破碎矿石所耗的功与给矿粒度成反比，与破碎比减 1 成正比。

计算式（3-1-15）中，比例系数 $K_1$ 目前是无法确定的，因为它是产生单位新生表面积的功耗，由于破碎中还存在声损失能及热和光辐射能等使得破碎损失能无法确定，故用于产生新生表面积的功也是不知道的。$K_1$ 无法确定，故难以用式（3-1-15）来计算破碎消耗的功。但如果消去比例系数 $K_1$，用式（3-1-15）作一些相对比较计算仍是可能的。

应用式（3-1-15）时，由于给矿和产品都是混合粒群，不是单一尺寸的矿块，故应当用它们的平均粒度作计算。

因为破碎矿块消耗的功是矿块直径的函数，对于雷廷格尔面积学说，此函数的形式为 $f(D) = \dfrac{1}{D}$。设 $(D_0)_{平均}$ 是矿块的平均直径，$(D_0)_i$ 是矿块中个别粒级的直径，$\gamma_i$ 是个别粒级的质量百分率。当 $(D_0)_{平均}$ 能充分代表矿块粒度时，用它按规定的函数计算得的结果，应当和用个别粒级按同一函数计算的结果再求得的算术平均值相等，即

$$f(D_0)_{平均} = \frac{1}{100} \Sigma \gamma_i f(D_0)_i \tag{3-1-16}$$

将其用来求雷廷格尔学说中的平均直径，可以写为

$$\frac{1}{(D_0)_{平均}} = \frac{1}{100} \Sigma \frac{\gamma_i}{(D_0)_i} \quad 或 \quad (D_0)_{平均} = \frac{100}{\Sigma \dfrac{\gamma_i}{(D_0)_i}} \tag{3-1-17}$$

同理，雷廷格尔学说中的产物平均直径的计算式为

$$(D_p)_{平均} = \frac{100}{\Sigma \frac{\gamma_i}{(D_p)_i}} \tag{3-1-18}$$

不难看出，式（3-1-17）和式（3-1-18）计算出的直径都是调和平均直径。

### 3.1.4.3　B. Л. 吉尔皮切夫-F. 基克（Kick）体积学说

体积学说是 B. Л. 吉尔皮切夫于 1874 年及 F. 基克于 1885 年提出的，他们认为，破碎矿石所做的功，用于使矿块产生变形，变形到了极限就发生破碎，故破碎矿石所消耗的功与矿块的体积变形成正比。而变形与体积或质量又是成正比的，故体积学说的物理基础表达式为

$$A_2 = K_2 \Delta V \tag{3-1-19}$$

式中　$A_2$——产生体积变形 $\Delta V$ 所需的功；

　　　$K_2$——比例系数，即产生一个单位体积变形所需的功。

按照推导面积耗功学说计算式的方法，可以推导出体积耗功学说的计算式为

$$A_2 = K_2 Q \ln \frac{D_0}{D_p} = 2.303 K_2 Q \lg i \tag{3-1-20}$$

体积学说的计算式表明：破碎矿石所耗的功与破碎的矿量成正比，与破碎比的对数成正比。

同样的道理，式（3-1-20）中的比例系数 $K_2$ 是无法确定的，但消去 $K_2$ 后，式（3-1-20）也可以做些相对比较的计算。同样的方法可以确定，式（3-1-20）中的给矿粒度及产品粒度是加权几何平均粒度：

$$\lg(D_0)_{平均} = \frac{\Sigma \gamma_i \lg(D_0)_i}{100} \tag{3-1-21}$$

$$\lg(D_p)_{平均} = \frac{\Sigma \gamma_i \lg(D_p)_i}{100} \tag{3-1-22}$$

### 3.1.4.4　F. C. 邦德（Bond）及王文东裂缝学说

F. C. 邦德及我国学者王文东在共同整理功耗与粒度关系的试验资料时，于 1952 年得出了一个经验公式：

$$W = W_i \left( \frac{10}{\sqrt{P}} - \frac{10}{\sqrt{F}} \right) \tag{3-1-23}$$

式中　$W$——将 1 短吨（shton，1shton = 907.18kg）粒度为 $F$ 的给矿破碎到产品粒度为 $P$ 所耗的功，kW·h/shton；

　　　$W_i$——邦德功指数，即将"理论上无限大的粒度"破碎到 80% 可以通过 100μm 筛孔宽（或 65% 可以通过 200 目筛孔宽）时所需的功，kW·h/shton；

　　　$F$——给矿的 80% 能通过的方筛孔的宽，μm；

　　　$P$——产品的 80% 能通过的方筛孔的宽，μm。

在建立上面的经验公式之后，邦德及王文东进一步作了下面的解释：破碎矿石时，外力作用的功首先使物体发生变形，当局部变形超过临界点后即生成裂缝，裂缝形成之后，储在物体内的变形能即使裂缝扩展并生成断面。输入功的有用部分转化为新生表面上的表

面能，其他部分成为热能损失。由于邦德提出的功耗学说围绕着裂缝的形成及扩展，故将它称为裂缝学说。

按邦德及王文东的解释，破碎矿石所需的功，应当考虑变形能和表面能两项。变形能和体积成正比，表面能与表面积成正比。假定等量考虑这两项，所需的功应当同它们的几何平均值成正比，即与 $\sqrt{v \cdot s}$（$\sqrt{v \cdot s} = \sqrt{D^3 \cdot D^2} = D^{\frac{5}{2}}$）成比例。对于单位体积的物体，就是与 $D^{\frac{5}{2}}/D^3 = \dfrac{1}{\sqrt{D}}$ 成比例。

根据邦德及王文东所作的解释，采用推导前两个耗功学说计算式的方法，可以推导出

$$A_3 = K_3 Q\left(\frac{1}{\sqrt{D_p}} - \frac{1}{\sqrt{D_0}}\right) = K_3 Q \frac{1}{\sqrt{D_0}}(\sqrt{i} - 1) \tag{3-1-24}$$

如果要计算给矿和产品的平均粒度，用推导公式（3-1-17）及公式（3-1-18）的方法可以得到

$$(D_0)_{平均} = \left[\frac{100}{\sum \dfrac{\gamma_i}{\sqrt{(D_0)_i}}}\right]^2 \tag{3-1-25}$$

$$(D_p)_{平均} = \left[\frac{100}{\sum \dfrac{\gamma_i}{\sqrt{(D_p)_i}}}\right]^2 \tag{3-1-26}$$

实际上，仿照面积学说及体积学说推导计算式的方法推导出的裂缝学说功耗计算式（3-1-24）与前两个计算式具有相同的缺点，即 $K_3$ 无法确定，只能消去 $K_3$ 后才可作一些比较计算。而真正具有实际价值及用途大的是邦德及王文东学说的原式（3-1-23），在该公式中，功指数 $W_i$ 可以按邦德规定的方法测出，而 $F$ 及 $P$ 是可以筛析后确定，因此，破碎矿石所需的功 $W$ 是可以计算出来的。

### 3.1.4.5 三个功耗学说的比较

作为破碎的实际过程，外力作用于物体，首先使物体变形，变形到一定程度物体即会生成微裂缝。变形能量集中在原有的和新生的微裂缝周围，使裂缝扩展。对于脆性矿料，在裂缝开始传播的瞬间即行破裂，因为此时的能量已积蓄到可以造成破裂的程度。物体破裂之后，外力所做的功仅一部分形成表面能，其余呈热能损失。因此，破坏物体所需的功包含变形能和表面能。近代的研究已证实了上述物体的破裂过程，裂缝深度和裂缝扩展速度都可以实际测定出来，并有测定资料。例如玻璃裂缝的最大扩展速度，理论值为 $2.0 \times 10^5 \text{cm/s}$，观测值为 $(1.5 \sim 2.8) \times 10^5 \text{cm/s}$。这里要说明一点，邦德及王文东虽然引用裂缝长来说明他们提出的经验公式，但其不是以近代关于裂缝的形成和扩展的研究为依据，而是为了解释他们的经验公式自己作的假定。

由上面讲的物体破裂过程可知，三个功耗学说各看到了破碎过程的一个阶段，体积学说看到了受外力发生变形的阶段，裂缝学说看到了裂缝的形成及发展，面积学说看到的则是破碎后形成新表面。因此，它们都有片面性，但互不矛盾，并且互相补充。

因为三个学说各自总结了破碎过程的不同阶段的能耗规律，故每个学说只能在一定的破碎阶段才较可靠。现有的研究指出：碎矿时的破碎比不大，新生表面积不多，形变能占

主要部分，使用体积学说计算功耗较可靠；磨矿时破碎比大，新生表面积多，表面能是主要的，故用面积学说计算功耗较可靠；裂缝学说是在一般碎矿及磨矿设备上做试验总结出来的，在中等破碎比的情况下大致与实际符合。这些结论已为芬兰 R. T. 胡基（Hukki）的试验所证实。

R. T. 胡基的试验结果总结如图 3-1-2 所示。他的研究依照工业上的方法，用每段破碎比为 10 的几段连续破碎，求出各段的净功耗。研究证明 2～5 段的功耗符合邦德学说，但从 100μm 破碎到 10μm 以下，邦德学说计算得的数据过小，而以雷廷格尔的面积学说较为合理。粗碎以上，则以吉尔皮切夫的体积学说较为准确，邦德学说的结果不可靠，雷廷格尔学说差得太远，即是说，各个学说在适合它的较窄的粒度范围内与实际情况相符，误差不大。但在粒度很细的范围内，即使雷廷格尔的面积学说也与实际情况不符合。因此，细磨及超细磨下的功耗规律有待在三个功耗学说以外总结寻找。

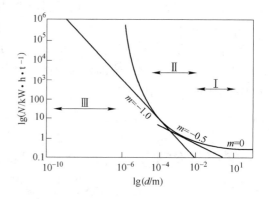

图 3-1-2　破碎产物粒度与比功耗的关系
Ⅰ—普通碎矿范围；Ⅱ—普通磨矿范围；
Ⅲ—磨矿极限范围

根据这些验证，应用各个功耗学说时，要注意各学说的适用范围，正确地加以选择。

这里还应该指出两点：（1）破碎过程是复杂的，建立这些功耗学说时，许多影响因素并未考虑，例如结晶缺陷、矿石的节理及裂缝、矿石湿度、黏性和不均匀性，矿块间的相互摩擦和挤压等，这些因素均会影响矿石的强度，也就会影响到破碎它时需要的功耗。因此，即使在各学说适合的范围内，也只能得到近似的结果，是否可靠还须用实际资料来校核。（2）3 个功耗学说都有片面性和近似性，今后还须不断验证并探寻更完善的新理论。尽管现有功耗学说有这些缺点，但毕竟把矿石强度、给矿粒度、产品粒度和功耗的关系定了下来，也在相当程度上反映了破碎过程的实质。所以，只要我们认清它们的重要性和缺点，并正确应用它们，就可以为分析和研究破碎过程提供理论依据和方法。

### 3.1.4.6　细磨及超细磨下的功耗规律

前述的面积学说、体积学说及裂缝学说均是在 20 世纪 50 年代以前提出的，而细磨（磨矿粒度 200～400 目）及超细磨（磨矿粒度 400 目以下）则是 20 世纪 70 年代以后出现的，故三个功耗学说的提出不可能考虑细磨及超细磨下的功耗规律。前面胡基的研究业已证实，在粒度很细的细磨及超细磨下，即使用面积学说也不适应，计算的误差仍然太大。因此，必须在三个现有功耗学说之外再深入寻找细磨及超细磨下的功耗规律。

20 世纪 70 年代以后，工程上急需解决细磨及超细磨下功耗的计算问题，F. C. 邦德推荐采用下面的经验公式计算细磨及超细磨下的功耗：

$$A = \frac{P + 10.3}{1.145P} \tag{3-1-27}$$

式中　$A$——产品粒度 $P$ 时的功耗；

　　　$P$——产品粒度，μm。

以一个产品粒度 $P_0(\mu m)$ 下的功耗 $A_0$ 为起点，就可以求任意细磨产品粒度 $P_1$（$\mu m$）下的功耗 $A_1$，则细磨下功耗增大的系数 $a_1$ 为

$$a_1 = \frac{A_1}{A_0} \tag{3-1-28}$$

于是，后面就出现了采用 F. C. 邦德公式原式求功率增大系数的方法，即

$$a_1 = \frac{W_1}{W_0} = \frac{\dfrac{1}{\sqrt{P_1}} - \dfrac{1}{\sqrt{F_1}}}{\dfrac{1}{\sqrt{P_0}} - \dfrac{1}{\sqrt{F_0}}} \tag{3-1-29}$$

也出现了用面积学说求功率增大系数 $a_1$ 的方法，即

$$a_1 = \frac{A_1}{A_0} = \frac{i_1 - 1}{i_0 - 1} \tag{3-1-30}$$

笔者认为，细磨及超细磨下，由于粒度变细，矿粒机械强度增大，矿石变得难磨，又由于细磨及超细磨下过程控制差，能量转换效率降低，所以细磨及超细磨下功耗急剧增大。根据 R. T. 胡基的研究（见图3-1-2），采用对数方程及微积分的方法，可以得出细磨及超细磨下功耗规律为

$$A = c \frac{1}{x_0^m}(i^m - 1) \tag{3-1-31}$$

把 3 个功耗学说及此细磨及超细磨的功耗规律并列起来，有

体积学说 $\qquad\qquad A_{体} = 2.303clgi$

裂缝学说 $\qquad\qquad A_{裂} = c \dfrac{1}{\sqrt{x_0}}(\sqrt{i} - 1)$

面积学说 $\qquad\qquad A_{面} = c \dfrac{1}{x_0}(i - 1)$

细磨及超细磨功耗 $\qquad\qquad A_{细} = c \cdot \dfrac{1}{x_0^m}(i^m - 1)$

不难看出，上述功耗一个比一个大，最大的是细磨及超细磨下的功耗。

用式（3-1-31）可以得求细磨及超细磨下功率增大系数为

$$a_1 = \frac{A_1}{A_0} = \frac{i^m - 1}{i_0^m - 1} \tag{3-1-32}$$

上面列出了求细磨及超细磨下功率消耗的 4 种方法，将它们在相同条件进行计算对比，主要的还是与实测的计算值对比。设给矿粒度 20mm 及磨矿粒度 0.075mm 时的破碎比为 $i_0$。功耗为 $A_0$，并测出 $m = 1.25$（石英），以这些条件为起始条件，分别计算磨至 230 目、270 目、325 目、400 目及 500 目时的功率增大的系数，并与实测的计算值进行比较，列入表 3-1-2 中。

表 3-1-2　各种方法计算细磨及超细磨下功率增大系数值的比较

| 磨矿粒度 | 网　目 | 200 | 230 | 270 | 325 | 400 | 500 |
|---|---|---|---|---|---|---|---|
| | mm | 0.075 | 0.063 | 0.053 | 0.045 | 0.038 | 0.028 |
| 按式(3-1-28)计算的 $a_1$ 值 | | 1.00 | 1.02 | 1.05 | 1.08 | 1.12 | 1.20 |
| 按式(3-1-29)计算的 $a_1$ 值 | | 1.00 | 1.12 | 1.24 | 1.37 | 1.51 | 1.80 |
| 按式(3-1-30)计算的 $a_1$ 值 | | 1.00 | 1.19 | 1.41 | 1.67 | 1.97 | 2.68 |
| 按式(3-1-32)计算的 $a_1$ 值 | | 1.00 | 1.24 | 1.54 | 1.89 | 2.34 | 3.43 |
| 石英矿料实测计算的 $a_1$ 值 | | 1.00 | 1.24 | 1.51 | 1.82 | 2.29 | 3.31 |

表 3-1-2 的计算结果比较说明：（1）用邦德推荐的经验公式或邦德公式原式，以及面积学说公式计算细磨及超细磨下的功率时误差均太大，且粒度愈细这个误差愈大；（2）用细磨及超细磨的功耗公式计算的结果与实测结果最为吻合，证明式（3-1-31）能反映细磨及超细磨的功耗规律。

### 3.1.4.7　功耗学说的应用

以功耗学说目前的研究深度，它的应用大致有以下几个方面：

（1）计算磨机功耗。前面已经分析过，几个功耗学说中，只有邦德的功耗原式是可以用于直接计算磨矿功耗的。因为邦德功耗原式中（式(3-1-23)），给矿粒度 $F$ 及产品粒度 $P$ 是可以筛析测定的，而邦德功指数 $W_i$ 可以按邦德规定的办法进行测定，故磨矿所需的功耗 $W$ 是可以直接计算出来的。关于用功率来选择计算磨机，邦德的学生罗兰专门制定了具体的相关办法。

（2）已知标准矿石的功指数，可以用磨矿试验测定待测矿石的功指数：在相同条件下，用同一磨机分别磨细同样质量的标准矿石（功指数已知，如 $W_{i2} = 21.5\text{kW} \cdot \text{h/t}$）和待测矿石（功指数 $W_{i1}$ 未知），从它们的给矿和产品的筛分析曲线中找出的 $F$ 值和 $P$ 值如下：

待测矿石　　　　$F_1 = 960\mu\text{m}$　　　　　　$P_1 = 123\mu\text{m}$

标准矿石　　　　$F_2 = 1130\mu\text{m}$　　　　　$P_2 = 133\mu\text{m}$

因为用同一磨机在同样条件下磨细同样质量的两种矿石所耗的功应当相等，故从公式（3-1-23）可以得到

$$W_{i2}\left( \frac{10}{\sqrt{P_2}} - \frac{10}{\sqrt{F_2}} \right) = W_{i1}\left( \frac{10}{\sqrt{P_1}} - \frac{10}{\sqrt{F_1}} \right)$$

即　　　　　$$W_{i1}\left( \frac{10}{\sqrt{123}} - \frac{10}{\sqrt{960}} \right) = 19.5\left( \frac{10}{\sqrt{133}} - \frac{10}{\sqrt{1130}} \right)$$

因此有　　　　　　　　$$W_{i1} = 21.2\text{kW} \cdot \text{h/t}$$

（3）用面积学说推测不同破碎比下的功耗。在同一磨机中，随着磨碎时间延长，破碎比增大，功耗亦增大，则有

$$\frac{A_2}{A_1} = \frac{i_2 - 1}{i_1 - 1}$$

这里消去了难于测出的比例系数 $K_1$，可以测算出不同破碎比下的功耗。用此方法还可推测细磨及超细磨下的功耗。

随着对功耗规律的研究深入，现有的功耗学说还可以找到新的用途。

### 3.1.5 破碎矿石的其他方法

目前的矿业工程中，矿料的粉碎方法基本上是机械破碎法占统治地位。因为矿料的破碎具有以下特点：（1）吨位巨大，即使是小选矿厂，每日也要破碎上百吨矿料，大选厂则每天要破碎数千吨至数万吨矿石。这就要求碎磨设备生产能力大。（2）矿料硬度大，对碎磨设备磨损严重，这就要求碎磨设备应当坚固耐用，工作可靠。（3）能耗高，材料消耗高，而处理的矿石又是价廉的矿料，因此，破碎成本低几乎成了选择破碎方法的一条决定因素，破碎成本低的破碎方法才具有生命力。机械破碎法之所以占了统治地位，就因为它的成本低。机械破碎法虽然具有能耗高，材料消耗高，产品特性不好等缺点，但它能满足矿料对破碎的要求，因此，目前及今后将仍是矿石破碎的主要方法。但这并不排斥人们继续研究其他新的破碎方法，目前研究的其他破碎方法大致有以下几类：

（1）电热照射法破碎。它的破碎原理是，岩矿在高频及超高频电磁场的作用下，易于吸收电磁能的矿物急剧受热，而其他矿物仅靠热传导得到热量。受热速度不同使矿物间产生温度应力，从而使原矿的强度降低 $1/2 \sim 3/4$。美国曾在 $4 \sim 7MHz$ 及 $25kW$ 的线圈磁场下进行破碎铁燧岩的试验，前苏联曾在 $0.5 \sim 50MHz$ 及 $6 \sim 14kV$ 的电容片下对花岗岩等进行研究。

（2）液电效应破碎。在液体内部进行高压和瞬时脉冲放电，放电区域内产生极高压力，可以将物体破碎，此种效应叫液电效应。此方法曾用作大块矿石的破碎试验，在 $65kW$，$45\mu F$，$25\mu H$ 的放电电路内，破碎花岗岩及石英等不合格大块，每 $1m^3$ 的能量消耗约为 $0.05 \sim 0.15kW \cdot h$。此法也曾做过将 $100mm \times 70mm \times 50mm$ 的页岩、碧玉铁质岩和角岩破碎到 $5mm$ 以下的试验。

（3）超声波粉碎法。美国尤他大学对此做过研究，其原理是在破碎过程中施加一定的超声波，使矿粒产生共振，直接吸收超声波的能量，进而诱发裂纹。这种诱发的裂纹，对颗粒的破碎十分有效，能产生快速破碎及节能效果。这种粉碎方法与干式球磨相比，能产出粒度分布窄得多的产品，这一趋势在粗级别部分特别显著，产品中几乎没有什么粗颗粒出现，在细级别又可以避免过粉碎的产生。这种粉碎方法在颜料、高科技粉末、填料及陶瓷生产中有特殊的用途。

（4）热力破碎法。这种方法实际是热与机械力相结合，用热处理的方法使矿石变弱，然后用机械破碎它，从而提高破碎效果。另外，如果加热后又突然浸入水中进行水冷，会使矿块中产生应力，降低矿石强度，从而改善矿石的可磨性。

（5）高压水射流粉碎法。该方法的原理是把现行的挤压粉碎改为颗粒内裂纹的应力扩张破碎，即利用射流高压水的压力从颗粒内部使内裂纹扩张而导致颗粒破碎。美国密苏里大学提出的方法实际是高压水射流破碎与机械力破碎相结合的新方法。

需要说明的是，上述这些研究大多属初期研究，或者成本高，或者只适于少量物料的粉碎。除上述外，过去还曾做过斯奈德减压破碎法，并且做到 $50t/h$ 的规模，但最终因阀门的磨损问题解决不了而终止。近来一些研究在现有的破碎机械上附加振动也取得了较好的效果，但其仍属于机械破碎法的范围。

### 3.1.6 破碎机械分类

目前选矿厂广泛应用的是机械破碎法，该方法中使用的碎磨设备又均是具有上百年历史的老设备，这些碎磨设备的主体结构虽基本没有变，但人们已将现代的新技术及新材料应用到其上，从而使设备性能发生了大的变化。破碎机械分类时按它们在破碎流程中的阶段划分为：用于粗碎的破碎机，用于中碎的破碎机，用于细碎的破碎机。

（1）粗碎破碎机。常用的粗碎破碎机有颚式破碎机和旋回破碎机（或称粗碎圆锥破碎机）。

（2）中碎破碎机。用于中碎的几乎就是标准或中型圆锥破碎机。

（3）细碎破碎机。用于细碎的有短头圆锥破碎机、中型圆锥破碎机、反击式破碎机、锤式破碎机、辊式破碎机、细碎型颚式破碎机等，短头圆锥破碎机多用于大选厂，而中小选厂多采用后面几种破碎机。

另外，近些年来出现了超细碎破碎机，可产出粒度更细的产品，而反击式破碎机也设计出新的品种，可作为粗、中碎设备。

后面将逐一介绍各破碎段常用的破碎机械。

## 3.2 颚式破碎机

### 3.2.1 颚式破碎机的类型构造及工作原理

颚式破碎机出现于1858年。它虽然是一种古老的碎矿设备，但是由于具有构造简单、工作可靠、制造容易、维修方便等优点，所以至今仍在冶金矿山、建筑材料、化工和铁路等部门获得广泛应用。在金属矿山中，它多半用于对坚硬或中硬矿石进行粗碎和中碎。颚式破碎机通常都是按照可动颚板（动颚）的运动特性来进行分类的，工业中应用最广泛的主要有两种类型：简单摆动型及复杂摆动型。这两种类型均属于下动型，而上动型因结构不合理已被淘汰。

#### 3.2.1.1 简单摆动颚式破碎机

我国生产的900mm×1200mm简摆颚式破碎机如图3-2-1所示。

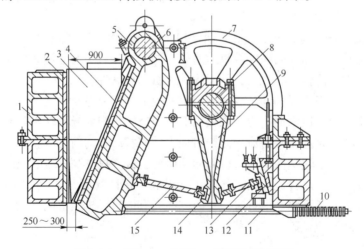

图 3-2-1　900mm×1200mm 简摆颚式破碎机

1—机架；2，4—破碎齿板；3—侧面衬板；5—可动颚板；6—悬挂轴；7—飞轮；8—偏心轴；
9—连杆；10—弹簧；11—拉杆；12—楔块；13—后推力板；14—肘板支座；15—前推力板

这种破碎机主要由破碎矿石的工作机构、使动颚运动的动作机构、超负荷的保险装置、排矿口的调整装置和机器的支承装置（即轴承）等部分组成。

破碎机的工作机构是指固定颚板和可动颚板 5 构成的破碎腔。它们分别衬有高锰钢（ZGMn13）制成的破碎齿板 2 和 4，用螺栓分别固定在可动颚板和固定颚板上。为了提高碎矿效果，两破碎齿板的表面通常都带有纵向波纹齿形，齿形排列方式是动颚破碎齿板的齿峰正好对准固定颚破碎齿板的齿谷，这样有利于矿石的破碎作用。破碎齿板的磨损是不均匀的，靠近给矿口部分磨损较慢，接近排矿口部分磨损较快，特别是固定颚破碎齿板的下部磨损更快。为了延长破碎齿板的使用寿命，往往把破碎齿板做成上下对称形式，以便下部磨损后，将破碎齿板倒向互换使用。大型破碎机的破碎齿板一般制成互相对称的几块，目的与此相同。另外，近几年来，有的颚式破碎机采用曲面的破碎齿板，即排矿口部分接近平行，这样可使破碎产品粒度均匀，排矿不易堵塞。

为使破碎齿板牢固地、紧密地贴合在颚板上面，使得破碎齿板各点受力比较均匀，常在破碎齿板与颚板之间垫以可塑性材料的衬垫，如铅板、铝板和合金板等，也有采用低碳钢板的。破碎腔的两个侧壁也装有锰钢衬板，其表面是平滑的，采用螺栓固定在侧壁上，磨损后便于更换。

可动颚板的运动是借助连杆、推力板机构来实现的。它是由飞轮 7、偏心轴 8、连杆 9、前推力板 15 和后推力板 13 组成。飞轮分别装在偏心轴的两端，偏心轴支承在机架侧壁的主轴承中，连杆上部装在偏心轴上，前、后推力板的一端分别支承在连杆下部两侧的肘板支座 14 上，前推力板的另一端支承在动颚下部的肘板支座中，后推力板的另一端支承在机架后壁的肘板支座上。当电动机通过皮带轮带动偏心轴旋转时，使连杆产生运动。连杆的上下运动，带动推力板运动。由于推力板的运动不断改变倾斜角度，于是就使得可动颚板围绕悬挂轴做往复运动，从而破碎矿石。当动颚向前摆动时，水平拉杆通过弹簧 10 来平衡动颚和推力板所产生的惯性力，从而使动颚和推力板紧密结合，不至于分离。当动颚后退时，弹簧又可起协助作用。

由于颚式破碎机是间断工作的，即有工作行程和空转行程，所以，它的电动机负荷极不均衡。为使负荷均匀，就要在动颚向后移动（离开固定颚板）时，把空转行程的能量储存起来，以便在工作行程（进行破碎矿石）时，再将能量全部释放出去。所以利用惯性的原理，在偏心轴两端各装设一个飞轮就能达到这个目的。为了简化机器结构，通常都把其中一个飞轮兼作传递动力用的皮带轮。对于采用两个电动机分别驱动的大型颚式破碎机，则将两个飞轮都制成皮带轮，即皮带轮同时也起飞轮作用。

偏心轴或主轴是破碎机的重要零件，简摆颚式破碎机的动颚悬挂轴又叫心轴。偏心轴是带动连杆做上下运动的主要零件，由于它们工作时要承受很大的破碎力，故一般都采用优质合金钢制作。根据我国资源状况，大型颚式破碎机的偏心轴以采用锰钼钒（42MnMoV）、锰钼硼（30Mn2MoB）和铬钼（34CrMo）等合金钢较为合适。小型颚式破碎机则采用 45 号钢制造。偏心轴应进行调质或正火热处理，以提高强度和耐磨性能。悬挂轴（心轴）一般采用 45 号钢材。

连杆只有简摆颚式破碎机才有，它是由连杆体和连杆头组成。由于工作时承受拉力，故用铸钢制作。连杆体有整体的和组合的两种，前者多用于中、小型颚式破碎机，后者主要用于大型颚式破碎机。为了减少连杆的惯性作用，应力求减轻连杆体的质量，所以，中、小型颚式破碎机一般采用"工"字形、"十"字形断面结构，而大型颚式破碎机则采用箱形断面形式。对于液压颚式破碎机来讲，连杆体内还装有一个液压油缸（活塞），可在机器超负荷时起保险作用。

推力板又名肘板，它既是向动颚传递运动的零件，又是破碎机的保险装置。推力板在工作中承受压力，一般采用铸铁整体铸成，也有铸成两块再用铆钉或螺栓连接起来的。推力板的两端部（肘头）磨损最严重。为了增加肘头的耐磨性，有时将肘头与推力板分开制造，而且肘头部分应作冷硬处理，但最好的设计则是改变他们的结构形式，如采用滚动接触，以利于形成润滑油膜，减少磨损。

调整装置是破碎机排矿口大小的调整机构。随着破碎齿板的磨损，排矿口逐渐增大，破碎产品粒度不断变粗。为了保证产品粒度的要求，必须利用调整装置，定期地调整排矿口尺寸。颚式破碎机的排矿口调整方法主要有3种形式：

（1）垫片调整。在后推力板支座和机架后壁之间，放入一组厚度相等的垫片。利用增加或减少垫片层的数量，使破碎机的排矿口减小或增大。这种方法可以多级调整，机器结构比较紧凑，可以减轻设备质量，但调整时一定要停车。大型颚式破碎机多用这种调整方法。

（2）楔块调整。借助后推力板支座与机架后壁之间的两个楔块的相对移动来实现破碎机排矿口的调整（见图3-2-2）。转动螺栓上的螺帽，使调整楔块3沿着机架4的后壁作上升或下降移动，带动前楔块2向前或向后移动；从而推动推力板或动颚，以达到排矿口调整的目的。此法可以达到无级调整，且调整方便，节省时间，不必停车调整，但增加了机器的尺寸和质量。中、小型颚式破碎机常常采用这种调整装置。

（3）液压调整。近年来还有在此位置通过安装液压推动缸来调整排矿口的，见图3-2-3调整液压油缸8。

保险装置是当颚式破碎机的破碎腔进入非破碎物体时，为了有效地防止机器零件遭受损坏，而采用的一种安全措施。最常见的是采用后推力板作为破碎机的保险装置。后推力板一般使用普通铸铁材料，而且通常在后推力板上开设若干个小孔，以降低它的断面强

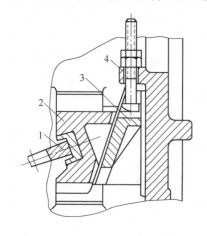

图 3-2-2　楔块调整装置

1—推力板；2—前楔块；3—调整
楔块；4—机架

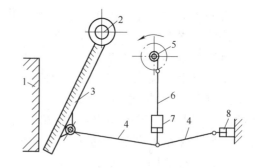

图 3-2-3　液压颚式破碎机

1—固定颚板；2—动颚悬挂轴；3—可动颚板；4—前（后）推力板；
5—偏心轴；6—连杆；7—连杆液压油缸；8—调整液压油缸

度；或者使用组合推力板。当破碎机进入非破碎物体时，机器超过正常负荷，后推力板或连接铆钉（组合推力板）会立即折断或剪断，使破碎机停止工作，从而避免机器主要零部件损坏。但是，由于对碎矿时的破碎力大小和推力板的强度特性掌握不够，有时在机器超负荷时，这种装置并未起保险作用，或者还没有超负荷它就折断了。由此看来，后推力板作为破碎机超负荷的保险装置是不够可靠的，而且这种事故处理比较复杂，花费时间也较长。

若颚式破碎机采用液压保险装置，则既可靠安全，又易于排除故障，见图3-2-3连杆液压油缸7。

另外还应注意的是，采用连杆头上的螺栓或飞轮上的销钉（键），作为颚式破碎机的保险装置也是不够可靠的。

支承装置，指颚式破碎机的轴承部分。大、中型破碎机一般都采用铸有巴氏合金的滑动轴承，它能承受较大的冲击载荷，又比较耐磨，但传动效率低，需要进行强制润滑。小型颚式破碎机多用滚动轴承，它的传动效率高，维修方便，但承受冲击性能较差。应当看到，随着滚动轴承制造技术水平的提高，今后大型颚式破碎机亦必将采用滚动轴承。

### 3.2.1.2 复杂摆动颚式破碎机

复摆颚式破碎机（见图3-2-4）与简摆型的不同之处是：少了一根动颚悬挂的心轴，动颚与连杆合为一个部件，少了连杆，肘板也只有一块。可见，复摆型构造简单，但动颚的运动比简摆型复杂。动颚在水平方向有摆动，同时在垂直方向也运动，是一种复杂运动，故将此类机器称为复杂摆动颚式破碎机。

与简摆型相比，复摆型只有一根心轴，动颚质量及破碎力均集中在一根主轴上，使得主轴受力恶化，故长期以来复摆型多制成中小型

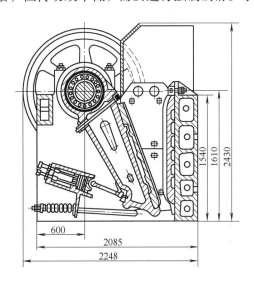

图3-2-4 复摆颚式破碎机

设备，因而主轴承便可以采用传动效率高的滚动轴承。但是，随着高强度材料及大型滚柱轴承的出现，复摆型开始大型化，简摆型也滚动轴承化。目前国外制造的最大型简摆颚式破碎机为2100mm×3000mm，给矿块度为1800mm，生产能力为1100t/h；最大复摆颚式破碎机为1676mm×2108mm，排矿口宽为355mm，生产能力为3000t/h。

### 3.2.1.3 液压颚式破碎机

我国生产的液压颚式破碎机不属液压传动型，而仍属机械传动型，如前图3-2-3所示。它的构造特点是：在连杆体上装有一个液压缸，启动前缸内无油，缸体与活塞可以相对运动。启动时开始充油，也就是启动时下连杆头、前后肘板及动颚均不动，只是缸体以上的部件运动。启动一段时间后，缸内油已充满，活塞与缸体不能再相对运动，此时肘板及动颚也进入运动状态。液压的第一个作用是分两段启动。第二个作用是液压保险，即当破碎腔落入非破碎物时，缸体内油压急升，缸体上的安全阀打开，油自动流出，此时动颚可以不动，从而避免事故。液压的第三个作用是借后肘板与机架后壁之间的液压调整缸调整排

矿口大小。我国已生产了 900mm×1200mm 的液压颚式破碎机，现场使用反映尚好。

目前，我国生产的颚式破碎机的定型产品如表 3-2-1 所示。

**表 3-2-1 颚式破碎机[①]定型产品技术规格**

| 类 型 | 规 格 /mm×mm | 给料口尺寸 | | 推荐的给料最大 粒度/mm | 偏心轴转速 /r·min⁻¹ | 主电动机功率 /kW | 处理能力 /t·h⁻¹ |
| --- | --- | --- | --- | --- | --- | --- | --- |
| | | 宽/mm | 长/mm | | | | |
| 简摆式 | 900×1200 | 900 | 1200 | 750 | 180 | 110 | 140~200 |
| | 1200×1500 | 1200 | 1500 | 1000 | 135 | 180 | 250~350 |
| | 1500×2100 | 1500 | 2100 | 1250 | 100 | 280 | 400~500 |
| 复摆式 | 400×600 | 400 | 600 | 340 | 290 | 30 | 12~33 |
| | 500×750 | 500 | 750 | 400 | 270 | 55 | 35~80 |
| | 600×900 | 600 | 900 | 500 | 250 | 80 | 75~200 |
| | 900×1200 | 900 | 1200 | 750 | 225 | 110 | 180~360 |
| | 1200×1500 | 1200 | 1500 | 1000 | 190 | 200 | 325~525 |
| | 1500×2100 | 1500 | 2100 | 1250 | 160 | 310 | 580~815 |

①PE—颚式破碎机；PEX—细碎型复摆颚式破碎机；PJ—简摆颚式破碎机。

### 3.2.1.4 液压分段启动颚式破碎机

颚式破碎机摆动系统重心低，启动转矩大，启动困难，特别是大型颚式破碎机这一问题显得更加突出。为了顺利启动大型颚式破碎机，过去采用人工盘车启动，或者启动时在电动机转子内电路上接入启动电阻以增加启动转矩，也有的增加一个辅助启动电动机。近年来出现分段启动的办法。目前国产 1200mm×1500mm 简摆颚式破碎机已采用分段启动装置，它与一般简摆颚式破碎机的不同之处在于：在皮带轮与主轴及飞轮与主轴之间各安装了一个摩擦离合器。启动前两个离合器是打开的，皮带轮及飞轮与主轴可以相对活动。第一步启动只有皮带轮运转。皮带轮运转正常后，它与主轴之间的离合器闭合、二者合为一个运动整体，即为第二步启动。当他们运转正常后，飞轮与主轴之间的离合器又闭合，这是第三步启动，飞轮也进入运转，此时皮带轮、主轴、飞轮成为一个运动整体全部进入运转状态。摩擦离合器的打开及闭合由液压系统控制，各段启动的时间间隔由电磁继电器控制液压系统来实现。国产 1200mm×1500mm 液压分段启动颚式破碎机在现场使用中反映尚好。

颚式破碎机的稀油循环润滑系统如图 3-2-5 所示。稀油的循环系统包括储油箱（油槽）1、齿轮油泵 2、油泵的电动机 3、过滤冷却器 4 和带有测量压力和温度的仪表的管道系统。油泵把油从油槽中抽出，通过过滤冷却器和输油管，送到偏心轴的轴承上，同时，也沿着软管向连杆头中注油。从轴承中出来的油，沿着排油管道返回油槽，重新进行循环使用。循环的稀油，除了润滑摩擦部件以外，还起冷却作用。但在大型颚式破碎机中，由于这些部件的工作条件恶劣，仅仅采用循环润滑仍然不足以把热量散去，故还需要用水冷却。冷却水采用专设的管道输入和输出。

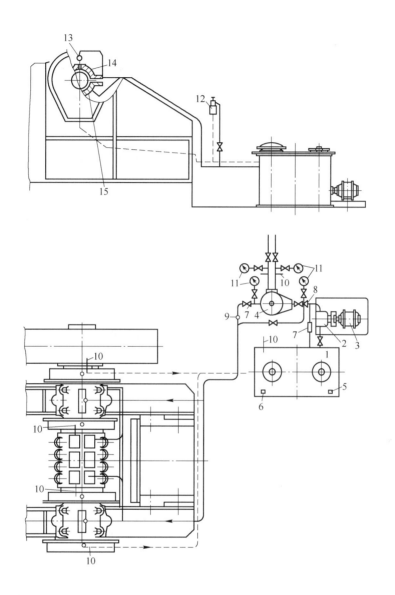

图 3-2-5　颚式破碎机的稀油循环润滑系统

1—储油箱（油槽）；2—油泵；3—电动机；4—过滤冷却器；5—油位限制器；6—温度继电器；
7—回油阀；8—逆止阀；9—压力继电器；10—电阻温度计；11—压力表；12—调节式
油流指示器；13—通过式油流指示器；14—主动轴承；15—连杆轴承

### 3.2.1.5　颚式破碎机的工作原理

就颚式破碎机而言，尽管其结构类型有所不同，但是它们的工作原理基本上是相似的，只是动颚的运动轨迹有所差别罢了。概而言之，可动颚板围绕悬挂轴对固定颚板做周期性的往复运动，时而靠近时而离开，当可动颚板靠近固定颚板时，处在两颚板之间的矿石，受到压碎、劈裂和弯曲折断的联合作用而破碎；当可动颚板离开固定颚板时，已破碎的矿石在重力作用下，经破碎机的排矿口排出。

### 3.2.2　颚式破碎机的性能及主要参数

#### 3.2.2.1　颚式破碎机的性能

简摆和复摆两种颚式破碎机的结构有差异，动颚运动特征也有差异，因而导致了两种破碎机性能上的一系列差异。颚式破碎机动颚运动的轨迹如图 3-2-6 所示。在简摆型颚式破碎机中，动颚以心轴为中心摆动一段圆弧，其下端的摆动行程较大，上端较小。摆动行程可分为水平与垂直两个分量，视机构的几何关系而定，其比例大致如图 3-2-6（a）所示。复摆型颚式破碎机的运动轨迹较为复杂，动颚上端的运动轨迹近似为圆形，下端的运动轨迹近似为椭圆形。其行程的水平与垂直分量的比例大致如图 3-2-6（b）所示。简摆型与复摆型颚式破碎机动颚的运动的另一个区别，就是在简摆型中，动颚上端与下端同时靠近固定颚或远离固定颚，即动颚上端与下端的运动是同步的；而在复摆型中，动颚上端与下端的运动是异步的，例如，当动颚上端朝向固定颚运动，下端却向相反于固定颚的方向运动。换句话说，在某些时刻，动颚上端正在破碎物料，下端却正在排出物料，或反之。

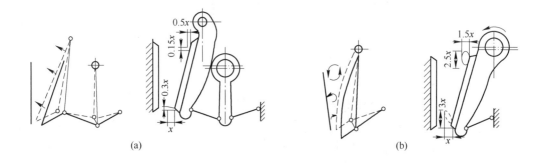

图 3-2-6　颚式破碎机的动颚运动分析
（a）简摆颚式破碎机；（b）复摆颚式破碎机

颚式破碎机靠动颚的运动进行工作，因此，动颚的运动轨迹对破碎效果有较大的影响。简摆型动颚上端的行程小于下端的，上端行程小对于破碎某些粒度及韧性较大的物料是不利的，甚至不足以满足破碎大块给料所需要的压缩量，但下端行程较大却有利于排料通畅。除此以外，简摆型动颚的垂直行程较小，因此动颚衬板的磨损也较小。

复摆型颚式破碎机的动颚在上下端的运动不同步，为交替进行压碎及排料，因而功率消耗均匀。动颚的垂直行程相对较大，这对于排料、特别是排出黏性及潮湿物料有利，但垂直行程较大也会导致衬板的磨损加剧。

颚式破碎机的规格用给矿口宽度乘以长度（$B \times L$）来表示。例如，$1500 \times 2100$ 简摆颚式破碎机，表示给矿口宽度为 1500mm，长度为 2100mm。

根据给矿口宽度的大小，颚式破碎机又可大致分为大、中、小型三种：给矿口宽度大于 600mm 者为大型颚式破碎机；给矿口宽度为 300~600mm 者为中型颚式破碎机；给矿口宽度小于 300mm 者为小型颚式破碎机。

#### 3.2.2.2　颚式破碎机的主要工作参数

为了保证颚式破碎机运转过程的可靠性和使用效果的经济性，对于设计者来说，必须正确确定它的结构参数和工作参数；对于使用者来说，也必须了解掌握这些参数。影响破碎机的生产能力和电机功率的主要参数有：

A 给矿口宽度

给矿口宽度决定破碎机最大给矿块度的大小，这是选择破碎机规格时非常重要的参数，也是破碎机的操作工人和采矿工人应该了解的参数，以免在生产中，由于块度太大的矿石进入破碎机，而影响正常生产。

颚式破碎机的最大给矿块度是由破碎机啮住矿石的条件决定的。一般颚式破碎机的最大给矿块度 $D$ 是破碎机给矿口宽度 $B$ 的 $75\% \sim 85\%$，即 $D = (0.75 \sim 0.85)B$，或者 $B = (1.25 \sim 1.15)D$，通常，复摆颚式破碎机可取给矿口宽度的 $85\%$，而简摆颚式破碎机取给矿口宽度的 $75\%$。

B 啮角

啮角 $\alpha$ 是指钳住矿石时可动颚板和固定颚板之间的夹角。在碎矿过程中，啮角应该保证破碎腔内的矿石不至于跳出来，这就要求矿石和颚板工作面之间应能产生足够的摩擦力，以阻止矿块破碎时被挤出去。

当颚板压紧矿石时，作用在矿石上的力如图 3-2-7 所示。$P_1$ 和 $P_2$ 为颚板作用矿石上的压碎力，并分别和颚板工作面垂直，且 $P_1 \neq P_2$；由压碎力引起的摩擦力为 $fP_1$ 和 $fP_2$，它们分别平行于颚板工作面，$f$ 为颚板与矿石之间的摩擦系数。鉴于矿石的自重与压碎力相比很小，故其可以忽略不计。

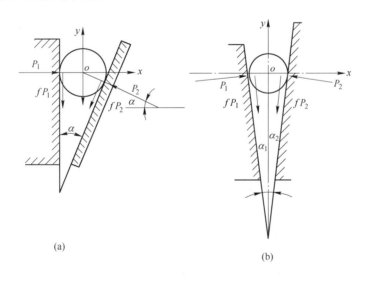

(a)

(b)

图 3-2-7 矿石在颚板之间的受力情况

如图 3-2-7(a)所示，以矿块的中心作为 $xoy$ 坐标系的原点，作用于矿块的力 $P_1$ 和 $P_2$ 通过坐标原点。则它们的分力沿 $x$ 轴和 $y$ 轴方向的平衡方程式为

$$\sum F_x = 0 \qquad P_1 - P_2\cos\alpha - fP_2\sin\alpha = 0 \qquad (3-2-1)$$

$$\sum F_y = 0 \qquad -fP_1 - fP_2\cos\alpha + P_2\sin\alpha = 0 \qquad (3-2-2)$$

将式（3-2-1）两端乘以 $f$，再与式（3-2-2）相加，消去压碎力 $P_2$，则得

$$-2f\cos\alpha + \sin\alpha(1 - f^2) = 0$$

或
$$\tan\alpha = \frac{2f}{1 - f^2}$$

因为摩擦系数 $f$ 和摩擦角 $\varphi$ 的关系是：$f = \tan\varphi$，故

$$\tan\alpha = \frac{2\tan\varphi}{1 - \tan^2\varphi} \quad 或 \quad \tan\alpha = \tan2\varphi$$

所以
$$\alpha = 2\varphi \tag{3-2-3}$$

式中　$\varphi$——矿石与颚板之间的摩擦角，(°)。

当固定颚板处于如图 3-2-7(b)所示的倾斜位置时，则

$$\alpha = \alpha_1 + \alpha_2 = 2\varphi \tag{3-2-3'}$$

欲使颚式破碎机能钳住矿石并进行碎矿工作，须满足 $-fP_1 - fP_2\cos\alpha + P_2\sin\alpha < 0$，因而 $\alpha < 2\varphi$，即啮角 $\alpha$ 必须小于摩擦角的两倍，否则矿石就会跳出破碎腔，发生事故。有时破碎机的啮角虽在公式 (3-2-3′) 的限度内，但因两个矿块钳住第三个矿块的啮角超过了公式 (3-2-3′) 的规定，这时仍有矿石飞出。

大多数情况下，$f = 0.2 \sim 0.3$，$\varphi > 12°$，故实际上颚式破碎机的啮角一般为 $20° \sim 24°$。

应当指出，随着啮角的减小，排矿口尺寸必然增大，故啮角大小对破碎机生产能力的影响很大。适当减小啮角，可以增加破碎机的生产能力，但又会引起破碎比的变化。如果在破碎比不变的情况下，减小啮角将会增大破碎机的结构尺寸。近年来，有些破碎机采用一种曲面破碎齿板，它在保持破碎比不变的条件下，啮角可以大大减小，破碎机的生产能力可以显著提高，且破碎齿板磨损减轻，功率消耗有所降低。

C　偏心轴转数

颚式破碎机的转数是指偏心轴在单位时间（min）内动颚摆动的次数。对简摆颚式破碎机的工作情况而言，偏心轴每转一转（圈），动颚就往复摆动一次，前半转（圈）为破碎矿石的工作行程，后半转（圈）为排出矿石的空转行程。增加动颚摆动次数，可以增加破碎机的生产能力，但有一定限度。当动颚摆动次数增到一定程度，矿石会来不及从排矿口排出，反而造成破碎腔堵塞，实际上是降低了破碎机的生产能力。所以，偏心轴转数大小应当适宜。

为了求得颚式破碎机适宜的转数，我们假定动颚做平行移动，忽略动颚摆动时啮角变化的影响，已破碎的矿石在重力作用下自由下落，不考虑矿石和破碎齿板之间摩擦力对排矿的影响。

根据试验和观察，可动颚板开始离开固定颚板由 $A_1$ 点退到 $A_2$ 点（见图 3-2-8）时，破碎腔内的矿石仍然处于压紧状态，只是从 $A_2$ 点才开始排矿，即在空行程的后半部分（偏心轴由 270°转到 360°期间）排矿。当可动颚板运动到右死点 $A_3$ 时，排矿仍未停止，直到可动颚板回到 $A_4$ 点时，才结束排矿，$A_4$ 点很接近右死点。因而，排矿时间相当于偏心轴每转一转（圈）所用时间的 1/4。即

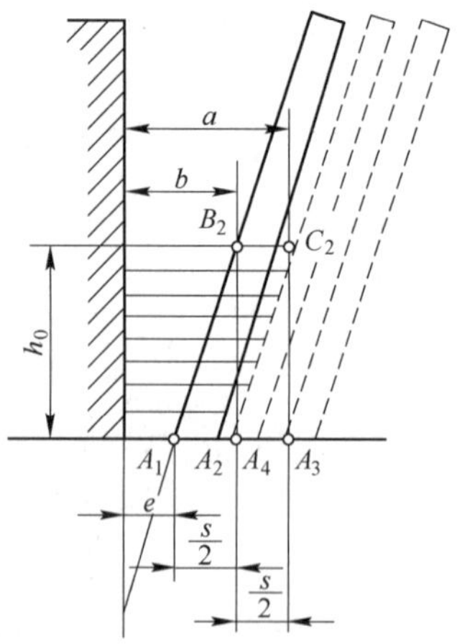

图 3-2-8　确定颚式破碎机的转数

$$t = \frac{60}{4n} = \frac{15}{n} \quad s \tag{3-2-4}$$

在 $t$ 时间内（即由 $A_2$ 点到达 $A_3$ 点所需的时间），已破碎的棱柱体矿石下落高度 $h_0$ 为

$$h_0 = A_2 B_2 = \frac{s}{2\tan\alpha} \tag{3-2-5}$$

根据自由落体定律，在 $t$ 时间内棱柱体所通过的路程为 $h_0 = \frac{1}{2}gt^2$，故

$$h_0 = \frac{s}{2\tan\alpha} = \frac{1}{2}gt^2 = \frac{1}{2}g\left(\frac{15}{n}\right)^2 \tag{3-2-6}$$

式中　$g$——重力加速度，$g = 9.81\,\mathrm{m/s^2}$；

　　　$s$——动颚下部水平行程，cm；

　　　$\alpha$——啮角，（°）；

　　　$n$——偏心轴转数（动颚摆动次数），r/min。

整理式（3-2-6）得出偏心轴的转数为

$$n = 470\sqrt{\frac{\tan\alpha}{s}} \quad \mathrm{r/min} \tag{3-2-7}$$

式（3-2-7）只反映了动颚行程和啮角对转数的影响，没有表明破碎机的类型和规格尺寸对它的影响。因此，该式只能粗略地确定颚式破碎机的偏心轴转数。

对于大型颚式破碎机，为了减小动颚的惯性力和降低功率消耗，通常将按式（3-2-7）计算的转数再降低 20%～30%。

当前，在实际生产中，常用下面经验公式来确定颚式破碎机的转数。

给矿口宽度 $B \leqslant 1200\,\mathrm{mm}$ 的颚式破碎机，其偏心轴转数为

$$n = 310 - 145B \quad \mathrm{r/min} \tag{3-2-8}$$

给矿口宽度 $B > 1200\,\mathrm{mm}$ 的破碎机，其偏心轴转数为

$$n = 160 - 42B \quad \mathrm{r/min} \tag{3-2-9}$$

式中　$B$——颚式破碎机的给矿口宽度，m。

利用式（3-2-8）和式（3-2-9）分别计算的偏心轴转数，与颚式破碎机实际采用的转数比较接近，详见表 3-2-2 所示。

表 3-2-2　颚式破碎机偏心轴转数的计算对比

| 破碎机类型 | 规格/mm×mm | 颚式破碎机的偏心轴转数/r·min⁻¹ | |
| --- | --- | --- | --- |
| | | 按式（3-2-8）或式（3-2-9）计算 | 实际采用（按产品目录） |
| 简单摆动 | 1500×2100 | 97 | 100 |
| | 1200×1500 | 136 | 135 |
| | 900×1200 | 180 | 180 |
| 复杂摆动 | 600×900 | 223 | 250 |
| | 400×600 | 252 | 250 |
| | 250×400 | 274 | 300 |
| | 150×250 | 228 | 300 |

### 3.2.3  破碎机产品的典型粒度特性曲线及应用

颚式破碎机要求给矿均匀，一般都要设置专门的给矿设备。颚式破碎机的产品粒度特

性曲线如图 3-2-9 所示。破碎产物的粒度特性，决定于被破碎物料的性质，首先是它的硬度。产品粒度曲线，不仅反映破碎机的工作性能和各种排矿口宽度下的产品特性，而且为破碎机排矿口的调整提供了可靠的依据。此种以相对粒度（矿块粒度对排矿口之比值）表示的曲线很有用途。从曲线上可以找出产品中的最大粒度尺寸，可以找出产品中大于排矿口粒度级别（残余百分率）的含量，可以求任意粒度下的产率及任意产率下的粒度，还可以根据工艺要求的产率确定排矿口尺寸。图中绘有 3 种类型粒度特性曲线。在没有实际资料的情况下可以参考使用这 3 种典型粒度特性曲线。

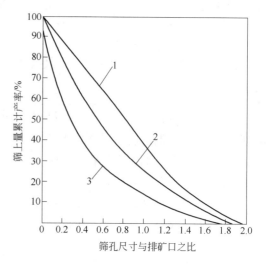

图 3-2-9   颚式破碎机产品粒度特性曲线
1—难碎性矿石；2—中等可碎性矿石；3—易碎性矿石

### 3.2.4  颚式破碎机的生产能力和功率

生产能力（产量或生产率）是指在一定的给矿块度和所要求的排矿粒度条件下，单位时间（h）内，一台破碎机能够处理的矿石量（$t/(台 \cdot h)$）。它是衡量破碎机处理能力的数量指标。由于它与矿石性质（如硬度、粒度、堆密度）、破碎机类型、规格尺寸以及破碎机的操作条件（如给矿的均匀程度）等许多影响因素有关，所以，在目前还没有比较符合实际生产能力的理论计算公式。因此，通常是参考已生产的设备来确定破碎机的生产能力，或者先采用经验公式进行概算，然后再根据具体条件加以校正。生产能力的理论公式虽然与实际情况出入较大，但是仍能从中看出影响破碎机生产能力的诸因素之间的关系，而且这些影响因素与实际情况比较相符，所以在此仍作简介，以供分析研究问题时参考。

#### 3.2.4.1  颚式破碎机生产能力理论公式

以简摆颚式破碎机为例，如图 3-2-10 所示，其生产能力是以动颚摆动一次（从 $A$ 点移到 $A_1$ 点），从破碎腔中排出一个棱柱形体积（如图 3-2-10 中阴影线所示）的矿石作为计算的依据。

该棱柱体的长度等于破碎腔的长度 $L$，而高度 $h = \dfrac{s}{\tan\alpha}$，则棱柱体的断面积（即梯形断面积）为

$$F = \frac{e + (e + s)}{2} \cdot h = \frac{2e + s}{2} \cdot \frac{s}{\tan\alpha}$$

而棱柱体的体积为

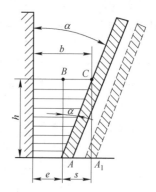

图 3-2-10   确定颚式破碎机
生产能力

$$V = FL = \frac{Ls(2e + s)}{2\tan\alpha}$$

如果动颚每 1min 摆动 $n$ 次，则破碎机的生产能力为

$$Q = 60nV\mu\delta = \frac{30nLs(2e + s)\mu\delta}{\tan\alpha}$$

若取 $d_{最小} = e$；$d_{最大} = e + s$，则破碎产品平均粒径为

$$d = \frac{d_{最小} + d_{最大}}{2}$$

则生产能力公式可简化为

$$Q = \frac{60nLsd\mu\delta}{\tan\alpha} \quad t/h \tag{3-2-10}$$

式中　$n$——偏心轴转数，r/min；

$L$——排矿口的长度，m；

$s$——动颚下部的水平行程，m；

$d$——破碎产品的平均粒径，m；

$\mu$——破碎产品的松散系数，一般 $\mu = 0.25 \sim 0.70$，破碎硬矿石，可取小值；破碎不太硬矿石，则取大值；

$\delta$——矿石的堆密度，$t/m^3$，对于铁矿石，$\delta = 2.1 \sim 2.4 t/m^3$；对于含石英矿石，$\delta = 1.6 t/m^3$。

公式（3-2-10）即是简摆颚式破碎机生产能力的理论计算公式。对于复摆颚式破碎机的生产能力，可将按该式计算的结果再增大 20% ~ 30%。

由公式（3-2-10）可以看出，当破碎相同类型的矿石时，破碎机的生产能力与偏心轴转数、给矿口长度、动颚行程、破碎产品粒度和产品的松散系数成正比，而与破碎机的啮角的正切值成反比。为了提高破碎机的生产能力，往往会考虑从加大给矿口长度、动颚行程和产品粒度等方面着手，但这些通常都受到破碎机的结构规格和产品粒度要求的限制。因此，在一定范围内，可使生产能力随着转数的增加而提高，随着啮角的减小而增大。试验表明，增加破碎机转数时，生产能力提高很小，但动力消耗却显著增加，而且还会使排矿受到限制，所以，采用增加转数的方法来提高破碎机的生产能力，不是一个有效的措施。但是改进破碎齿板的结构形式，采用曲面破碎齿板，减小破碎机颚板的啮角，可较好地提高生产能力。

事实上，由于给矿粒度的变化和给矿不均匀程度的影响以及产品松散系数的变化范围较大等，所以公式（3-2-10）只是颚式破碎机生产能力的近似计算公式。尽管如此，但该式毕竟还是指出了影响颚式破碎机生产能力的主要因素，为在生产中进行很好的掌握和调整提供了方便。

### 3.2.4.2　颚式破碎机生产能力经验公式

经验公式是实践的总结，一般比较接近实际情况。所以，在设计和生产中，经常采用经验公式来计算颚式破碎机的生产能力。但是经验公式往往局限于一定的使用情况，故在运用时，一定要注意经验公式的适用条件。

下面介绍的是根据现有颚式破碎机的实际资料综合得出的生产能力计算公式。因为下式中的 $Q_0$ 值可在较详细的设备目录表中查出，所以此法（即按目录表换算法）在选用设备时是较为实际的。该经验公式为

$$Q = K_1 K_2 K_3 Q_0 \tag{3-2-11}$$

式中　$Q$——生产条件下的破碎机生产能力，t/h；

　　　$Q_0$——标准条件下（中硬矿石，堆密度 1.6t/m$^3$）开路破碎时的破碎机生产能力，t/h，该值可按下式确定：

$$Q_0 = q_0 e$$

　　　$q_0$——破碎机排矿口单位宽度的生产能力（t/(mm·h)），具体数值可查表 3-2-3；

　　　$e$——破碎机生产时的排矿口宽度，mm；

　　　$K_1$——矿石可碎性系数，取值可查表 3-2-4；

　　　$K_2$——矿石堆密度校正系数，可按下述关系考虑：

$$K_2 = \frac{\delta}{1.6}$$

　　　$\delta$——破碎矿石的堆密度，t/m$^3$；

　　　$K_3$——矿石粒度（或破碎比）校正系数，取值可查表 3-2-5。

表 3-2-3　颚式破碎机 $q_0$ 值

| 破碎机规格/mm × mm | 250 × 400 | 400 × 600 | 600 × 900 | 900 × 1200 | 1200 × 1500 | 1500 × 2100 |
| --- | --- | --- | --- | --- | --- | --- |
| $q_0$/t·(mm·h)$^{-1}$ | 0.4 | 0.65 | 0.95 ~ 1.0 | 1.25 ~ 1.3 | 1.9 | 2.7 |

表 3-2-4　矿石可碎性系数 $K_1$

| 矿石强度 | 抗压强度/MPa | 普氏硬度系数 $f$ | $K_1$ |
| --- | --- | --- | --- |
| 硬 | 160 ~ 200 | 16 ~ 20 | 0.9 ~ 0.95 |
| 中　硬 | 80 ~ 160 | 8 ~ 16 | 1.0 |
| 软 | <80 | <8 | 1.1 ~ 1.2 |

表 3-2-5　矿石粒度校正系数 $K_3$

| 给矿最大粒度 $D_{最大}$ 和给矿口宽度 $B$ 之比 $e = D_{最大}/B$ | 0.85 | 0.6 | 0.4 |
| --- | --- | --- | --- |
| 粒度校正系数 $K_3$ | 1.0 | 1.1 | 1.2 |

### 3.2.4.3　颚式破碎机的电动机功率

在颚式破碎机的碎矿过程中，电动机的功率消耗与破碎机转速、规格尺寸、啮角、排矿口尺寸以及矿石的物理力学性质和粒度特性有关，其中以矿石物理力学性质对功率消耗影响最大。当然，设备规格尺寸愈大，功率消耗也愈大；偏心轴转速的增高和破碎比的增大，会使得功率消耗亦随之增加。由于影响破碎机功率消耗的因素很多，目前尚无可靠的功率理论计算公式，因此，生产中常用下列经验公式进行计算。

大型颚式破碎机（900mm × 1200mm 以上）：

$$P = \frac{BL}{100} - \frac{BL}{120} \quad \text{kW} \tag{3-2-12}$$

中、小型颚式破碎机（600mm×900mm 以下）：

$$P = \frac{BL}{50} - \frac{BL}{70} \quad kW \tag{3-2-13}$$

式中　$P$——破碎机的电动机功率，kW；

　　　$B$——破碎机给矿口宽度，cm；

　　　$L$——破碎机给矿口长度，cm。

由公式（3-2-12）和公式（3-2-13）计算的结果，均与制造厂采用的相同规格破碎机的电动机功率（见表3-2-1）比较接近。

### 3.2.5　颚式破碎机的使用与维护

为了保证破碎机连续正常的运转，充分发挥设备的生产能力，必须从思想上重视对破碎机的正确操作、经常维护和定期检修。

#### 3.2.5.1　破碎机的使用

正确使用是保证破碎机连续正常工作的重要因素之一。操作不当或者操作过程中的疏忽大意，往往是造成设备和人身事故的重要原因。正确的操作就是严格按操作规程的规定执行。

启动前的准备工作：在颚式破碎机启动以前，必须对设备进行全面的仔细检查，例如，检查破碎齿板的磨损情况，调好排矿口尺寸；检查破碎腔内有无矿石，若有大块矿石，必须取出；连接螺栓是否松动；皮带轮和飞轮的保护外罩是否完整；三角皮带和拉杆弹簧的松紧程度是否合适；储油箱（或干油储油器）油量的注满程度和润滑系统的完好情况；电气设备和信号系统是否正常，等等。

使用中的注意事项：

在启动破碎机前，应该首先开动油泵电动机和冷却系统，经 3~4min 后，待油压和油流指示器正常时，再开动破碎机的电动机。

启动以后，如果破碎机发出不正常的敲击声，应停止运转，查明和消除问题后，再重新启动机器。

破碎机必须空载启动，启动后经一段时间，确认运转正常后方可开动给矿设备。给入破碎机的矿石应逐渐增加，直到满载运转。

操作中必须注意均匀给矿，矿石不许挤满破碎腔；而且给矿块的最大尺寸不应该大于给矿口宽度的 0.85 倍。同时，给矿时严防电铲的铲齿和钻机的钻头等非破碎物体进入破碎机。一旦发现这些非破碎物体进入破碎腔，且又通过该机器的排矿口时，应立即通知皮带运输岗位人员及时取出，以免进入下一段破碎机，造成严重的设备事故。

操作过程中，还要经常注意防止大矿块卡住破碎机的给矿口，如果已经卡住时，一定要使用铁钩去翻动矿石；如果大块矿石需要从破碎腔中取出时，应该采用专门器具，严禁用手去进行这些工作，以免发生事故。

运转当中，如果给矿太多或破碎腔堵塞，应该暂停给矿，待破碎腔内的矿石碎完以后，再开动给矿机，但是这时不准破碎机停止运转。

在机器运转中，应该采取定时巡回检查，通过看、听、摸等方法观察破碎机各部件的工作状况和轴承温度。对于大型颚式破碎机的滑动轴承，更应该注意轴承温度，通常轴承温度不得超过60℃，以防止合金轴瓦的熔化而产生烧瓦事故。当发现轴承温度很高时，切勿立即停止运转，应及时采取有效措施降低轴承温度，如加大给油量，强制通风或采用水冷却等。待轴承温度下降后，方可停车进行检查和排除故障。

为确保机器的正常运转，不允许不熟悉操作规程的人员单独操作破碎机。

破碎机停车时，必须按照生产流程顺序进行停车。首先一定要停止给矿，待破碎腔内的矿石全部排出以后，再停破碎机和皮带机。当破碎机停稳后，方可停止油泵的电动机。

应当注意，破碎机因故突然停车，当事故处理完毕准备开车以前，必须清除破碎腔内积压的矿石，方准开车运转。

### 3.2.5.2　破碎机的维护检修

颚式破碎机在使用操作中，必须注意经常维护和定期检修。在碎矿车间中，颚式破碎机的工作条件是非常恶劣的，设备的磨损问题也是不可避免的。但应该看到，机器零件的过快磨损，甚至断裂，往往都是由于操作不正确和维护不周到造成的，例如，润滑不良将会加速轴承的磨损。所以，正确的操作和精心的维护（定期检修）是延长机器的使用寿命和提高设备的运转率的重要途径。在日常维护工作中，正确地判断设备故障，准确地分析原因，从而迅速地采取消除方法，是熟练的操作人员应该了解和掌握的。

颚式破碎机常见的设备故障、产生原因和消除方法如表3-2-6所示。

**表3-2-6　颚式破碎机工作中的故障及消除方法**

| 设 备 故 障 | 产 生 原 因 | 消 除 方 法 |
|---|---|---|
| 破碎机工作中听到金属的撞击声，破碎齿板抖动 | 破碎腔侧板衬板和破碎齿板松弛，固定螺栓松动或断裂 | 停止破碎机，检查衬板固定情况，用锤子敲击侧壁上的固定楔块，然后拧紧楔块和衬板上的固定螺栓，或者更换动颚破碎齿板上的固定螺栓 |
| 推力板支承（滑块）中产生撞击声 | 弹簧拉力不足或弹簧损坏，推力板支承滑块产生很大磨损或松弛，推力板头部严重磨损 | 停止破碎机，调整弹簧的拉紧力或更换弹簧；更换支承滑块；更换推力板 |
| 连杆头产生撞击声 | 偏心轴轴衬磨损 | 重新刮研轴或更换新轴衬 |
| 破碎产品粒度增大 | 破碎齿板下部显著磨损 | 将破碎齿板调转180°，或调整排矿口，减小宽度尺寸 |
| 剧烈的劈裂声后，动颚停止摆动，飞轮继续回转，连杆前后摇摆，拉杆弹簧松弛 | 由于落入非破碎物体，使推力板破坏或者铆钉被剪断；由于下述原因使连杆下部破坏：工作中连杆下部安装推力板支承滑块的凹槽出现裂缝；安装没有进行适当计算的保险推力板 | 停止破碎机，拧开螺帽，取下连杆弹簧，将动颚向前挂起，检查推力板支承滑块，更换推力板；停止破碎机，修理连杆 |
| 紧固螺栓松弛，特别是组合机架的螺栓松弛 | 振 动 | 扭紧全部连接螺栓，当机架拉紧螺栓松弛时，应停止破碎机，把螺栓放在矿物油中预热到150℃后再安装上 |

| 设 备 故 障 | 产 生 原 因 | 消 除 方 法 |
|---|---|---|
| 飞轮回转，破碎机停止工作，推力板从支承滑块中脱出 | 拉杆的弹簧损坏；拉杆损坏；拉杆螺帽脱扣 | 停止破碎机，清除破碎腔内矿石，检查损坏原因，更换损坏的零件，安装推力板 |
| 飞轮显著地摆动，偏心轴回转减慢 | 皮带轮和飞轮的键松弛或损坏 | 停止破碎机，更换键，矫正键槽 |
| 破碎机下部出现撞击声 | 拉杆缓冲弹簧的弹性消失或损坏 | 更换弹簧 |

机器设备能否经常保持良好状况，除了正确操作使用以外，一靠维护，二靠检修（修理），而且设备的维护又是设备修理的基础。使用中只要做好勤维护、勤检查，且掌握设备零件的磨损周期，就能及早发现设备零件缺陷，做到及时修理更换，从而使设备不致达到不能修复而报废的严重地步。因此，设备的及时修理是保证正常生产的重要环节。

在一定条件下工作的设备零件，其磨损情况通常是有一定规律的，工作了一定时间以后，就需要进行修复或更换，这段时间间隔称为零件的磨损周期，或称为零件的使用期限。颚式破碎机主要易磨损件的使用寿命和最低储备量的大致情况，可参考表 3-2-7。

表 3-2-7　颚式破碎机易磨损件的使用寿命和最低储备量

| 易磨损件名称 | 材 料 | 使用寿命/月 | 最低储备量 |
|---|---|---|---|
| 可动颚的破碎齿板 | 锰 钢 | 4 | 2 件 |
| 固定颚的破碎齿板 | 锰 钢 | 4 | 2 件 |
| 后推力板 | 铸 铁 | — | 4 件 |
| 前推力板 | 铸 铁 | 24 | 1 件 |
| 推力板支承座（滑块） | 碳 钢 | 10 | 2 套 |
| 偏心轴的轴承衬 | 合 金 | 36 | 1 套 |
| 动颚悬挂轴的轴承衬 | 青 铜 | 12 | 1 套 |
| 弹簧（拉杆） | 60SiMn | — | 2 件 |

根据易磨损周期的长短，还要对设备进行计划检修。计划检修又分为小修、中修和大修。

小修是碎矿车间设备进行的主要修理形式，即设备日常的维护检修工作。小修时，主要是检查更换严重磨损的零件，如破碎齿板和推力板支承座等；修理轴颈，刮削轴承；调整和紧固螺栓；检查润滑系统，补充润滑油量等。

中修是在小修的基础上进行的。根据小修中检查和发现的问题，制定修理计划，确定需要更换的零件项目。中修时经常要进行机组的全部拆卸，详细地检查重要零件的使用状况，并解决小修中不可能解决的零件修理和更换问题。

大修是对破碎机进行比较彻底的修理。大修除包括中、小修的全部工作外，主要是拆卸机器的全部部件，进行仔细的全面检查，修复或更换全部磨损件，并对大修的机器设备进行全面的工作性能测定，以使其达到和原设备具有同样的性能。

## 3.3  圆锥破碎机

### 3.3.1  圆锥破碎机的类型构造及工作原理

圆锥破碎机按照使用范围，分为粗碎、中碎和细碎 3 种。粗碎圆锥破碎机又叫旋回破碎机。中碎和细碎圆锥破碎机又称菌形圆锥破碎机。

#### 3.3.1.1  旋回破碎机

按照排矿方式的不同，旋回破碎机又分为侧面排矿和中心排矿 2 种。前者因易阻塞而不再生产，目前生产的均是中心排矿式旋回破碎机。

**A  中心排矿式旋回破碎机**

这种破碎机的构造（见图 3-3-1），主要是由工作机构、传动机构、调整装置、保险装置和润滑系统等部分组成。

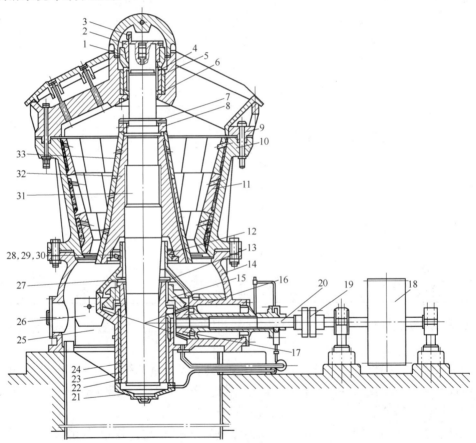

图 3-3-1  中心排矿式 900/150 旋回破碎机

1—锥形压套；2—锥形螺帽；3—楔形键；4—衬套；5—锥形衬套；6—支承环；7—锁紧板；8—螺帽；
9—横梁；10—固定圆锥；11，33—衬板；12—挡油环；13—止推圆盘；14—下机架；
15—大圆锥齿轮；16—护板；17—小圆锥齿轮；18—三角皮带轮；19—弹性联轴节；
20—传动轴；21—机架下盖；22—偏心轴套；23—衬套；24—中心套筒；25—筋板；
26—护板；27—压盖；28～30—密封套环；31—主轴；32—可动圆锥

旋回破碎机的工作机构是由可动圆锥 32（即破碎锥）和固定圆锥 10（即中部机架）构成。矿石就是在可动锥和固定锥形成的空间（即破碎腔）里被破碎的。固定锥的工作表面镶有锰钢衬板 11，衬板与中部机架之间必须采用锌合金（或水泥）浇铸。可动锥为一个正立的截头锥体，外表面装有锰钢衬板 33，为使衬板与锥体紧密结合，两者之间必须浇铸锌合金，衬板上端需用螺帽 8 压紧。为了防止螺帽松动，还在螺帽上装有锁紧板 7。可动锥装在主轴 31（竖轴）上面。主轴一般采用 45～50 号钢，大型破碎机可用合金钢（24CrMoV 和 35SiMn2MoV 等材料）制作。主轴的上端部通过锥形螺帽 2（开口螺母）、锥形压套 1、衬套 4 和支承环 6 等装置（见图 3-3-2）悬挂在横梁 9 当中，主轴和可动锥的整个重量由横梁中的锥形轴承来支承。衬套 4 下端与锥形衬套 5 的

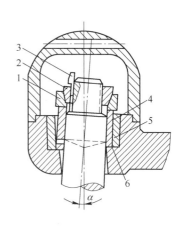

图 3-3-2　排矿口的调整装置

1—锥形压套；2—锥形螺帽；3—楔形键；
4—衬套；5—锥形衬套；6—支承环

内表面都是圆锥面，故能保证衬套沿支承环与锥形衬套滚动，满足了主轴运动的要求。主轴的下端插入偏心轴套 22 的偏心孔中，该孔的中心线与旋回破碎机的轴线略成偏心。偏心轴套的内外表面都要浇铸（或熔焊）一层巴氏合金，但是外表面只浇铸 3/4 的巴氏合金。

为使巴氏合金牢固地附着在偏心轴套上面，可在轴套的内壁上设置环形的燕尾槽。当偏心轴套旋转时，可动锥的主轴就以横梁上的固定悬挂点为锥顶作圆锥面运动，从而破碎矿石。为了防止已破碎的矿石排出时灰尘落入偏心轴套内部，在可动锥底部还装有防尘装置。

传动机构的作用是传递动力，即把电动机的旋转运动，经过减速装置转化为动锥的旋摆运动。当电动机转动时，通过三角皮带轮 18、联轴节 19 和小圆锥齿轮 17，带动固定在偏心轴套 22 上的大圆锥齿轮 15 旋转，从而使可动锥做旋摆运动。另外，在大圆锥齿轮与中心套筒 24 之间，还装有三片止推圆盘 13。

在可动锥衬板磨损以后，为了保证破碎产品粒度，需要恢复原来的排矿口宽度，恢复的办法是利用主轴上端的锥形螺帽进行调整。调整排矿口宽度时，首先取下轴帽，再用桥式起重机将主轴（连同可动锥）稍微向上抬起，然后把主轴上的锥形螺帽 2 顺转或反转（图 3-3-2），使得主轴和可动锥上升或下降，排矿口则减小或增大，然后测量排矿口宽度。如果尚未达到要求的宽度，再将可动锥提起，并按上述方法继续进行调整，直至达到所要求的排矿口宽度为止。如果锥形螺帽调到主轴螺纹的端部，而排矿口宽度仍不能满足要求时，则必须更换可动锥或固定锥的衬板。这种调整装置使用很不方便，调整时必须停车。

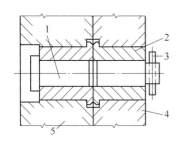

图 3-3-3　皮带轮的保险轴销示意图

1—保险轴销；2—衬套；3—开口销子；
4—三角皮带轮；5—轮毂

旋回破碎机的保险装置，一般采用装在皮带轮上的削弱断面的轴销来实现（见图 3-3-3）。该轴销削弱断面的尺寸，通常是按照电动机负荷的两倍考虑计算的。如果旋回

破碎机进入大块非破碎物体，轴销应该首先被剪断，破碎机停止运转，而使机器其他零件免遭损坏。这种装置虽然结构简单，但保险的可靠性较差。有的认为，粗碎旋回破碎机可以不设保险装置，但一些生产实践说明，增设保险装置较好。例如，我国某铜矿选厂的700旋回破碎机，由于其没有保险装置，生产中因非破碎物体进入破碎腔内，而多次发生主轴断裂和小圆锥齿轮打齿等严重的设备事故。

国产旋回破碎机的定型产品的技术规格如表3-3-1所示。

表 3-3-1　旋回破碎机[①]定型产品技术规格

| 旋回破碎机规格 | 给矿口宽度/mm | 排矿口宽度/mm | 最大给矿粒度/mm | 生产能力/t·h⁻¹ | 可动圆锥转数/r·min⁻¹ | 主电动机 | | | 机器质量/t |
| | | | | | | 型　号 | 功率/kW | 转数/r·min⁻¹ | |
|---|---|---|---|---|---|---|---|---|---|
| PX500/75 | 500 | 75 | 400 | 150 | 140 | JR-127-8 | 130 | 590 | 42.18 |
| PX700/130 | 700 | 130 | 550 | 300 | 140 | JS-136-8 | 145 | 735 | 71.89 |
| PX900/160 | 900 | 160 | 750 | 500 | 125 | JR-136-8 | 180 | 735 | 142.69 |
| PX1200/180 | 1200 | 180 | 1000 | 1000 ~ 1100 | 110 | JRQ-158-10 | 310 或 350 | 585 | 224 |
| PX1200/250 | 1200 | 250 | 1000 | 1400 ~ 1500 | 110 | JRQ-158-10 | 310 或 350 | 585 | 225 |

①均为沈阳重型机器厂制造，PXZ—重型旋回破碎机；PXQ—轻型旋回破碎机。

**B　液压旋回破碎机**

它与一般旋回破碎机的不同之处在于，在主轴悬吊点的支承环处安装液压缸，让可动锥重量及破碎力作用在液压缸上；或者在主轴底部设置液压缸，让主轴直接支承在液压缸上。液压旋回破碎机调整排矿口方便，用压力升降液压缸的油面即可，保险作用也好。

**3.3.1.2　中、细碎圆锥破碎机**

中、细碎圆锥破碎机的工作原理与旋回破碎机基本类似，但在结构上还是有差别的，其主要差别（见图3-3-4）是：

（1）旋回破碎机的两个圆锥形状都是急倾斜的，可动锥是正立的截头圆锥，固定锥则为倒立的截头圆锥，这主要是为了满足增大给矿块度的需要。中、

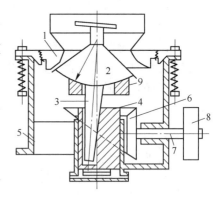

图 3-3-4　圆锥破碎机的示意图
1—固定锥；2—可动锥；3—主轴；4—偏心轴套；5—机架；6—圆锥齿轮；7—转动轴；8—皮带轮；9—球面轴承

细碎圆锥破碎机的两个圆锥形状均是缓倾斜的、正立的截头圆锥，而且两锥体之间具有一定长度的平行碎矿区（平行带），这是为了满足控制排矿产品粒度的要求，因为中、细碎破碎机与粗碎机不同，它是以破碎产品质量和生产能力作为首要的考虑因素。

（2）旋回破碎机的可动锥悬挂在机器上部的横梁上；中、细碎圆锥破碎机的可动锥支承在球面轴承上。

（3）旋回破碎机采用干式防尘装置；中、细碎圆锥破碎机使用水封防尘装置。

（4）旋回破碎机利用调整可动锥的升高或下降，来改变排矿口尺寸的大小；中、细碎圆锥破碎机用调节固定锥（调整环）的高度位置，来实现排矿口宽度的调整。

中、细碎圆锥破碎机按照排矿口调整装置和保险方式的不同，又分为弹簧圆锥破碎机

和液压圆锥破碎机。

　　A　弹簧圆锥破碎机

　　图3-3-5是1750型弹簧圆锥破碎机的构造图。它与旋回破碎机的构造大体相似，但也存在一些区别，现简介如下。

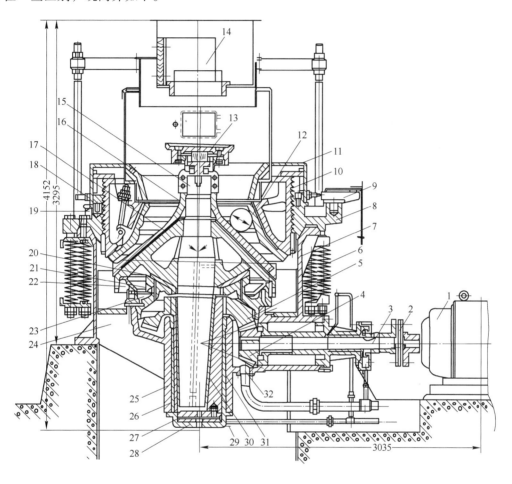

图 3-3-5　1750 型弹簧圆锥破碎机的构造图

1—电动机；2—联轴节；3—转动轴；4—小圆锥齿轮；5—大圆锥齿轮；6—保险弹簧；7—机架；8—支承环；
9—推动油缸；10—调整环；11—防尘罩；12—固定锥衬板；13—给矿盘；14—给矿箱；15—主轴；
16—可动锥衬板；17—可动锥体；18—锁紧螺帽；19—活塞；20—球面轴瓦；21—球面轴承座；
22—球形颈圈；23—环形槽；24—筋板；25—中心套筒；26—衬套；27—止推圆盘；
28—机架下盖；29—进油孔；30—锥形衬套；31—偏心轴承；32—排油孔

　　弹簧圆锥破碎机的工作机构是由带有锰钢衬板的可动圆锥和固定圆锥（调整环10）组成的。可动锥的锥体压装在主轴（竖轴）上。主轴的一端插入偏心轴套的锥形孔内。在偏心轴套的锥形孔中装有青铜衬套或 MC-6 尼龙衬套。当偏心轴套转动时，就会带动可动锥做旋摆运动。为了保证可动锥做旋摆运动，可动锥体的下部表面要做成球面，并支承在球面轴承上。可动锥体和主轴的全部重量都由球面轴承和机架承受。

　　应当指出，在圆锥破碎机的偏心轴套中，采用尼龙衬套代替青铜衬套是一项比较成功的技术革新。生产实践证明，尼龙衬套具有耐磨、耐疲劳、寿命长、重量轻和成本低等优点，是一种有前途的代用材料。

圆锥破碎机的调整装置和锁紧机构，实际上都是固定锥的一部分，其主要由调整环10、支承环8、锁紧螺帽18、推动油缸9和锁紧油缸等组成。其中调整环和支承环构成排矿口尺寸的调整装置。支承环安装在机架的上部，并借助于破碎机周围的弹簧6与机架7贴紧。支承环上部装有锁紧油缸和活塞（1750型圆锥破碎机装有12个油缸，2200型圆锥破碎机装有16个油缸），而且支承环与调整环的接触面处均刻有锯齿形螺纹。两对拨爪和一对推动油缸分别装在支承环上。破碎机工作时，高压油通入锁紧油缸使活塞上升，将锁紧螺帽和调整环稍微顶起，使得两者的锯齿形螺纹呈斜面紧密贴合。调整排矿口时，需将锁紧油缸卸载，使锯齿形螺纹放松，然后操纵液压系统，使推动油缸动作，从而带动调整环顺时针或逆时针转动，借助锯齿形螺纹传动，使得固定锥上升或下降，从而实现排矿口的调整。

保险装置是这种破碎机的安全保护措施，就是利用装设在机架周围的弹簧作为保险装置。当破碎腔中进入非破碎物体时，支承在弹簧上面的支承环和调整环被迫向上抬起而压缩弹簧，从而增大了可动锥与固定锥的距离，使排矿口尺寸增大，及时排出非破碎物体，避免机件的损坏。然后，支承环和调整环在弹簧的弹力影响下，很快恢复到原来位置，又可重新进行碎矿。

应该看到，弹簧既是保险装置，又可在正常工作时维持破碎力，因此，它的张紧程度对破碎机的正常工作具有重要作用。在拧紧弹簧时，应当考虑留有适当的压缩余量，如2200型圆锥破碎机应至少留有90mm，1750型破碎机约为75mm，1200型破碎机约为56mm。表3-3-2为我国生产的弹簧圆锥破碎机的定型产品的技术规格。

表 3-3-2 弹簧圆锥破碎机[①]定型产品技术规格

| 类　型 | 规格 /mm | 主　要　参　数 | | | | | | 机器质量 /t | 主电动机 | |
| | | 可动锥下部的最大直径 /mm | 给矿口宽度/mm | 最大给矿尺寸/mm | 排矿口调整范围/mm | 可动锥转数 /r·min⁻¹ | 生产能力 /t·h⁻¹ | | 功率 /kW | 转数 /r·min⁻¹ |
| --- | --- | --- | --- | --- | --- | --- | --- | --- | --- | --- |
| 标准型 (PYB) | 600 | 600 | 75 | 65 | 12～25 | 356 | 约40 | 5.5 | 28 | 735 |
| | 900 | 900 | 135 | 115 | 15～50 | 330 | 50～90 | 11 | 55 | 735 |
| | 1200 | 1200 | 170 | 145 | 20～50 | 300 | 110～168 | 23 | 110 | 735 |
| | 1750 | 1750 | 250 | 215 | 25～60 | 245 | 280～480 | 48 | 155 | 735 |
| | 2200 | 2200 | 350 | 300 | 30～60 | 220 | 500～1000 | 80 | 280 | 490 |
| 中间型 (PYZ) | 900 | 900 | 70 | 60 | 5～20 | 330 | 20～65 | 11 | 55 | 735 |
| | 1200 | 1200 | 115 | 100 | 8～25 | 300 | 42～135 | 23 | 110 | 735 |
| | 1750 | 1750 | 215 | 185 | 10～30 | 245 | 115～320 | 48 | 155 | 735 |
| | 2200 | 2200 | 275 | 230 | 10～30 | 220 | 200～580 | 80 | 280 | 490 |
| 短头型 (PYD) | 600 | 600 | 40 | 40 | 3～15 | 356 | 约23 | 5.5 | 28 | 735 |
| | 900 | 900 | 50 | 50 | 3～13 | 330 | 15～50 | 11 | 55 | 735 |
| | 1200 | 1200 | 60 | 60 | 3～15 | 300 | 18～105 | 23 | 110 | 735 |
| | 1750 | 1750 | 100 | 100 | 5～15 | 245 | 75～230 | 48 | 155 | 735 |
| | 2200 | 2200 | 130 | 130 | 5～15 | 220 | 120～340 | 84 | 280 | 490 |

①均为沈阳重型机器厂制造。

B 液压圆锥破碎机

上述弹簧圆锥破碎机的排矿口调整,虽已改用液压操纵,但结构仍为锯齿形螺纹调整装置,工作中该螺纹常被灰尘堵塞,调整时比较费力又费时间,而且一定要停车;同时在取出卡在破碎腔中的非破碎物体也很不方便。另外,这种保险装置并不完善,有时甚至当机器遭受到严重过载的威胁时,而未起到保险作用。为此,目前国内外都在大力生产和推广应用液压圆锥破碎机,这类破碎机不但调整排矿口容易方便,而且过载的保险性很高,完全消除了弹簧圆锥破碎机在这方面的缺点。

按照液压油缸在圆锥破碎机上的安放位置和装置数量,又可分为顶部单缸、底部单缸和机体周围多缸等形式。尽管油缸数量和安装位置不同,但它们的基本原理和液压系统都是相类似的。现以我国当前应用较多的底部单缸液压圆锥破碎机为例作一说明。这种破碎机的工作原理与弹簧圆锥破碎机相同,但在结构上取消了弹簧圆锥破碎机的调整环、支承环、锁紧装置以及球面轴承等零件。该破碎机的液压调整装置和液压保险装置,都是通过支承在可动锥体的主轴底部的液压油缸(1个)和油压系统来实现的。底部单缸液压圆锥破碎机的构造如图 3-3-6 所示。可动锥体的主轴下端插入偏心轴套中,并支承在油缸活塞上面的球面圆盘上,活塞下面通入高压油用于支承活塞。通过偏心轴套的转动,使得可动锥作锥面运动。

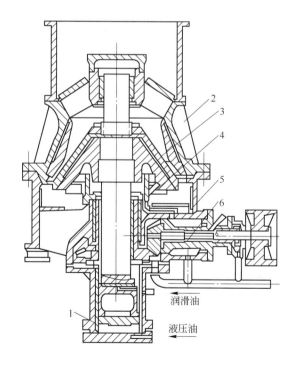

图 3-3-6　底部单缸液压圆锥破碎机
1—液压油缸;2—固定锥;3—可动锥;4—偏心轴套;5—机架;6—转动轴

这种破碎机的液压系统由油箱、油泵、单向阀、高压溢流阀、手动换向阀、截止阀、蓄能器、单向节流阀、放气阀和液压油缸等组成。图 3-3-7 为该机器的液压系统示意图。

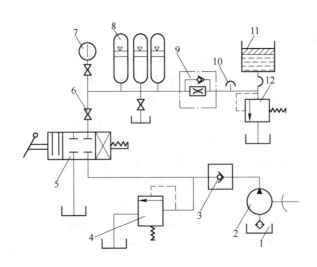

图 3-3-7　液压系统示意图

1—油箱；2—油泵；3—单向阀；4—高压溢流阀；5—手动换向阀；6—截止阀；7—压力表；
8—蓄能器；9—单向节流阀；10—放气阀；11—液压油缸；12—高压溢流阀

　　破碎机排矿口的调整，是利用手动换向阀，使通过油缸中的油量增加或减小，进而使可动锥上升或下降，从而达到排矿口调整的目的。当液压油从油箱压入油缸活塞下方时，可动锥上升，排矿口缩小（见图 3-3-8（a））；若将油缸活塞下方的液压油放回油箱时，可动锥下降，排矿口增大（图 3-3-8（b））。排矿口的实际大小，可从油位指示器中直接看出。

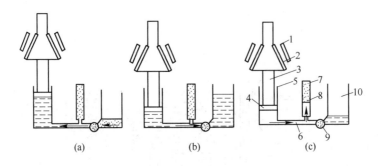

图 3-3-8　液压调整和液压保险装置示意图

1—固定锥；2—可动锥；3—主轴；4—活塞（液压缸）；5—液压油缸；
6—油管；7—蓄能器；8—活塞；9—阀；10—油箱

　　机器的过载保险作用，是通过液压系统中装有不活泼气体（如氮气等）的蓄能器来实现的。蓄能器内充入 4.9MPa 压力的氮气，它比液压油缸内的油压稍高一点，在正常工作情况下，液压油不能进入蓄能器中。当破碎腔中进入非破碎物体时，可动锥向下压的垂直力增大，并立即挤压活塞，这时油路中的油压便即大于蓄能器中的氮气压力，于是液压油就进入蓄能器中，此时油缸内的活塞和可动锥即同时下降，使得排矿口增大（图 3-3-8（c）），排除非破碎物体，实现了保险作用。非破碎物体排除以后，氮气的压力又高于正常工作时的油压，进入蓄能器的液压油又被压回液压油缸，促使活塞上升，可动锥又会立即恢复正常工作位置。

如果破碎腔出现堵塞现象，利用液压调整的方法，改变油缸内油量的大小，使可动锥上升下降反复数次，即可排除堵矿情况。

底部单缸液压圆锥破碎机，目前在我国尚属工业性试验阶段。生产实践证明，这种破碎机具有结构简单，没有弹簧圆锥破碎机的调整环、支承环和球面轴承等复杂零件；制造比较容易，生产一台相同规格的单缸液压圆锥破碎机的加工工时，只相当于弹簧圆锥破碎机的60%；操作方便，一个液压油缸，同时起着调整排矿口和过载的保护作用；液压系统动作灵敏，工作可靠；过载保护作用可靠性高；排矿口调整很方便；破碎腔堵矿现象容易排除以及破碎产品粒度比较均匀等突出的优点。但是，这种破碎机的油缸设在机器底部，致使工作空间狭小，会给设备维修工作造成一定的困难。尽管如此，国内现在还是比较倾向采用底部单缸液压圆锥破碎机。从当前看来，单缸液压圆锥破碎机仍将是我国液压圆锥破碎机的发展方向。

我国生产的底部单缸液压圆锥破碎机系列的技术规格参考表3-3-3。

表3-3-3 底部单缸液压圆锥破碎机系列的技术规格（沈阳重型机器厂制造）

| 类型 | 规格 /mm | 可动锥下部的最大直径 /mm | 给矿口宽度 /mm | 最大给矿尺寸/mm | 排矿口调整范围 /mm | 可动锥转数 /r·min⁻¹ | 生产能力 /t·h⁻¹ | 机器质量 /t | 主电动机 | |
|---|---|---|---|---|---|---|---|---|---|---|
| | | | | | | | | | 功率 /kW | 转数 /r·min⁻¹ |
| 标准型（FYB） | 660 | 660 | 110 | 85 | 12~30 | 390 | 16~40 | — | 28 | — |
| | 900 | 900 | 135 | 115 | 15~40 | 335 | 38~100 | 9 | 55 | 730 |
| | 1200 | 1200 | 175 | 150 | 20~45 | 300 | 89~200 | 18 | 95 | 730 |
| | 1650 | 1650 | 250 | 215 | 20~50 | 250 | 210~425 | 35.4 | 155 | 590 |
| | 2200 | 2200 | 350 | 300 | 30~60 | 220 | 450~900 | 72.2 | 280 | 490 |
| | 3000 | 3000 | 415 | 350 | 35~60 | 185 | 980~1680 | — | 525 | — |
| 中间型（PYZ） | 660 | 660 | 70 | 60 | 5~15 | 390 | 7~22 | — | 28 | — |
| | 900 | 900 | 75 | 65 | 6~20 | 335 | 17~55 | 9 | 55 | 730 |
| | 1200 | 1200 | 120 | 100 | 9~25 | 300 | 44~122 | 18 | 95 | 730 |
| | 1650 | 1650 | 215 | 185 | 13~30 | 250 | 120~278 | 35.4 | 155 | 590 |
| | 2200 | 2200 | 270 | 230 | 15~35 | 220 | 248~580 | 72.2 | 280 | 490 |
| | 3000 | 3000 | 340 | 290 | 18~40 | 185 | 610~1225 | — | 525 | — |
| 短头型（PYD） | 660 | 660 | 40 | 35 | 4~10 | 300 | 9~23 | — | 28 | — |
| | 900 | 900 | 55 | 45 | 4~12 | 335 | 17~51 | 9 | 55 | 730 |
| | 1200 | 1200 | 70 | 60 | 5~13 | 300 | 38~98 | 18 | 95 | 730 |
| | 1650 | 1650 | 100 | 85 | 7~14 | 250 | 100~200 | 35.4 | 155 | 590 |
| | 2200 | 2200 | 130 | 100 | 8~15 | 220 | 200~380 | 72.2 | 280 | 490 |
| | 3000 | 3000 | 150 | 130 | 10~20 | 185 | 473~945 | — | 525 | — |

多缸液压圆锥破碎机保留了弹簧圆锥破碎机的工作特点，结构上主要采用了液压保险装置，即将弹簧圆锥破碎机的弹簧保险改为液压油缸保险，以一个油缸替换每组弹簧。而破碎机排矿口的调整则是利用液压锁紧和液压推动缸的调整机构，代替了弹簧圆锥破碎机的机械调整装置，故简化了排矿口的调整工作。虽然该破碎机的结构较复杂，制造成本高，维修工作量大，还有漏油现象，但是它对改造弹簧圆锥破碎机却有一定的作用，因为只要把圆锥破碎机的弹簧保险换成液压油缸即可，其他部件基本上无需改动，故各个厂矿皆可就地解决。

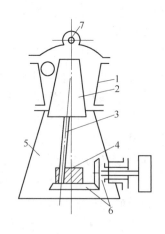

图 3-3-9　旋回破碎机的工作原理
1—固定圆锥；2—可动圆锥；3—主轴；
4—偏心轴套；5—下机架；
6—伞齿轮；7—悬挂点

### 3.3.1.3　圆锥破碎机的工作原理

圆锥破碎机的类型和构造虽有区别，但是它们的工作原理基本上是相同的。旋回破碎机的工作原理如图 3-3-9 所示。它的工作机构由两个截头圆锥体——可动圆锥和固定圆锥组成。可动圆锥的主轴支承在破碎机横梁上面的悬挂点，并且斜插在偏心轴套内，主轴的中心线与机器的中心线间的夹角约为 2°~3°。当主轴旋转时，它的中心线以悬挂点 7 为顶点划一圆锥面，其顶角约为 4°~6°，旋转过程中可动圆锥沿周边靠近或离开固定圆锥。

当可动圆锥靠近固定圆锥时，处于两锥体之间的矿石就被破碎；而其对面，可动圆锥离开固定圆锥，已破碎的矿石靠自重作用，经排矿口排出。这种破碎机的碎矿工作是连续进行的，这一点与颚式破碎机的工作原理不同。矿石在旋回破碎机中，主要是受到挤压作用而破碎，但同时也受到弯曲作用而折断。

应当指出，旋回破碎机的可动圆锥，除了由传动机构推动围绕固定圆锥的轴线转动外，还有因偏心轴套与主轴之间的摩擦力矩作用而围绕本身轴线做的自转运动，自转数约为 10~15r/min，其运动状况与陀螺相似，都是旋回运动。当破碎机空载运转时，作用在主轴上的摩擦力矩 $M_1$，使可动圆锥绕本身的轴线回转，其回转方向与偏心轴套转动方向相同；有载运转时，除了有摩擦力矩 $M_1$ 的作用外，可动圆锥由于破碎力的作用又产生一个摩擦力矩 $M_2$。因为摩擦力 $F_2 > F_1$（摩擦系数 $f_2 > f_1$），回转半径 $r_2 > r_1$，所以 $M_2 > M_1$，因而可动圆锥的自转方向与偏心轴套的回转方向相反。

破碎机可动圆锥的自转运动，可使破碎产品粒度更加均匀，且使可动圆锥衬板均匀磨损。

中、细碎圆锥破碎机，就工作原理和运动学方面而言，与旋回破碎机是一样的，只是某些主要部件的结构特点有所不同而已。现就这类破碎机的破碎腔形式来看，它又分为标准型（中碎用）、中间型（中、细碎用）和短头型（细碎用）三种，其中以标准型和短头型应用最为广泛。它们的主要区别就在于，破碎腔的剖面形状和平行带长度的不同（见图 3-3-10），标准型的平行带最短，短头型最长，中间型介于这两者之间。例如，$\phi2200$ 圆锥破碎机的平行带长度：标准型为 175mm，短头型为 350mm，中间型为 250mm。这个平行带的作用，是使矿石在其中不只一次受到压碎，保证破碎产品的最大粒度不超过平行带的宽度，故适用于中碎、细碎各种硬度的矿石（物料）。由于圆锥破碎机的工作是连续的，

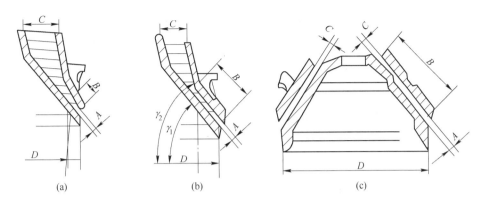

图 3-3-10　中、细圆锥破碎机的破碎腔形式

（a）标准型；（b）中间型；（c）短头型

故设备单位质量的生产能力大，功率消耗低。

旋回破碎机的规格是以给矿口宽度/排矿口宽度表示。例如，1200/180 旋回破碎机，即给矿口宽度为 1200mm，排矿口宽度为 180mm。

中、细碎圆锥破碎机的规格以可动圆锥下部的最大直径 $D$ 表示。

### 3.3.2　圆锥破碎机的性能及主要参数

#### 3.3.2.1　粗碎破碎机的性能比较及选择

旋回破碎机是一种粗碎设备，它在选矿工业和其他工业部门中，主要用于粗碎各种硬度的矿石。目前，粗碎设备不是采用旋回破碎机，就是使用颚式破碎机。为了正确选择和合理使用粗碎设备，现将它们简要分析对比如下。

旋回破碎机（与颚式破碎机比较）的主要优点：

（1）破碎腔深度大，工作连续，生产能力高，单位电耗低。它与给矿口宽度相同的颚式破碎机相比，生产能力比后者要高一倍以上，而每吨矿石的电耗则比颚式低 50% ~80%。

（2）工作比较平稳，振动较轻，机器设备的基础质量较小。旋回破碎机的基础质量，通常为机器设备质量的 2~3 倍，而颚式破碎机的基础质量则为机器本身质量的 5~10 倍。

（3）可以挤满给矿，大型旋回破碎机可以直接给入原矿石，无需增设矿仓和给矿机。而颚式破碎机不能挤满给矿，且要求给矿均匀，故需要另设矿仓（或给矿漏斗）和给矿机，当矿石块度大于 400mm 时，需要安装价格昂贵的重型板式给矿机。

（4）旋回破碎机易于启动，不像颚式破碎机启动前还需用辅助工具转动沉重的飞轮（分段启动颚式破碎机例外）。

（5）旋回破碎机生成的片状产品较颚式破碎机要少。

但是，旋回破碎机也存在以下缺点：

（1）旋回破碎机的机身较高，比颚式破碎机一般高 2~3 倍，故厂房的建筑费用较大。

（2）机器质量较大，它比相同给矿口尺寸的颚式破碎机要重 1.7~2 倍，故设备投资费较高。

（3）它不适宜于破碎潮湿和黏性矿石。

（4）安装、维护比较复杂，检修亦不方便。

由以上比较可以看出，两种粗碎机各有优劣。在设计中进行粗碎设备选择时，还应考虑矿石的性质，产品的粒度要求，选厂规模和设备的配置条件等。大致选择情况是：当处理的矿石属片状和长条状的坚硬矿石，或需要两台、甚至两台以上的颚式破碎机才能满足生产要求，而用一台旋回破碎机就能代替时，应优先选择旋回破碎机，尤其是粗碎厂房配置在斜坡地形时，此方案更为有利；当破碎潮湿和黏性矿石时，或生产规模较小的中、小型选厂，宜选用颚式破碎机；至于坑下破碎，通常都是用颚式破碎机。必须指出，在进行设备选择时，应做技术经济方案比较，择优选用。

### 3.3.2.2　圆锥破碎机的性能

就我国选矿厂碎矿车间的当前情况来看，中碎设备大都采用标准型圆锥破碎机，细碎设备大都使用短头型圆锥破碎机，且几乎已经定型。

旋回破碎机和标准型圆锥破碎机的产品粒度特性曲线，分别如图 3-3-11 和图 3-3-12 所示；短头圆锥破碎机的开路碎矿和闭路碎矿时的产品粒度特性曲线，分别如图 3-3-13 和图 3-3-14 所示。

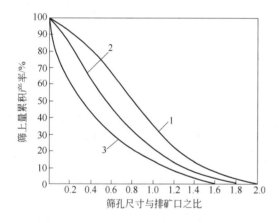

图 3-3-11　旋回破碎机的产品粒度特性曲线
1—难碎性矿石；2—中等可碎性矿石；3—易碎性矿石

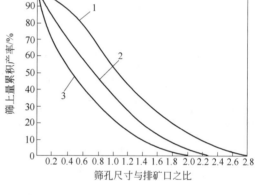

图 3-3-12　标准圆锥破碎机的产品粒度特性曲线
1—难碎性矿石；2—中等可碎性矿石；3—易碎性矿石

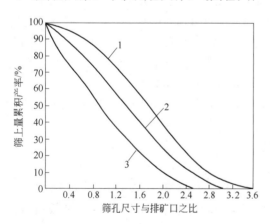

图 3-3-13　短头圆锥破碎机开路碎矿时的
产品粒度特性曲线
1—难碎性矿石；2—中等可碎性矿石；3—易碎性矿石

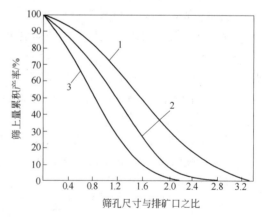

图 3-3-14　短头圆锥破碎机闭路碎矿时的
产品粒度特性曲线
1—难碎性矿石；2—中等可碎性矿石；3—易碎性矿石

### 3.3.2.3　圆锥破碎机的主要参数

圆锥破碎机的工作参数是反映破碎机的工作状况和结构特征的基本参数。它的主要参数有给矿口与排矿口宽度、啮角、平行带长度和可动锥摆动次数。

**A　给矿口与排矿口宽度**

圆锥破碎机的给矿口宽度，是指可动锥离开固定锥处两锥体上端的距离。

旋回破碎机给矿口宽度的选取原则与颚式破碎机相同。

中、细碎圆锥破碎机，一般给矿口宽度 $B = (1.20 \sim 1.25)D$，给矿粒度 $D$ 视碎矿流程决定。对于中、细碎设备来说，破碎产品的粒度组成又常比给矿口宽度更为重要。在确定中碎圆锥破碎机的排矿口宽度时，必须考虑破碎产品中过大颗粒对细碎机给矿粒度的影响，因为中碎机一般不设检查筛分，而细碎圆锥破碎机通常都有检查筛分，前者的排矿口宽度一般就是所要求的产品粒度。

**B　啮角**

啮角 $\alpha$ 是指可动锥和固定锥表面之间的夹角。根据分析颚式破碎机的啮角所得的结论，圆锥破碎机的啮角亦需满足下述关系：

旋回破碎机的啮角 $\alpha$（见图 3-3-15）为

$$\alpha = \alpha_1 + \alpha_2 \leqslant 2\varphi \tag{3-3-1}$$

式中　$\varphi$——矿石与锥面之间的摩擦角；

$\alpha_1$——固定锥母线和垂直平面的夹角；

$\alpha_2$——可动锥母线和垂直平面的夹角。

一般取 $\alpha = 22° \sim 27°$。

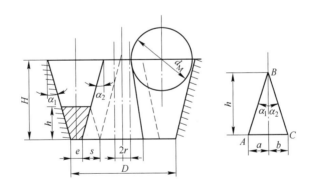

图 3-3-15　旋回破碎机的啮角

中碎圆锥破碎机的啮角 $\alpha$（见图 3-3-10(b)）为

$$\alpha = \gamma_2 - \gamma_1 \leqslant 2\varphi \tag{3-3-2}$$

式中　$\gamma_2$——固定锥工作表面与水平线的夹角；

$\gamma_1$——可动锥工作表面与水平线的夹角。

一般 $\alpha = 20° \sim 23°$。

至于细碎圆锥破碎机，它的破碎腔一般都能满足式（3-3-2）表示的条件。故无需考虑啮角问题。

应当指出，啮角过大，矿石将在破碎腔内打滑，降低生产能力，并会增加衬板磨损和电能消耗；啮角太小，则破碎腔过长，增加了机器高度和成本。

C  平行带长度

为了保证破碎产品达到一定的细度和均匀度，中、细碎圆锥破碎机的破碎腔下部必须设有平行碎矿区（或平行带），以使矿石排出之前，在平行带中至少受一次挤压。平行带长度 $L$ 与破碎机的类型和规格有关。

中碎圆锥破碎机 $\qquad L = 0.085D$ $\qquad\qquad$ (3-3-3)

细碎圆锥破碎机 $\qquad L = 0.16D$ $\qquad\qquad$ (3-3-3′)

式中 $D$——可动锥下部的最大直径，mm。

D  可动锥摆动次数

（1）旋回破碎机动锥的摆动次数。它的排矿过程与颚式破碎机相同，均靠矿石的自重进行排矿。在计算可动锥摆动次数（或主轴转数）时，仍按矿石自由下落所需的时间来确定。破碎矿石落下高度 $h$ 所需的时间（见图 3-3-15）为

$$t = \sqrt{\frac{2h}{g}} \qquad\qquad (3\text{-}3\text{-}4)$$

当可动锥转动一周，即完成两次摆动（左右各一次）。如果可动锥每分钟转动 $n$ 转，则每摆动一次所需的时间为

$$t_1 = \frac{60}{2n} = \frac{30}{n} \qquad\qquad (3\text{-}3\text{-}5)$$

为了简化计算，上述假定两锥体的中心线平行。实际上两锥体的中心线夹角也只有 $2° \sim 3°$，故对计算结果影响很小。

由图 3-3-15 可知

$$a = h\tan\alpha_1 ; \quad b = h\tan\alpha_2$$

而 $\qquad\qquad a + b = 2r = s = h(\tan\alpha_1 + \tan\alpha_2)$

故 $\qquad\qquad h = \dfrac{2r}{\tan\alpha_1 + \tan\alpha_2} \qquad\qquad (3\text{-}3\text{-}6)$

当破碎机处于最有利的条件（即生产能力最大）时，必须是 $t = t_1$，即

$$\sqrt{\frac{2h}{g}} = \frac{30}{n}$$

所以 $\qquad\qquad n = 30\sqrt{\dfrac{g}{2h}} \qquad\qquad (3\text{-}3\text{-}7)$

将式 (3-3-6) 和重力加速度 $g = 981\text{cm/s}^2$ 代入式 (3-3-7)，可得

$$n = 470\sqrt{\frac{\tan\alpha_1 + \tan\alpha_2}{r}} \quad \text{r/min} \qquad\qquad (3\text{-}3\text{-}8)$$

式中 $r$——偏心距，cm。

实际上，矿石下落的同时还要受到两锥体的摩擦阻力和离心力等因素的影响，故式

（3-3-8）计算的主轴转数要比实际采用的数值约大一倍。

实际工作中，通常是按下面的经验公式来计算旋回破碎机的转数，该式为

$$n = 160 \sim 42B \quad \text{r/min} \tag{3-3-9}$$

式中　$B$——旋回破碎机的给矿口宽度，m。

按理论公式（3-3-8）和经验公式（3-3-9）分别计算的转数，与产品目录中旋回破碎机采用的转数的对比情况如表 3-3-4 所示。

表 3-3-4　按公式计算的转数和实际采用的转数

| 破碎机规格/mm | 偏心距/mm | 旋回破碎机的主轴转数/r·min$^{-1}$ | | |
| --- | --- | --- | --- | --- |
| | | 按式（3-3-8）计算 | 按式（3-3-9）计算 | 实际采用（按产品目录） |
| 500 | 12 | 292 | 139 | 140 |
| 700 | — | — | 131 | 140 |
| 900 | 19 | 232 | 122 | 125 |
| 1200 | 18 | 238 | 110 | 110 |

由表 3-3-4 可知，按经验公式（3-3-9）计算的旋回破碎机的转数，与产品目录中破碎机采用的转数颇为接近。

（2）中、细碎圆锥破碎机动锥的摆动次数。

由于这类破碎机可动锥的倾角较小，而且破碎腔内均有一段平行带，故已碎矿石几乎没有可能自由下落，多半是靠矿石自重沿着可动锥体的斜面下滑而进行排矿。

图 3-3-16 为已破碎矿石在可动锥体上的受力情况。由图可知，矿石沿着可动锥体斜面下滑的加速度，可按下式求出：

$$\frac{G}{g} \cdot a = G\sin\gamma - fG\cos\gamma$$

则　　　　　　　　$a = g(\sin\gamma - f\cos\gamma)$

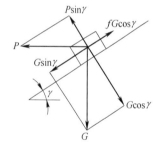

图 3-3-16　矿石在可动锥体上<br>的受力情况

式中　$g$——重力加速度，$g = 981\,\text{cm/s}^2$；

　　　$f$——矿石与锥体表面的摩擦系数，一般 $f = 0.35$；

　　　$\gamma$——可动锥的倾角。

假定标准型（中碎）圆锥破碎机的平行带长度为 $L$，在可动锥转动一圈的时间（$t$）内矿石以等加速度滑过该段平行带长度，则

$$L = \frac{1}{2}at^2 = \frac{1}{2}g(\sin\gamma - f\cos\gamma)\left(\frac{60}{n}\right)^2$$

整理以后可得

$$n = 1330\sqrt{\frac{\sin\gamma - f\cos\gamma}{L}} \quad \text{r/min} \tag{3-3-10}$$

式中　$L$——破碎腔的平行带长度，cm。

对于短头型（细碎）圆锥破碎机，其平行带长度约比标准型圆锥破碎机增大一倍，故矿石经过平行碎矿区时要遭受两次破碎。实际上，为了制造方便，制造厂已对同样规格的

中、细碎圆锥破碎机选用了相同的转数。

另外，中、细碎圆锥破碎机可用下面的经验公式计算转数：

$$n = 81 \times (4.92 - D) \quad \text{r/min} \tag{3-3-11}$$

式中 $D$——可动锥下部的最大直径，m。

式（3-3-11）计算的结果与破碎机实际采用的转数比较接近，如表3-3-5所示。

表 3-3-5 中、细碎弹簧圆锥破碎机的主轴转数　　　　　（r/min）

| 破碎机规格/mm | 按式(3-3-11)计算 | 实际采用(按产品目录) | 破碎机规格/mm | 按式(3-3-11)计算 | 实际采用(按产品目录) |
|---|---|---|---|---|---|
| 600 | 350 | 356 | 1750 | 257 | 245 |
| 900 | 325 | 330 | 2200 | 220 | 220 |
| 1200 | 301 | 300 | | | |

对于单缸液压圆锥破碎机的可动锥摆动次数，可用下列经验公式计算：

$$n = 400 - 90D \quad \text{r/min} \tag{3-3-12}$$

式（3-3-12）计算的结果与单缸液压圆锥破碎机应用的转数也是比较接近的，如表3-3-6所示。

表 3-3-6 底部单缸液压圆锥破碎机的主轴转数　　　　　（r/min）

| 破碎机规格/mm | 按式(3-3-12)计算 | 实际采用(按产品目录) | 破碎机规格/mm | 按式(3-3-12)计算 | 实际采用(按产品目录) |
|---|---|---|---|---|---|
| 900 | 319 | 335 | 1650 | 252 | 250 |
| 1200 | 292 | 300 | 2200 | 202 | 220 |

由图3-3-16可知，当惯性力的垂直于锥面的分力（$P\sin\gamma$）和矿块重力的垂直于锥面的分力（$G\cos\gamma$）相等时，矿块将跳离可动锥表面而妨碍排矿，因而破碎机的转数过高常常会导致卡死，以致造成设备事故。

### 3.3.3 圆锥破碎机的生产能力和功率

#### 3.3.3.1 旋回破碎机的生产能力

旋回破碎机生产能力的理论计算公式，其推导方法与颚式破碎机的相似，只不过把可动锥回转一圈时所排出矿石的体积近似地看成断面为梯形的环状体。此处不再赘述推导过程，只列出计算公式。因为此理论公式既不够准确，也不便于应用，所以只能借助它定性分析各参数对生产能力的影响情况，该理论公式为

$$Q = 377 \frac{\mu\delta r(e + r)D_1 n}{\tan\alpha_1 + \tan\alpha_2} \quad \text{t/h} \tag{3-3-13}$$

式中 $\mu$——矿石的松散系数，$\mu = 0.3 \sim 0.7$；

$\delta$——矿石的堆密度，$\text{t/m}^3$；

$r$——偏心距，m；

$e$——排矿口宽度，m；

$D_1$——落下的环状体体积的平均直径，m，近似地等于固定锥的底部直径；

其他符号的意义和单位同前。

应当指出，前面介绍的计算颚式破碎机生产能力的经验公式（3-2-11），同样也适用于旋回破碎机，其中 $K_1$、$K_2$ 和 $K_3$ 的选取，与颚式破碎机的一样，但 $q_0$ 值则应查表3-3-7。

**表 3-3-7　旋回破碎机的 $q_0$ 值**

| 破碎机规格/mm | 500/75 | 700/130 | 900/160 | 1200/180 | 1500/180 | 1500/300 |
|---|---|---|---|---|---|---|
| $q_0$/t·(h·mm)$^{-1}$ | 2.5 | 3.0 | 4.5 | 6.0 | 10.5 | 13.5 |

#### 3.3.3.2　中、细碎圆锥破碎机的生产能力

影响中、细圆锥破碎机生产能力的因素很多，如矿石的性质（可碎性、密度、粒度组成等）；破碎机的形式、规格；破碎机的操作（破碎比、给矿均匀程度等）。所以，到目前为止还没有一个能把这些因素都包括的理论计算公式，一般常用经验公式进行生产能力的概算，然后再视实际情况加以校正。尽管生产能力的理论公式与圆锥破碎机的实际生产能力存在误差，但仍能从中看出影响生产能力的主要因素，并可作为破碎机定性分析的参考，所以还是对其简介如下。

**A　理论公式**

就标准型圆锥破碎机而言，在可动圆锥回转一圈的时间内，会从破碎机排出一个环状体的矿石，该环状体体积为

$$V = eL\pi d_c \tag{3-3-14}$$

式中　$e$——平行带的排矿口宽度，m；

$\quad\quad L$——平行带的长度，m；

$\quad\quad d_c$——平行带的平均直径，$d_c \approx D$；

$\quad\quad D$——可动圆锥下部的最大直径，m。

所以，标准型圆锥破碎机的生产能力计算公式为

$$Q = 60Vn\mu\delta = 188neLD\mu\delta \quad \text{t/h} \tag{3-3-15}$$

式中　$n$——破碎机的主轴转数，r/min；

$\quad\quad \delta$——矿石的堆密度，t/m$^3$；

$\quad\quad \mu$——矿石的松散系数。

由于式（3-3-15）中的松散系数很难正确选取，而且又没有考虑破碎机形式等因素的影响情况，因而此式只能供定性分析影响因素时参考。

**B　经验公式**

开路破碎时，中、细碎弹簧圆锥破碎机生产能力的计算公式与式（3-2-11）相同。其中的 $K_1$ 取值见表3-2-4，$K_2$ 取值见颚式破碎机的求 $K_2$ 法，$K_3$ 是矿石粒度（破碎比）的校正系数，见表3-3-8，$Q_0$ 的求法亦同，但其中 $q_0$ 值必须根据不同破碎机类型分别查表3-3-9和表3-3-10。

表 3-3-8　细碎弹簧圆锥破碎机的矿石粒度的校正系数 $K_3$

| 标准型或中间型圆锥破碎机 | | 短头型圆锥破碎机 | |
|---|---|---|---|
| $\dfrac{e}{B}$ | $K_3$ | $\dfrac{e}{B}$ | $K_3$ |
| 0.60 | 0.90 ~ 0.98 | 0.35 | 0.90 ~ 0.94 |
| 0.55 | 0.92 ~ 1.00 | 0.25 | 1.00 ~ 1.05 |
| 0.40 | 0.96 ~ 1.06 | 0.15 | 1.06 ~ 1.12 |
| 0.35 | 1.00 ~ 1.10 | 0.075 | 1.14 ~ 1.20 |

注：1. $e$ 指上段破碎机的排矿口；$B$ 为本段破碎机（中碎或细碎圆锥破碎机）的给矿口，当闭路破碎时，系指闭路破碎机的排矿口与给矿口的比值。

　　2. 设有预先筛分取小值；不设预先筛分取大值。

表 3-3-9　开路破碎时标准型和中间型圆锥破碎机的 $q_0$ 值

| 破碎机规格/mm | $\phi600$ | $\phi900$ | $\phi1200$ | $\phi1650$ | $\phi1750$ | $\phi2100$ | $\phi2200$ |
|---|---|---|---|---|---|---|---|
| $q_0/\text{t} \cdot (\text{h} \cdot \text{mm})^{-1}$ | 1.0 | 2.5 | 4.0 ~ 4.5 | 7.8 ~ 8.0 | 8.0 ~ 9.0 | 13.0 ~ 13.5 | 14.0 ~ 15.0 |

注：当排矿口小时取大值；排矿口大时取小值。

表 3-3-10　开路破碎时短头型圆锥破碎机的 $q_0$ 值

| 破碎机规格/mm | $\phi900$ | $\phi1200$ | $\phi1650$ | $\phi1750$ | $\phi2100$ | $\phi2200$ |
|---|---|---|---|---|---|---|
| $q_0/\text{t} \cdot (\text{h} \cdot \text{mm})^{-1}$ | 4.0 | 6.5 | 12.0 | 14.0 | 21.0 | 24.0 |

如果是闭路破碎，需按闭路破碎机通过的矿量来计算生产能力，计算公式为

$$Q_{闭} = KQ_{开} \tag{3-3-16}$$

式中　$Q_{闭}$——闭路破碎时破碎机的生产能力，t/h；

　　　$Q_{开}$——开路破碎时破碎机的生产能力，t/h；

　　　$K$——闭路破碎时平均给矿粒度变细的系数，中间型或短头型圆锥破碎机在闭路破碎时，一般按 1.15 ~ 1.40 选取（矿石硬时取小值，软时取大值）。

单缸液压圆锥破碎机的生产能力计算法与前面的相似，计算公式为

$$Q = q_0 e \frac{\delta}{1.6} \quad \text{t/h} \tag{3-3-17}$$

式中　$q_0$——破碎机排矿口单位宽度的生产能力，t/(h·mm)，根据破碎机的形式，其取值查表 3-3-11；

　　　$e$——破碎机的排矿口宽度，mm；

　　　$\delta$——矿石的堆密度，t/m³。

表 3-3-11　单缸液压圆锥破碎机的 $q_0$ 值　　　　　　(t/(h·mm))

| 破碎机规格/mm | $q_0$ 值 | | |
|---|---|---|---|
| | 标准型 | 中间型 | 短头型 |
| 660 | 1.35 | 1.48 | 2.29 |
| 900 | 2.50 | 2.76 | 4.25 |
| 1200 | 4.46 | 4.90 | 7.56 |
| 1650 | 8.45 | 9.25 | 14.30 |
| 2200 | 15.0 | 16.5 | 25.4 |
| 3000 | 28.0 | 30.6 | 47.3 |

### 3.3.3.3　旋回破碎机的电动机功率

旋回破碎机的电动机功率，通常采用下述经验公式计算：

$$N = 85D^2K \quad \text{kW} \tag{3-3-18}$$

式中　$D$——可动锥下部的最大直径，m；

　　　$K$——可动锥转数的校正系数，按表 3-3-12 选取。

**表 3-3-12　旋回破碎机的可动锥转数的校正系数 $K$**

| 给矿口宽度/mm | 500 | 700 | 900 | 1200 | 1500 |
| --- | --- | --- | --- | --- | --- |
| $K$ | 1.00 | 1.00 | 1.00 | 0.91 | 0.85 |

### 3.3.3.4　中、细碎圆锥破碎机的电动机功率

中、细碎圆锥破碎机的电动机功率，通常采用下述经验公式计算：

$$N = 50D^2 \quad \text{kW} \tag{3-3-19}$$

式中　$D$——可动锥下部的最大直径，m。

单缸液压圆锥破碎机的电动机功率的经验公式为

$$N = 75D^{1.7} \quad \text{kW} \tag{3-3-20}$$

应当指出，根据实测结果，圆锥破碎机的电动机安装功率，一般比正常工作时的破碎机功率大 2 ~ 3 倍，以保证可以应对启动时和落入非破碎物体时的峰荷载。

## 3.3.4　圆锥破碎机的使用与维护

### 3.3.4.1　旋回破碎机

圆锥破碎机的地基应与厂房地基隔离开，地基的重量应为机器重量的 1.5 ~ 2.5 倍。装配时，首先将下部机架安装在地基上，然后依次安装中部和上部机架。在安装工作中，要注意校准机架套筒的中心线与机架上部法兰水平面之间的垂直度，下部、中部和上部机架的水平度，以及它们的中心线是否同心。接着安装偏心轴套和圆锥齿轮，并调整间隙。随后将可动圆锥放入，再装好悬挂装置及横梁。

设备安装完毕，进行 5 ~ 6h 的空载试验。在试验中仔细检查各个连接件的连接情况，并随时测量油温是否超过 60℃。空载运转正常，再进行有载试验。

在启动之前，须检查润滑系统、破碎腔以及传动件等的情况。检查完毕，开动油泵5 ~ 10min，使破碎机的各运动部件都受到润滑，然后再开动主电动机。让破碎机空转 1 ~ 2min 后，再开始给矿。破碎机工作时，须经常按操作规程检查润滑系统，并注意在密封装置下面不要过多地堆积矿石。停车前，先停止给矿，待破碎腔内的矿石完全排出以后，再停主电动机，最后关闭油泵。停车后，检查各部件状况，并进行日常的修理工作。

润滑油要保持流动性良好，但温度不宜过高。气温低时，须用油箱中的电热器加热。当气温高时，用冷却过滤器冷却。工作时的油压为 0.15MPa，进油管中的油速为 1.0 ~ 1.2m/s，回油管中的油速为 0.2 ~ 0.3m/s。润滑油必须定期更换。该破碎机的润滑系统和设备与颚式破碎机的相同。润滑油分两路进入破碎机，一路油从机器下部进入偏心轴套中，润滑偏心轴套和圆锥齿轮后流出；另一路油润滑传动轴承和皮带轮轴承，然后回到油箱。悬挂装置用干油润滑，可定期用手压油泵打入。

旋回破碎机的小修、中修和大修情况如下所述。

小修：检查破碎机的悬挂零件；检查防尘装置零件，并清除尘土；检查偏心轴套的接触面及其间隙，清洗润滑油沟，并清除沉积在零件上的油渣；测量传动轴和轴套之间的间隙；检查青铜圆盘的磨损程度；检查润滑系统和更换油箱中的润滑油。

中修：除了完成小修的全部任务外，主要是修理或更换衬板、机架及传动轴承。一般约半年进行一次。

大修：一般为五年进行一次。大修除了完成中修的全部内容外，主要是修理下列各项：悬挂装置的零件，大齿轮与偏心轴套，传动轴和小齿轮，密封零件，支承垫圈以及更换全部磨损零件和部件等。同时，还必须对大修以后的破碎机进行校正和测定工作。

旋回破碎机主要易磨损件的使用寿命和最低储备量，参考表 3-3-13。

表 3-3-13　旋回破碎机易磨损件的使用寿命和最低储备量

| 易磨损件名称 | 材　料 | 使用寿命/月 | 最低储备量 |
| --- | --- | --- | --- |
| 可动圆锥的上部衬板 | 锰　钢 | 6 | 2 套 |
| 可动圆锥的下部衬板 | 锰　钢 | 4 | 2 套 |
| 固定圆锥的上部衬板 | 锰　钢 | 6 | 2 套 |
| 固定圆锥的下部衬板 | 锰　钢 | 6 | 2 套 |
| 偏心轴套 | 巴氏合金 | 36 | 1 件 |
| 齿　轮 | 优质钢 | 36 | 1 件 |
| 传动轴 | 优质钢 | 36 | 1 件 |
| 排矿槽的护板 | 锰　钢 | 6 | 2 套 |
| 横梁护板 | 锰　钢 | 12 | 1 件 |
| 悬挂装置的零件 | 锰　钢 | 48 | 1 套 |
| 主　轴 | 优质钢 | | 1 件 |

旋回破碎机工作中产生的故障及其消除方法如表 3-3-14 所示。

表 3-3-14　旋回破碎机工作中产生的故障及其消除方法

| 设　备　故　障 | 产　生　原　因 | 消　除　方　法 |
| --- | --- | --- |
| 油泵装置产生强烈的敲击声 | 油泵与电动机安装得不同心；半联轴节的销槽相对其槽孔轴线产生很大的偏心距；联轴节的胶木销磨损 | 使其轴线安装同心；把销轴堆焊出偏心，然后重刨；更换销轴 |
| 油泵发热（温度为 40℃） | 稠油过多 | 更换比较稀的油 |
| 油泵工作，但油压不足 | 吸入管堵塞；油泵的齿轮磨损；压力表不精确 | 清洗油管；更换油泵；更换压力表 |
| 油泵工作正常，压力表指示正常压力，但油流不出来 | 回油管堵塞；回油管的坡度小；稠油过多；冷油过多 | 清洗回油管；加大坡度；更换比较稀的油；加热油 |

| 设 备 故 障 | 产 生 原 因 | 消 除 方 法 |
|---|---|---|
| 油的指示器中没有油或油流中断，油压下降 | 油管堵塞；<br>油的温度低；<br>油泵工作不正常 | 检查或修理油路系统；<br>加热油；<br>修理或更换油泵 |
| 冷却过滤前后的压力表的压力差大于 0.04MPa | 过滤器中的滤网堵塞 | 清洗过滤器 |
| 在循环油中发现很硬的掺和物 | 滤网撕破；<br>工作时油未经过过滤器 | 修理或更换滤网；<br>切断旁路，使油通过过滤器 |
| 流回的油减少，油箱中的油也显著减少 | 油在破碎机下部漏掉；<br>或者由于排油沟堵塞，油从密封圈中漏出 | 停止破碎机，检查和消除漏油原因；<br>调整给油量，清洗或加深排油沟 |
| 冷却器前后温度差过小 | 水阀开得过小，冷却水不足 | 开大水阀，正常给水 |
| 冷却器前后的水与油的压力差过大 | 散热器堵塞；<br>油的温度低于允许值 | 清洗散热器；<br>在油箱中将油加热到正常温度 |
| 从冷却器出来的油温度超过 45℃ | 没有冷却水或水不足；<br>冷却水温度高；<br>冷却系统堵塞 | 给入冷却水或开大水阀，正常给水；<br>检查水的压力，使其超过最小许用值；<br>清洗冷却器 |
| 回油温度超过 60℃ | 偏心轴套中摩擦面产生有害的摩擦 | 停机运转，拆开检查偏心轴套，消除温度增高的原因 |
| 传动轴润滑油的回油温度超过 60℃ | 轴承不正常，阻塞，散热面不足或青铜套的油沟断面不足等 | 停止破碎机，拆开和检查摩擦表面 |
| 随着排油温度的升高，油路中的油压也增加 | 油管或破碎机零件上的油沟堵塞 | 停止破碎机，找出并消除温度升高的原因 |
| 油箱中发现水或冷却水中发现油 | 冷却水的压力超过油的压力；<br>冷却器中的水管局部破裂，使水渗入油中 | 使冷却水的压力比油压低 0.05MPa；<br>检查冷却器水管连接部分是否漏水 |
| 油被灰尘弄脏 | 防尘装置未起作用 | 清洗防尘及密封装置，清洗油管并重新换油 |
| 强烈劈裂声后，可动圆锥停止转动，皮带轮继续转动 | 主轴折断 | 拆开破碎机，找出折断损坏的原因，安装新的主轴 |
| 碎矿时产生强烈的敲击声 | 可动圆锥衬板松弛 | 校正锁紧螺帽的拧紧程度；<br>当铸锌剥落时，需重新浇铸 |
| 皮带轮转动，而可动圆锥不动 | 连接皮带轮与传动轴的保险销被剪断（由于掉入非破碎物体）；<br>键与齿轮被损坏 | 消除破碎腔内的矿石，拣出非破碎物体，安装新的保险销；<br>拆开破碎机，更换损坏的零件 |

### 3.3.4.2 中、细碎圆锥破碎机

中、细碎圆锥破碎机安装时，首先将机架安装在基础上，并校准水平度。接着安装传动轴，将偏心轴套从机架上部装入机架套筒中，并校准圆锥齿轮的间隙。然后安装球面轴承支座以及润滑系统和水封系统，并将装配好的主轴和可动圆锥插入。接着安装支承环、调整环和弹簧，最后安装给料装置。

破碎机装好后，进行 7~8h 空载试验。如无毛病，再进行 12~16h 有载试验，此时，排油管排出的油温不应超过 50~60℃。

破碎机启动前，首先检查破碎腔内有无矿石或其他物体卡住；检查排矿口的宽度是否合适；检查弹簧保险装置是否正常；检查油箱中的油量、油温（冬季不低于20℃）情况；并向水封防尘装置给水，再检查其排水情况，等等。

作了上述检查，并确信检查无问题后，可按下列程序开动破碎机。

开动油泵检查油压，油压一般应在 0.08~0.15MPa。注意油压切勿过高，以免发生事故，如我国某铁矿的碎矿车间，由于破碎机油泵的压力超过 0.3MPa，结果导致中碎圆锥破碎机的重大设备事故。另外，冷却器中的水压应比油压低 0.05MPa，以免水掺入油中。

油泵正常运转 3~5min 后，再启动破碎机。破碎机空转 1~2min，一切正常后，再开动给矿机进行碎矿工作。

给入破碎机中的矿石，应该从分料盘上均匀地给入破碎腔，否则将引起机器的过负荷，并使可动圆锥和固定圆锥的衬板过早磨损，而且还会降低设备的生产能力，并产生不均匀的产品粒度。同时，给入矿石不允许只从一侧（面）进入破碎腔，而且给矿粒度应控制在规定的范围内。

注意均匀给矿的同时，还必须注意排矿问题，如果排矿堆积在破碎机排矿口的下面，有可能把可动圆锥顶起来，以致发生重大事故。因此，发现排矿口堵塞以后，应立即停机，并迅速进行处理。

对于细碎圆锥破碎机的产品粒度必须严格控制，以提高磨矿机的生产能力和降低磨矿费用。为此，要求操作人员定期检查排矿口的磨损状况，并及时调整排矿口尺寸，再用铅块进行测量，以保证破碎产品的粒度满足要求。

为使破碎机安全正常生产，还必须注意保险弹簧在机器运转中的情况。如果弹簧具有正常的紧度，但支承环经常跳起，此时不能随便采取拧紧弹簧的办法，而是必须找出支承环跳起的原因，除了进入非破碎物体以外，它还可能是由于给矿不均匀或者过多、排矿尺寸过小、潮湿矿石堵塞排矿口等原因造成的。

应当看到，为了保持排矿口宽度，应根据衬板磨损情况，每隔两三天顺时针回转调整环一次使其稍稍下降，这样可以缩小由于磨损而增大了的排矿口间隙。当调整环顺时针转动 2~2.5 圈后，排矿口尺寸仍不能满足要求时，就得更换衬板了。

停止破碎机，要先停给矿机，待破碎腔内的矿石全部排出后，再停破碎机的电动机，最后停油泵。

中、细碎圆锥破碎机的修理工作的内容如下：

小修：检查球面轴承的接触面，检查圆锥衬套与偏心轴套之间的间隙和接触面，检查圆锥齿轮传动的径向和轴向间隙；校正传动轴套的装配情况；并测量轴套与轴之间的间隙；调整保护板；更换润滑油等。

中修：在完成小修全部内容的基础上，重点检查和修理，如可动锥的衬板和调整环、偏心轴套、球面轴承和密封装置等。中修的间隔时间决定于这些零部件的磨损状况。

大修：除了完成中修的全部项目外，主要是对圆锥破碎机进行彻底检修。检修的项目包括更换可动圆锥机架、偏心轴套、圆锥齿轮和动锥主轴等。修复后的破碎机，必须进行校正和调整。大修的时间间隔取决于这些部件的磨损程度。

中、细碎圆锥破碎机易磨损件的使用寿命和最低储备量如表 3-3-15 所示。

**表 3-3-15　中、细碎圆锥破碎机易磨损件的使用寿命和最低储备量**

| 易磨损件名称 | 材　料 | 使用寿命/月 | 最低储备量 |
|---|---|---|---|
| 可动圆锥的衬板 | 锰钢 | 6 | 2件 |
| 固定圆锥的衬板 | 锰钢 | 6 | 2件 |
| 偏心轴衬套 | 青铜 | 18 ~ 24 | 1套 |
| 圆锥齿轮 | 优质钢 | 24 ~ 36 | 1件 |
| 偏心轴套 | 碳钢 | 48 | 1件 |
| 传动轴 | 优质钢 | 24 ~ 36 | 1件 |
| 球面轴承 | 青铜 | 48 | 1件 |
| 主　轴 | 优质钢 | — | 1件 |

表 3-3-16 所示为中、细碎圆锥破碎机工作中产生的故障及消除方法。

**表 3-3-16　中、细碎圆锥破碎机工作中产生的故障及消除方法**

| 设备故障 | 产生原因 | 消除方法 |
|---|---|---|
| 传动轴回转不均匀，产生强烈的敲击声或敲击声后皮带轮转动，而可动圆锥不动 | 圆锥齿轮的齿由于安装的缺陷和运转中传动轴的轴向间隙过大而磨损或损坏；<br>皮带轮或齿轮的键损坏；<br>主轴由于掉入非破碎物体而折断 | 停止破碎机，更换齿轮，并校正啮合间隙；<br>换键；<br>更换主轴，并加强挑铁工作 |
| 破碎机产生强烈的振动，可动圆锥迅速运转 | 主轴由于下列原因而被锥形衬套包紧：<br>主轴与衬套之间没有润滑油或油中有灰尘；<br>由于可动圆锥下沉或球面轴承损坏；<br>锥形衬套间隙不足 | 停止破碎机，找出并消除原因 |
| 破碎机工作时产生振动 | 弹簧压力不足；<br>破碎机给入细的和黏性的物料，给矿不均匀或给矿过多；<br>弹簧刚性不足 | 拧紧弹簧上的压紧螺帽或更换弹簧；<br>调整破碎机的给矿；<br>换成刚性较大的强力弹簧 |
| 破碎机向上抬起的同时产生强烈的敲击声，然后又正常工作 | 破碎腔中掉入非破碎物体，时常引起主轴的折断 | 加强挑铁工作 |
| 碎矿或空转时产生可以听见的劈裂声 | 可动圆锥或固定圆锥衬板松弛；<br>螺帽或耳环损坏；<br>可动圆锥或固定圆锥衬板不圆而产生冲击 | 停止破碎机，检查螺钉拧紧情况和铸锌层是否脱落，重新铸锌；<br>停止破碎机，拆下调整环，更换螺帽与耳环；<br>安装时检查衬板的椭圆度，必要时进行机械加工 |

续表 3-3-16

| 设 备 故 障 | 产 生 原 因 | 消 除 方 法 |
|---|---|---|
| 螺钉从机架法兰孔和弹簧中跳出 | 机架拉紧螺帽损坏 | 停机，更换螺帽 |
| 破碎产品中含有大块矿石 | 可动圆锥衬板磨损 | 下降固定圆锥，减小排矿口间隙 |
| 水封装置中没有流入水 | 水封装置的给水管不正确 | 停机，找出并消除给水中断的原因 |

# 3.4 反击式破碎机

## 3.4.1 反击式破碎机的类型构造及工作原理

### 3.4.1.1 反击式破碎机的构造

反击式破碎机按照转子数目不同，可分为两种：单转子反击式破碎机和双转子反击式破碎机。

单转子反击式破碎机的构造（见图 3-4-1）比较简单，主要是由转子 5（打击板 4）、

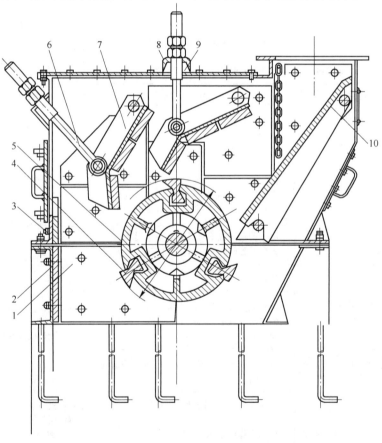

图 3-4-1　$\phi500\text{mm} \times 400\text{mm}$ 单转子反击式破碎机

1—机体保护衬板；2—下机体；3—上机体；4—打击板；5—转子；6—拉杆螺栓；
7—反击板；8—球面垫圈；9—锥面垫圈；10—给矿溜板

反击板 7 和机体等部分组成。转子固定在主轴上。在圆柱形的转子上装有三块（或者若干块）打击板（板锤），打击板和转子多呈刚性连接，而打击板系用耐磨的高锰钢（或其他合金钢）制作而成。

反击板的一端通过悬挂轴铰接在上机体 3 的上面，另一端由拉杆螺栓利用球面垫圈支承在上机体的锥面垫圈上，故反击板呈自由悬挂状态置于机器的内部。当破碎机中进入非破碎物体时，反击板会受到较大的反作用力，迫使拉杆螺栓（压缩球面垫圈）"自动"地后退抬起，使非破碎物体排出，从而保证了设备的安全，这就是反击式破碎机的保险装置。另外，调节拉杆螺栓上面的螺母，可以改变打击板和反击板之间的间隙大小。

机体沿轴线分成上、下机体两部分。上机体上面装有供检修和观察用的检查孔。下机体利用地脚螺栓固定于地基上。机体的内面装有可更换的耐磨材料制成的保护衬板，以保护机体免遭磨损。破碎机的给矿口处（靠近第一级反击板）设置的链幕，是防止机器在碎矿过程中，矿石飞出来发生事故的保护措施。

双转子反击式破碎机，根据转子的转动方向和转子配置位置，又分为下述 3 种（见图 3-4-2）。

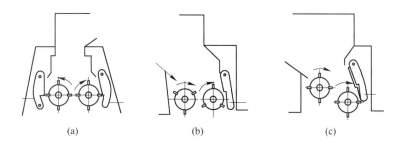

图 3-4-2　双转子反击式破碎机的结构示意图

（1）两个转子反向回转的反击式破碎机（图 3-4-2(a)）。两转子运动方向相反，相当于两个平行配置的单转子反击式破碎机并联组成。两个转子分别与反击板构成独立的破碎腔，进行分腔碎矿。这种破碎机的生产能力高，能够破碎较大块度的矿石，而且两转子水平配置可以降低机器的高度，故可作为大型矿山的粗、中碎破碎机。

（2）两个转子同向回转的反击式破碎机（见图 3-4-2(b)）。两转子运动方向相同，相当于两个平行装置的单转子反击式破碎机的串联使用，两个转子构成两个破碎腔。第一个转子相当于粗碎，第二个转子相当于细碎，即一台反击式破碎机可以同时作为粗碎和中、细碎设备使用。该破碎机的破碎比大，生产能力高，但功率消耗多。

（3）两个转子同向回转的反击式破碎机（见图 3-4-2(c)）。两转子是按照一定的高度差进行配置的，其中一个转子位置稍高，用于矿石的粗碎；另一个转子位置稍低，作为矿石的细碎。这种破碎机就是利用扩大转子的工作角度，采用分腔（破碎腔）集中反击破碎原理，使得两个转子充分发挥粗碎和细碎的碎矿作用。所以，这种设备的破碎比大，生产能力高，产品粒度均匀，而且两个转子呈高差配置时，可以减少漏掉不合乎要求的大颗粒产品粒度的缺陷。

下面就以具有一定高度差配置的国产 $\phi1250\text{mm} \times 1250\text{mm}$ 双转子反击式破碎机为例（见图 3-4-3），详细地介绍它的结构，这种破碎机的特点是：

（1）两个转子具有一定的高度差（两转子的中心线与水平线之间的夹角为12°），扩大了转子的工作角度，使得第一个转子具有强制给矿的可能，第二个转子有提高线速度的可能，可使矿石达到充分的破碎，从而使获得的最终产品粒度满足要求。

（2）两个同向运动的转子分别与第一级、第二级反击板组成粗碎和细碎破碎腔。第一级转子与反击板将矿石从-850mm碎到100mm左右并给入细碎破碎腔；第二级转子与第二级反击板继续将物料碎成-20mm粒度，经破碎机下部的排矿栅板处排出。这种分腔集中反击破碎方式，可以充分发挥粗碎腔和细碎腔的分腔集中碎矿的作用。

（3）两个转子装有个数不等的锤头，各锤头具有不同的高度和形状，且两个转子具有不同的线速度，它们的情况大体为：第一个转子上固定4排锤头共八块板锤，大约以38m/s的线速度破碎进入破碎机内的大块矿石；第二个转子上固定着6排锤头共12排板锤，大约以50m/s的线速度，继续将给入的100mm左右的物料碎成所要求的产品粒度。

（4）为了保证破碎产品的质量（粒度），在两个转子的排矿处分别增设了排矿栅板。

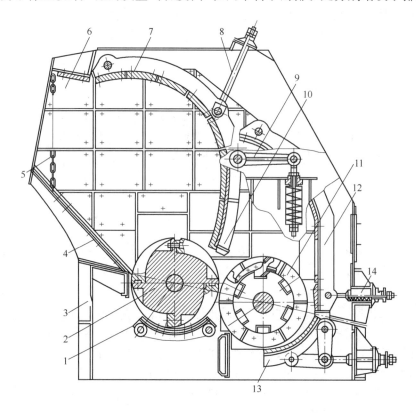

图3-4-3 φ1250mm×1250mm双转子反击式破碎机

1—排矿栅板；2—第一个转子部分；3—下机体；4—上机体；5—链幕；6—机体保护衬板；
7—第一反击板；8—拉杆螺栓；9—连杆；10—分腔反击板；11—第二个转子部分；
12—第二个反击板；13—排矿栅板；14—调节弹簧

由图3-4-3可知，转子、板锤和反击板是构成反击式破碎机的主体。

转子：它是反击式破碎机最重要的工作部件，必须具有足够的质量，以适应破碎大块矿石的需要。因此，大型反击式破碎机的转子，一般采用整体式的铸钢结构。这种整体式的转子，不仅质量较大，坚固耐用，而且便于安置打击板。有时也采用数块铸钢或钢板构成的圆盘叠合式的转子。这种组合式的转子，制造方便，容易得到平衡。小型的破碎机采用铸铁制作，或者采用钢板焊接的空心转子，但其强度和坚固性较差。

板锤：又称打击板，是反击式破碎机中最容易磨损的工作零件，要比其他破碎机部件的磨损程度严重得多。板锤的磨损程度和使用寿命是与板锤的材质、矿石的硬度、板锤的线速度（转子的圆周速度）、板锤的结构形式等因素直接有关的，其中板锤的材质问题是决定磨损程度的主要因素。板锤材料当前我国均用高锰钢。

板锤在转子上面的固定方式有：

（1）螺钉固定。这种固定方式，不仅螺钉露在打击表面，极易损坏，而且螺钉受到较大的剪力，一旦剪断将造成严重事故。

（2）压板固定。板锤从侧面插入转子的沟槽中，两端采用压板压紧。这种固定方式固定的板锤不够牢固，工作中板锤容易松动，这是由于板锤制造加工要求很高以及高锰钢等合金材料不易加工所致。

（3）楔块固定。采用楔块将板锤固定在转子上的方式。工作中在离心力作用下，这种固定方式使板锤越来越坚固，而且工作可靠，拆换比较方便。这是板锤现有的较好的一种固定方式，目前各国都在采用这种固定方式。

板锤的个数与转子规格直径有关。一般地说，转子直径小于1m时，可以采用三个板锤；直径为1~1.5m时，可以选用4~6个板锤；直径为1.5~2.0m时，可选用6~10个板锤。对于处理比较坚硬的矿石，或者破碎矿块比较大的破碎机，板锤的个数应该多些。

反击板：反击板的结构形式，对破碎机的破碎效率影响很大。反击板的结构形式主要有折线形或圆弧形等。折线形的反击板（见图3-4-1）结构简单，但不能保证矿石获得最有效的冲击破碎。圆弧形的反击板（见图3-4-3），比较常用的是渐开线形，这种结构形式的特点是，在反击板的各点上，矿石都是以垂直的方向进行冲击，因而破碎效率较高。

另外，反击板也可制成反击栅条和反击辊的形式。这种结构主要是可起筛分作用，提高破碎机的生产能力，减少过粉碎现象，并降低功率消耗。

第一级、第二级反击板的一端通过悬挂轴铰接于上机体的两侧，另一端分别由拉杆螺栓（或调节弹簧）支承在机体上。

分腔反击板通过方形断面轴悬挂在两转子之间，将机器分成两个破碎腔，通过改变分腔反击板的位置，可以调整粗碎腔和细碎腔的破碎产品粒度情况。而悬挂分腔反击板的方形断面轴，又与装在机体两侧面的连杆和压缩弹簧相连接。

转子两端采用双列向心球面滚动轴承支承在下机体上。由于转子的圆周速度高，故轴承需用二硫化钼润滑脂进行润滑。

机体上开设若干个检查孔（观察孔），以供安装、检查和维修时使用。

破碎机的传动装置，是由两台电动机，经由弹性联轴节、液力联轴器和三角皮带装置，分别驱动两个转子作同向回转运动。采用液力联轴器，可使电动机实现轻负荷启动，减小运转过程中的扭转振动和载荷的脉动，并且可以防止电动机和破碎机的过负载，保护电动机和破碎机不致损坏。

### 3.4.1.2　反击式破碎机的工作原理

反击式破碎机（又称冲击式破碎机）属于利用冲击能破碎矿石的机器设备。就运用机械能的形式而言，应用冲击力"自由"破碎原理的破碎机，要比应用静压力的挤压破碎原理的破碎机优越。前述各类碎矿设备（颚式、旋回等）基本上都是以挤压破碎作用原理为主的破碎机，而反击式破碎机则是利用冲击力"自由"破碎原理来粉碎矿石的，故属于高能强的破碎设备，如图 3-4-4 所示。矿石进入破碎机中，主要是受到高速回转的打击板的冲击，矿石则沿着层理面、节理面进行选择性破碎。被冲

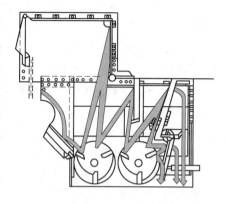

图 3-4-4　反击式破碎机工作原理示意图

击以后的矿石获得巨大的动能，并以很高的速度，沿着打击板的切线方向抛向第一级反击板，经反击板的冲击作用，矿石被再次击碎，然后从第一级反击板返回的料块，又遭受打击板的重新撞击，继续给予粉碎。破碎后的物料，同样又以很高速度抛向第二级反击板，再次遭到击碎，从而导致矿石（物料）在反击式破碎机中受到"联锁"式的碎矿作用。当矿石在打击板和反击板之间的往返途中，除了打击板和反击板的冲击作用外，还有矿石（物料）之间的多次相互撞击作用。上述这种过程反复进行，直到破碎后的物料粒度小于打击板和反击板之间的间隙时，其才会从破碎机下部排出，即为破碎后的产品。

## 3.4.2　反击式破碎机的性能及用途

反击式破碎机虽然出现较晚，但发展极快，目前，它已在我国的水泥、建筑材料、煤炭和化工以及选矿等工业部门广泛用于各种矿石的中、细碎作业，另外也可作为矿石的粗碎设备。反击式破碎机之所以发展如此迅速，主要是因为它具有下述的重要特点：

（1）破碎比很大。一般破碎机的破碎比最大不超过 10，而反击式破碎机的破碎比一般为 30~40，最大可达 150。因此，当前采用的三段破碎工艺流程，如用一段或两段反击式破碎机就可以完成了，从而大大地简化了生产流程，节省了投资费用。

（2）破碎效率高，电能消耗低。因为一般矿石的抗冲击强度比抗压强度要小得多，且矿石受到打击板的高速作用和多次冲击之后，会沿着节理分界面和组织脆弱的地方首先击裂，因此，这类破碎机的破碎效率高，而且电能消耗低。

（3）产品粒度均匀，过粉碎现象少。这种破碎机是利用动能（$E = \frac{1}{2}mv^2$，式中，$E$ 为动能；$m$ 为矿块的质量；$v$ 为矿块的运动速度）破碎矿石的，而每块矿石所具有的动能大小与该块矿石的质量成正比。因此，在碎矿过程中，大块矿石会受到较大程度的破碎，但较小颗粒的矿石，在一定条件下则不易被破碎，故破碎产品粒度均匀，过粉碎现象少。

（4）可以选择性破碎。在冲击碎矿过程中，有用矿物和脉石首先沿着节理面破裂，以利于有用矿物产生单体分离，尤其是对于粗粒嵌布的有用矿物（如钨矿等），这点更加显著。

（5）适应性大。这种破碎机可以破碎脆性、纤维性和中硬以下的矿石，特别适合于石灰石等脆性矿石的破碎，所以，水泥和化学工业采用反击式破碎机是很适宜的。

（6）设备体积小，重量轻，结构简单，制造容易，维修方便。

基于反击式破碎机具有上述这些明显的优点，当前各国都在广泛采用，大力发展。但是，反击式破碎机的主要缺点，就是破碎硬矿石时，其板锤（打击板）和反击板的磨损较大，此外，反击式破碎机是高速转动且靠冲击来碎矿的机器，故其零件加工的精度要求高，并且要进行静平衡和动平衡，才能延长使用时间。

反击式破碎机的规格，是用转子直径 $D$（实际上是板锤端部所绘出的圆周直径）和转子长度 $L$ 来表示。例如，$\phi 1250 \times 1000$ 单转子反击式破碎机，表示转子直径为 1250mm，转子长度为 1000mm。

我国生产的反击式破碎机的产品系列技术规格如表 3-4-1 所示。

表 3-4-1 反击式破碎机的技术规格

| 形式 | 转子尺寸（直径×长度）/mm×mm | 最大给矿粒度/mm | 排矿粒度/mm | 生产能力/t·h$^{-1}$ | 电动机功率/kW | 转子转数/r·min$^{-1}$ | 机器质量/t | 制造厂 |
|---|---|---|---|---|---|---|---|---|
| 单转子 | $\phi 500 \times 400$ | 100 | <20 | 4~10 | 7.5 | 960 | 1.35 | 上海重型机器厂等 |
| | $\phi 1000 \times 700$ | 250 | <30 | 15~30 | 40 | 680 | 5.54 | |
| | $\phi 1250 \times 1000$ | 250 | <50 | 40~80 | 95 | 475 | 15.25 | 上海重型机器厂 |
| | $\phi 1600 \times 1400$ | 500 | <30 | 80~120 | 155 | 228；326；456 | 35.6 | |
| 双转子 | $\phi 1250 \times 1250$ | 850 | <20（90%） | 80~150 | 130 155 | 第一转子 565 第二转子 765 | 58 | 上海重型机器厂 |

### 3.4.3 反击式破碎机的生产能力和功率

在生产实践和试验研究中发现，反击式破碎机的生产能力 $Q$ 与转子的圆周速度、转子表面和板锤前面所形成的空间有关。

A 转子直径

转子直径可按下式计算：

$$D = \frac{100(d + 60)}{54} \tag{3-4-1}$$

式中 $D$——转子直径，mm；

$d$——给入矿块尺寸，mm。

对于单转子反击式破碎机，应将式（3-4-1）的计算结果乘以 0.7 倍。

转子的直径与长度的比值，一般为 0.5~1.2。矿石抗冲击力较强时，选用较小的比值。

B 转子的圆周速度

转子的圆周速度（板锤端点的线速度），从冲击碎矿的特点来看，它是反击式破碎机的主要工作参数。该速度的大小，对于板锤的磨损、碎矿效率、排矿粒度和生产能力等均有影响。一般来讲，速度增高，排矿粒度变细，破碎比增大，但板锤和反击板的磨损加剧。所以，转子的圆周速度不宜太高，一般可控制在 15~45m/s 范围以内。用作粗碎时，圆周速度可取小一些；用作细碎时，则应取较大些的速度。

反击式破碎机转子圆周速度的计算公式如下：

$$v = 0.01(1 - \mu^2)^{\frac{1}{3}} \sqrt{\frac{g}{\gamma} \frac{\sigma_0^{\frac{5}{6}}}{E^{\frac{1}{3}}}} \quad \text{m/s} \tag{3-4-2}$$

式中　$\mu$ ——矿石的泊松系数（横向应变与轴向应变之比的绝对值，无因次，一般矿料 $\mu$ 为 0.16~0.34）；

　　　$g$ ——重力加速度，$g = 981\text{cm/s}^2$；

　　　$\gamma$ ——矿石的体积质量，$\text{kg/cm}^3$；

　　　$E$ ——矿石的弹性模数，$\text{kg/cm}^2$；

　　　$\sigma_0$ ——矿石的抗压强度，$\text{kg/cm}^2$。

对于煤炭，$\mu = 0.25$ 时，则上式变为：

$$v = 0.01 \sqrt{\frac{g}{\gamma} \frac{\sigma_0^{\frac{5}{6}}}{E^{\frac{1}{3}}}} \quad \text{m/s} \tag{3-4-3}$$

C　生产能力

假定当板锤经过反击板时的排料量与通路大小成正比，而排料层厚度等于排料粒度 $d$，如图 3-4-5 所示。

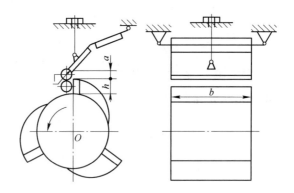

图 3-4-5　排料通路示意图

每个板锤前面所形成的通路面积 $S$ 为：

$$S = (h + a)b$$

式中　$h$ ——板锤高度，m；

　　　$a$ ——板锤与反击板之间的间隙，m；

　　　$b$ ——板锤宽度，m。

每个板锤的排料体积为：

$$V_{板} = (h + a)bd$$

式中　$d$ ——排料粒度，m。

转子每转一转（圈）排出的物料体积 $V_{转}$ 为：

$$V_{转} = C(h + a)bd$$

式中　$C$ ——板锤个数。

如果转子每分钟转 $n$ 转，则每分钟的排料体积 $V$ 为：

$$V = C(h + a)bdn$$

而每小时的排料量（已知物料的堆密度为 $\delta$）则为：

$$Q_1 = 60C(h + a)bdn\delta \quad \text{t/h}$$

但是，由此得到的理论生产能力与实际生产能力相差很大，因此必须乘以校正系数 $K_1$，即得生产能力公式为：

$$Q = K_1Q_1 = 60K_1C(h + a)bdn\delta \quad \text{t/h} \tag{3-4-4}$$

式中，$K_1$ 一般取 0.1。

此外，反击式破碎机的生产能力还可按下式计算：

$$Q = 3600\mu\delta Lav \quad \text{t/h} \tag{3-4-5}$$

式中　$\mu$——松散系数，$\mu = 0.2 \sim 0.7$；

　　　$\delta$——矿石的堆密度，$\text{t/m}^3$；

　　　$L$——辊子的长度，m；

　　　$a$——反击板与板锤之间的间隙，m；

　　　$v$——板锤的线速度（辊子的圆周速度），m/s。

**D　反击式破碎机的电动机功率**

影响反击式破碎机功率消耗的因素很多，其中主要的因素有生产能力、矿石性质、转子的圆周速度和破碎比等。目前，还没有比较接近实际情况的功率理论计算公式。一般都是根据生产实践或实验数据，采用经验公式计算电动机功率。

根据生产实际资料计算电机功率的公式为：

$$N = KQ \quad \text{kW} \tag{3-4-6}$$

式中　$Q$——破碎机的生产能力，t/h；

　　　$K$——计算系数，即破碎 1t 产品的单位功率消耗，$K = 0.5 \sim 2.0\text{kW/t}$，计算时通常取 $K = 1.2\text{kW/t}$。

根据实验数据得出的经验公式为：

$$N = K_1Qi^{1.2} \quad \text{kW} \tag{3-4-7}$$

式中　$K_1$——比例系数，对于中等硬度矿石，$K_1 = 0.026$；

　　　$Q$——破碎机的生产能力，t/h；

　　　$i$——破碎比。

上述的功率计算公式不够完善，仅供计算反击式破碎机的电动机功率时参考。

### 3.4.4　反击式破碎机的使用与维护

#### 3.4.4.1　反击式破碎机的使用

在正常使用时，操作人员主要应根据板锤的磨损情况及破碎产品的粒度来调节冲击板或研磨板与板锤之间的径向间隙。板锤的线速度虽然在操作时不进行调节，但破碎产品的粒度特性取决于板锤的线速度，如图 3-4-6 所示。

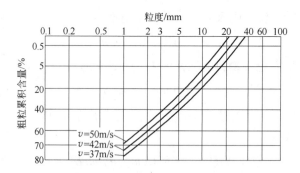

图 3-4-6　破碎产品的粒度特性与板锤线速度之间的关系

随着板锤的磨损，破碎产品的粒度将逐渐变粗，图 3-4-7 中曲线 1 为用新板锤、曲线 2 为用磨损后的板锤破碎产品的粒度曲线。物料是玄武岩，给料粒度 $D = 40 \sim 120\mathrm{mm}$。

### 3.4.4.2　反击破碎机的维护

反击破碎机的板锤和反击板磨损较快，需要经常维护。当前，我国主要采用高锰钢制造板锤和冲击板。由于各厂家的热处理和材质不相同，致使其寿命也相差悬殊。我国还研究试验用低合金白口铸铁或高铬白口铸铁制造冲击锤，其硬度较高，耐磨性好，生产简便，成本低，取得了良好的效果。

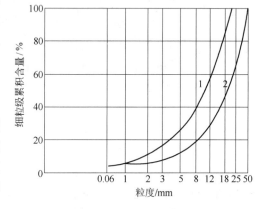

图 3-4-7　破碎产品的粒度特性与板锤磨损的关系
1—新板锤；2—磨损后的板锤

有些厂家在碳钢板锤上，用"上焊 64"和"上焊 64A"焊条堆焊一层，或利用高锰钢焊条在高锰钢制的板锤上堆焊一层，这种方法既可以抗磨损，提高工作寿命，也可以修复旧的板锤或冲击板。

国外对板锤和冲击板的材质做过大量工作。有的用特殊合金钢，例如用铬钼合金钢并经特殊热处理以破碎硬物料，也有用碳工钢或高铬铸铁的。

板锤的形状和固定方法对维修来说是很重要的因素。图 3-4-8(a)是用螺钉固定，其结

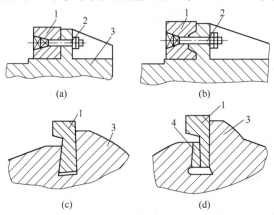

图 3-4-8　板锤的固定方法
1—板锤；2—埋头螺钉；3—转子；4—楔块

构简单，拆装时不必把转子吊出机外，但螺钉受剪切，易于折断；图3-4-8(b)中螺钉不受剪切，但拆装仍需拧螺钉，较为不便；图3-4-8(c)中板锤从侧面插入转子的沟槽中，两端采用压板压紧，这种固定方式固定的板锤不够牢固，工作中板锤容易松动，这是由于板锤制造加工要求很高以及高锰钢等合金材料不易加工所致；图3-4-8(d)中用楔块4固定，这种固定方式使板锤越来越坚固，而且工作可靠，拆换比较方便，是板锤目前较好的一种固定方式。板锤的形状除应便于拆装外，还应提高金属利用率，通常可达2/3左右。

板锤的质量应准确，其误差不得超过±0.5kg，以保证机器转动时平稳运行。转子作静平衡实验时，要求转子停在任何位置上时不得转动1/10圆周。

安装反击破碎机轴承必须按生产轴承厂家规定的方法，检查、调整轴承的间隙及润滑装置，并及时更换密封圈，以保证轴承的工作正常。

### 3.4.5　其他类型的冲击式破碎机

冲击式破碎机可分为锤式破碎机和反击式破碎机。冲击式破碎机有一个高速旋转的转子，上面装有冲击锤。物料进入破碎机后，被高速旋转的锤子击碎或从高速旋转的转子获得能量，进而高速抛向破碎机壁或特设的硬板而被击碎。两种破碎机的破碎方式都是破碎，所不同的是在反击式破碎机中，物料受到更多次的反复冲击而破碎，具有高频冲击的特点。两种破碎机的破碎比都很大，适合破碎脆性物料。

A　锤式破碎机

锤式破碎机是利用高速回转锤子的打击作用而进行破碎的。如图3-4-9所示，工作时，铰接的锤头高速回转，对给入的大块物料进行打击，并使其抛向机体内壁的承击板上，在承击板上物料被进一步冲击破碎后，落到下面的箅条上，粒度合格的产物从箅条缝隙中排出，箅条上的物料则继续被锤头打击、挤压或研磨，直至全部透过箅条为止。锤式破碎机适用于破碎脆性物料，可将煤破碎到3～13mm以下，而且保证产物中不混入过大粒度的颗粒，故在选煤厂中多用于中煤的中碎和细碎作业。

锤式破碎机又可分为两类：单转子锤式破碎机和双转子锤式破碎机。选煤厂多使用单转子锤式破碎机。

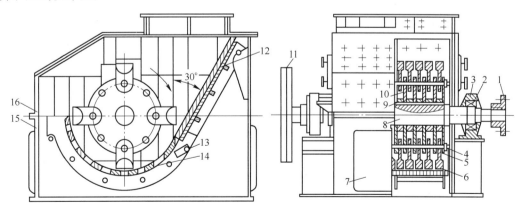

图3-4-9　锤式破碎机结构图

1—弹性联轴节；2—球面调心滚柱轴承；3—轴承座；4—销轴；5—销轴套；6—锤头；7—检查门；8—主轴；9—间隔套；10—圆盘；11—飞轮；12—破碎板；13—横轴；14—格筛；15—下机架；16—上机架

锤式破碎机的规格用转子工作直径 D 和转子长度 L 表示，即 D×L，单位为 mm。

锤式破碎机具有结构简单、机器紧凑、处理能力大、破碎比大以及功率消耗小等优点。其主要缺点是物料含水分过高时易堵塞算条缝和锤头磨损较快。

图 3-4-9 所示的是我国生产的 φ1600mm×1600mm 单转子不可逆锤式破碎机的结构图，该机器由传动装置、转子、格筛和机架等部分组成。

电动机通过弹性联轴节直接带动主轴旋转。主轴通过球面调心滚柱轴承安装在机架两侧的轴承座中，在主轴的一端装有起缓冲作用的飞轮。转子由主轴、圆盘和锤头等组成。主轴上装有 11 个圆盘，圆盘间装有间隔套，以防止圆盘轴向窜动。锤头铰接悬挂在贯穿所有圆盘的销轴上。圆盘上还配有第二组销轴孔，当锤头磨损 20mm 后，可将锤头及销轴移到第二组孔内安装，以继续利用锤头。格筛设在转子下方，由弧形筛架和筛板组成。筛板利用自重和相互挤压方式固定在筛架上，弧形筛架两端悬挂在横轴上，横轴通过吊环螺栓悬挂在机架外侧的凸台上，调节吊环螺栓可以改变锤头顶部与筛板之间的间隙。格筛左端与机架内壁有一间隔空腔，以便于非破碎物从此空腔排出机外；格筛的右上方装有平面形破碎板。国产单转子锤式破碎机的技术特征见表 3-4-2。我国山东金岭铁矿应用锤式破碎机比较成功，使用时间也长，该矿自行设计的锤式破碎机结构与图 3-4-9 所示结构略有不同。

表 3-4-2 国产单转子锤式破碎机的技术特征

| 规 格 | PCB600×600 | PCB800×600 | PCB1000×800 | PCB1600×1600 |
| --- | --- | --- | --- | --- |
| 转子直径/mm | 600 | 800 | 1000 | 1600 |
| 转子长度/mm | 600 | 600 | 800 | 1600 |
| 转子转速/r·min⁻¹ | 1000 | 980 | 975 | 585 |
| 最大给料粒度/mm | 100 | 200 | 200 | 350 |
| 排料粒度/mm | <35 | <10 | <13 | <20 |
| 处理能力/t·h⁻¹ | 12~15 | 18~24 | 25~65 | 300 |
| 锤头总数/个 | 20 | 36 | 48 | 40 |
| 电动机功率/kW | 18.5 | 55 | 115 | 480 |
| 设备质量/t | 1.2 | 2.53 | 5.05 | 26.60 |
| 外形尺寸（长×宽×高）/mm×mm×mm | 1055×1020×1122① | 1495×1678×1020① | 3514×2230×1515 | 6015×3364×2700 |

①不包括电动机。

B 特殊的反击式破碎机

德国的哈兹玛格（Hazamag）公司制造的双转子复合式的反击式破碎机（见图 3-4-10），实际上是双转子反击式破碎机的发展，它的两个转子呈 30°角高低配置，其中位置稍高的是重型转子，圆周速度为 30m/s，作为矿石的粗碎；位置稍低的转子，其圆周速度较高，约为 50m/s，可使矿石达到充分破碎，以满足最终产品粒度的要求，从而克服了一般双转子反击式破碎机通常在两转子间容易漏掉较大粒度的产品的缺点。

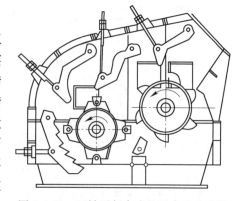

图 3-4-10 双转子复合式的反击式破碎机

据报道，德国的 AP7 型 φ1700mm×3000mm 双转子复合式的反击式破碎机，可将给矿块度 1524mm 的原矿石，一次碎成 -25mm 占 95% 的破碎产品粒度（生产能力为800~1250t/h），这样就可能直接给入磨矿机，大大简化了碎矿工艺流程。

这种双转子复合式破碎机，在我国水泥工业中也很快得到应用。我国制造的 φ1250mm×1250mm 双转子反击式破碎机就属于这种类型（见图 3-4-3），目前已用于水泥厂石灰石的碎矿工作，并取得良好的效果，可将 700~800mm 的石灰石块度，一次碎成小于 20mm 占 90% 左右的最终产品粒度，生产能力为 120~150t/h。

作为粗碎的单转子反击式破碎机亦有新的进展，设备规格也日益增大，如，日本的 HS-40 型 φ2200mm×1800mm 的单转子反击式破碎机，给矿块度为 1200mm，破碎产品中粒度小于 25mm 的占 90%（25~50mm 的粒度占 10%），破碎机的生产能力为 500t/h。

德国的洪包特工厂生产了一种新型的破碎硬矿石的单转子反击式破碎机（见图 3-4-11）。这种破碎机的板锤，采用特厚的、不经机械加工的合金钢结构。整个工作期间内，板锤一次使用完毕，不需调头换向使用，从而节省了辅助时间，降低了生产费用，而且板锤的利用率（按质量计算）可达到 2/3。由于板锤的磨损与它的线速度的平方成正比，为此，该破碎机的转子速度比一般反击式破碎机约低 15%~20%，即转子采用 22~26m/s 的速度运转。为了在低速度运转时仍能保证产品粒度，该设备采用三个反击板装置，构成了三个破碎腔。

目前，这种单转子反击式破碎机，可将 400mm 的给矿粒度碎到 0~35mm，生产能力为 30~240t/h。

应当指出，反击式破碎机的板锤和反击板磨损较大的缺点，是可以随着耐磨材料质量的提高以及结构形式的改善而得到克服的，例如，日本的 φ2200mm×1800mm 的大型反击式破碎机，采用特殊合金钢的板锤和反击板，单位金属耗损量仅为 0.23g/t 石灰石；又如德国的 AP5 型反击式破碎机，采用碳钢板锤，金属耗损量只有 13g/t 石灰石。据称，板锤材料采用高铬铸铁时，使用寿命较长。但是，目前国外仍有工厂采用高锰钢作为打击板和反击板的耐磨材料。

为适应炼焦和电力工业的需要，我国生产了 MF 型煤用反击式破碎机（见图 3-4-12）。该破碎机除反击板为

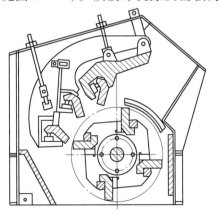

图 3-4-11　破碎硬矿石的
单转子反击式破碎机

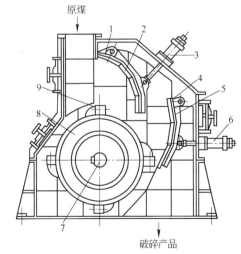

图 3-4-12　MF 型煤用反击式破碎机
1—第一反击板；2—第一反击板护板；3—第一反击板弹簧装置；
4—第二反击板护板；5—第二反击板；6—第二反击板
弹簧装置；7—回转轴；8—转子体；9—冲击锤

弧形外，其他结构与上述反击式破碎机相似。具体规格和技术特征见表3-4-3。

表 3-4-3　MF 型煤用反击式破碎机技术特征

| 规　格 | MFD-50 | MFD-100 | MFD-300 | MFD-500 |
|---|---|---|---|---|
| 转子直径/mm | 750 | 1100 | 1450 | 1450 |
| 转子长度/mm | 700 | 850 | 1400 | 1800 |
| 转子转速/r·min⁻¹ | 1470 | 980 | 740 | 740 |
| 给料粒度/mm | <200 | <200 | <300 | <300 |
| 排料粒度/mm | 0~15 | | | |
| 处理能力/t·h⁻¹ | 50 | 100 | 300 | 500 |
| 锤头排数 | 4 | 6 | 8 | 8 |
| 电动机功率/kW | 75 | 130 | 380 | 570 |
| 机重/t | 2.64 | 5.4 | 11.13 | 13.85 |
| 外形尺寸（长×宽×高）/mm×mm×mm | 2565×1670×1532 | 3200×2400×2280 | 5700×2450×2090 | 5180×2875×2690 |

# 3.5　辊式破碎机

## 3.5.1　辊式破碎机的类型构造及工作原理

辊式破碎机是一种最古老的碎矿设备，由于它的构造简单，现在仍在水泥、硅酸盐等工业部门中应用，且主要用于矿石的中、细碎作业。由于这种破碎机具有占地面积大、生产能力低等缺点，所以，在金属矿山很少采用，而是被圆锥破碎机所代替。但在小型矿山，或者处理贵重矿石，或要求泥化很小的重选厂（如钨矿）还仍有采用辊式破碎机的。

辊式破碎机有两种基本类型：双辊式和单辊式。

双辊式破碎机（又叫对辊破碎机），由两个圆柱形辊筒作为主要的工作机构（见图3-5-1）。工作时两个圆辊做相向旋转，由于物料（矿石）和辊子之间的摩擦作用，给入的物料会被卷入两辊所形成的破碎腔内而被压碎。破碎的产品在重力作用下，从两个辊子之间的间隙处排出。该间隙的大小即决定了破碎产品的最大粒度。双辊式破碎机通常都用于物料的中、细碎。

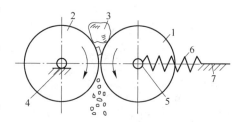

图 3-5-1　双辊式破碎机的工作原理
1, 2—辊子；3—物料；4—固定轴承；
5—可动轴承；6—弹簧；7—机架

单辊式破碎机是由一个旋转的辊子和一个颚板组成，又称为颚辊式破碎机。矿石在辊子和颚板之间被压碎，然后从排矿口排出。这种破碎机可用于中等硬度黏性矿石的粗碎。

辊式破碎机的辊子表面分为光滑的和非光滑（齿形和槽形）的辊面两类。

光面辊式破碎机的碎矿作用主要是压碎，并兼有研磨作用。这种破碎机主要用于中硬矿石的中、细碎。齿面辊式破碎机以劈碎作用为主，同时兼有研磨作用，适用于脆性和软矿石的粗碎和中碎。

辊式破碎机的规格用辊子直径×长度（$D \times L$）表示。

我国生产的辊式破碎机系列产品如表 3-5-1 所示。

表 3-5-1  辊式破碎机定型产品技术规格

| 规格型号 | 辊子规格<br>（直径×长度）<br>/mm | 给矿粒度<br>/mm | 排矿粒度<br>/mm | 生产能力<br>/t·h⁻¹ | 辊子转速<br>/r·min⁻¹ | 电机功率<br>/kW | 机器质量<br>/t |
|---|---|---|---|---|---|---|---|
| 400×250 双辊 | $\phi400 \times 250$ | 20~32 | 2~8 | 5~10 | 200 | 11 | 1.3 |
| 600×400 双辊 | $\phi600 \times 400$ | 8~36 | 2~9 | 4~15 | 120 | 2×11 | 2.55 |
| 750×500 双辊 | $\phi750 \times 500$ | 40 | 2~10 | 3~17 | — | 28 | 12.25 |
| 1200×1000 双辊 | $\phi1200 \times 2800$ | 40 | 2~12 | 15~90 | 122.5 | 2×40 | 45.3 |
| 1100×1600 单辊 | $\phi1100 \times 1600$ | — | ≤100 | — | — | 20 | 15 |
| 1500×2800 单辊 | $\phi1500 \times 2800$ | — | ≤200 | — | — | 55 | 55 |
| 900×700 单辊 | $\phi900 \times 700$ | 40~100 | | 16~18 | 上104/下189 | — | 27.3 |
| 450×500 双齿辊 | $\phi450 \times 500$ | 200 | 0~25；0~50；<br>0~75；0~100 | 20；35<br>45；55 | 64 | 8；11 | 3.765 |
| 600×750 双齿辊 | $\phi600 \times 750$ | 600 | 0~50；0~75；<br>0~100；0~125 | 60；80<br>100；125 | 50 | 20；22 | 6.712 |
| 1100×1620 单齿辊 | $\phi1600 \times 1620$ | — | <100 | 60~90 | 4.32/5.81 | 22 | 15 |
| 1600×2640 单齿辊 | $\phi1600 \times 2640$ | | 150 | 400 | 6 | 40 | 37.4 |

图 3-5-2 为双辊式（光面）破碎机的结构图。它由破碎辊、调整装置、弹簧保险装

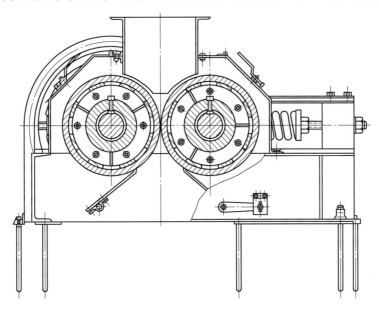

图 3-5-2  双辊式（光面）破碎机

置、传动装置和机架等组成。

破碎辊：破碎辊是在水平轴上平行装置的两个相向回转的辊子，它是破碎机的主要工作机构。其中一个辊子的轴承（图中右辊）是可动的，另一个辊子的轴承是固定的，破碎辊是由轴、轮毂和辊皮构成。辊子轴利用键与锥形表面的轮毂配合在一起，辊皮固定在轮毂上，借助三块锥形弧铁，利用螺栓螺帽将它们固定一起。由于辊皮与矿石直接接触，所以它需要时常更换，而且一般都是应用耐磨性好的高锰钢或特殊碳素钢（铬钢、铬锰钢等）制作。

调整装置：调整装置是用来调整两破碎辊之间的间隙大小（即排矿口）的，它是通过增减两个辊子轴承之间的垫片数量，或者利用蜗轮调整机构进行调整，以此控制破碎产品粒度。

弹簧保险装置：它是辊式破碎机很重要的一个部件，弹簧松紧程度，对破碎机正常工作和过载保护都有极重要作用。机器正常工作时，弹簧的压力应能平衡两个辊子之间所产生的作用力，以保持排矿口的间隙，使产品粒度均匀。当破碎机进入非破碎物体时，弹簧可被压缩，进而迫使可动破碎辊横向移动，排矿口宽度增大，从而保证机器不致损坏。非破碎物体排除后，弹簧恢复原状，机器照常工作。

在破碎机工作过程中，保险弹簧总是处于振动状态，容易疲劳损坏，所以弹簧必须经常检查，定期更换。

传动装置：电动机通过三角皮带（或齿轮减速装置）和一对长齿齿轮，带动两个破碎辊作相向的旋转运动。该齿轮是一种特制的标准的长齿齿轮，当破碎机进入非破碎物体，两辊轴之间的距离将发生变化，这时长齿齿轮仍能保证正常的啮合。但是，这种长齿齿轮很难制造，工作中也常常卡住或折断，齿轮修复也很困难，而且工作时噪声较大。因此，长齿齿轮传动装置主要用于低转数的双辊式破碎机，辊子表面的圆周速度小于 3m/s。转数较高（圆周速度大于 4m/s）的破碎机，常采用单独的电动机分别带动两个辊子旋转，这就需要安装两台电动机（或两套减速装置），故价格较贵。

机架：机架一般采用铸铁铸造，也可采用型钢焊接或铆接而成，要求机架结构必须坚固。

辊式破碎机近几年来发展缓慢，只是在机器排矿口的调整和保险方面采用了液压装置，并且出现了多辊辊式破碎机（如四辊破碎机）。四辊破碎机实际上是一种组合的双辊式破碎机，其由规格相等的两个对辊机串联组成，构造上与光面对辊机大体相同。这种破碎机，是用两个电动机通过皮带或齿轮减速装置而实现机器传动的。

### 3.5.2 辊式破碎机的性能及用途

辊式破碎机可用于粗碎、中碎、细碎和粗磨。例如我国生产的单辊破碎机和齿面双辊破碎机，最大给料粒度达 800~1000mm，是典型的粗碎机。而德国生产的 WMS 型辊式破碎机，则是用于细碎和粗磨的粉碎机。

齿面和带沟槽的辊式破碎机，一般用于粗碎或中碎软质和中硬物料。光面辊式破碎机用于细碎或粗磨坚硬或特硬物料。

辊式破碎机的破碎产品中，过粉碎粒级较少，这是其一个重要的优点。在选择破碎机类型时，除了比较各种破碎机的生产量、功率消耗、工作可靠性、机器质量和尺寸等技术特征外，过粉碎较少往往是选定辊式破碎机的一个重要因素。

单辊破碎机除压碎和劈碎外，还利用剪切力进行破碎工作，尤其在破碎某些物料（例如海绵钛或焦炭）时很有效，而且这种破碎机齿牙的形状和布置变化方案很多，能够适应物料特性和产品粒度的要求。

### 3.5.3　辊式破碎机的生产能力和功率

影响辊式破碎机生产能力的主要参数有：啮角、给矿粒度和转子直径、辊子转速。

A　啮角

以双辊式（光面）破碎机为例。为使推导简化，假设破碎物料块为球形。从破碎物料块与辊子的接触点分别引切线，两条切线形成的夹角称为辊式破碎机的啮角（见图 3-5-3）。

两个辊子产生的正压力 $P$ 和摩擦力 $F(F = fP)$ 都作用在物料块上。来自左方辊子的力如图 3-5-3 所示。

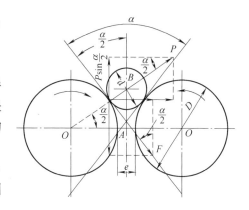

图 3-5-3　双辊式破碎机的啮角

如将力 $P$ 和 $F$ 分别分解为水平分力和垂直分力，由图可以看出，只有在下列条件下，物料块才能被两个辊子卷入破碎腔：

$$2P\sin\frac{\alpha}{2} \leqslant 2fP\cos\frac{\alpha}{2}$$

因为摩擦系数是摩擦角的正切，所以

$$\tan\frac{\alpha}{2} \leqslant f \quad \text{或} \quad \alpha \leqslant 2\varphi \tag{3-5-1}$$

由此可知，最大啮角应小于或等于摩擦角的两倍。

当辊式破碎机破碎有用矿物时，一般取摩擦系数 $f = 0.30 \sim 0.35$；或摩擦角 $\varphi = 16°50' \sim 19°20'$，则破碎机最大啮角 $\alpha \leqslant 33°40' \sim 38°40'$。

B　给矿粒度和转子直径

仍以双辊式（光面）破碎机为例。当排矿口宽度 $e$ 一定时，啮角的大小决定于辊子直径 $D$ 和给矿粒度 $d$ 的比值。下面研究当物料块可能被带入破碎腔时，辊子直径和给矿粒度间的关系。

由图 3-5-3 的直角三角形 $OAB$ 中可以看出：

$$\cos\frac{\alpha}{2} = \frac{\dfrac{D+e}{2}}{\dfrac{D+d}{2}} = \frac{D+e}{D+d}$$

$e$ 与 $D$ 相比很小，可略而不计，则：

$$d = \frac{D(1-\cos\alpha/2)}{\cos\alpha/2} \tag{3-5-2}$$

当取 $f = 0.325$ 时，$\varphi = \alpha/2 = 18°$，$\cos18° = 0.951$

故 
$$d \approx \frac{1}{20}D$$

或 
$$D \geqslant 20d \qquad (3\text{-}5\text{-}3)$$

由此可见，光面辊式破碎机的辊子直径应当为最大给矿粒度的 20 倍左右，也就是说，这种双辊式破碎机只能用于矿石的中碎和细碎。

对于潮湿黏性物料，$f = 0.45$，则：

$$D \geqslant 10d$$

但是，齿形（槽形）辊式破碎机的 $D/d$ 比值较光面破碎机要小，齿形的 $D/d = 2 \sim 6$，槽形的 $D/d = 10 \sim 12$。所以，齿形辊式破碎机可以对石灰石或煤进行粗碎。

C 辊子转速

破碎机合适的转速与辊子表面特征、物料的坚硬程度和给矿粒度等因素有关。一般地说，给矿粒度愈大，矿石愈硬，则辊子的转速应当愈低。槽形（齿形）辊式破碎机的转速应低于光面辊式破碎机的转速。

但是，破碎机的生产能力是与辊子的转速成正比增加的。为此，近年来趋向选用较高转速的破碎机。然而，转速的增加是有限度的。转速太快，摩擦力随之减小，若转速超过某一极限值时，摩擦力便不足以使矿石进入破碎腔，而形成"迟滞"现象，这时不仅动力消耗剧增，而且生产能力显著降低，同时，辊皮磨损严重。所以，破碎机的转速应有一个合适的数值。辊子最合适的转速，一般都是根据实验来确定的。通常，光面辊子的圆周速度 $v = 2 \sim 7.7 \text{m/s}$，不应大于 $11.5 \text{m/s}$；齿形辊子的圆周速度 $v = 1.5 \sim 1.9 \text{m/s}$，不得大于 $7.5 \text{m/s}$。

破碎中硬矿石时，光面辊式破碎机的辊子圆周速度可由下式计算：

$$v = \frac{1.27\sqrt{D}}{\sqrt[4]{\left(\dfrac{D+d}{D+e}\right)^2 - 1}} \quad \text{m/s} \qquad (3\text{-}5\text{-}4)$$

式中　$D$——辊子直径，m；

$d$——给矿粒度，m；

$e$——排矿口宽度，m。

D 生产能力

双辊式破碎机的理论生产能力与工作时两辊子的间距 $e$、辊子圆周速度 $v$ 以及辊子规格等因素有关。假设在辊子全长上均匀地排满矿石，而且破碎机的给矿和排矿都是连续进行的。当速度为 $v(\text{m/s})$ 时，则理论上物料落下的体积为：

$$Q_V = eLv \quad \text{m}^3/\text{s}$$

而物料落下的速度与辊子圆周速度的关系为：$v = \dfrac{\pi Dn}{60}$，其中 $n$ 为辊子每分钟的转速，因此

$$Q_V = \frac{eL\pi Dn}{60} \times 3600\mu = 188.4eLDn\mu \quad \text{m}^3/\text{h} \qquad (3\text{-}5\text{-}5)$$

或 
$$Q = 188.4eLDn\mu\delta \quad \text{t/h} \qquad (3\text{-}5\text{-}6)$$

式中　$e$——工作时的排矿口宽度，m；

　　　$L$——辊子长度，m；

　　　$D$——辊子直径，m；

　　　$n$——辊子转速，r/min；

　　　$\mu$——物料的松散系数，中硬矿石，$\mu = 0.20 \sim 0.30$；潮湿矿石和黏性矿石，$\mu = 0.40 \sim 0.60$；

　　　$\delta$——物料的堆密度，t/m$^3$。

当双辊式破碎机破碎坚硬矿石时，由于压碎力的影响，两辊子间隙（排矿口宽度）有时略有增大，实际上可将式（3-5-6）增大 25%，作为破碎坚硬矿石时的生产能力的近似公式，即：

$$Q = 235eLDn\mu\delta \quad \text{t/h} \tag{3-5-7}$$

E　辊式破碎机的电动机功率

辊式破碎机的功率消耗，通常多用经验公式或实践数据进行计算。

光面辊式破碎机（处理中硬以下的物料）的需要功率，可用下述经验公式计算：

$$N = \frac{(100 \sim 110)Q}{0.735en} \quad \text{kW} \tag{3-5-8}$$

式中　$Q$——生产能力，t/h；

　　　$e$——排矿口宽度，cm；

　　　$n$——辊子转速，r/min。

注：式中的 0.735 是将公制马力换算为千瓦的折换系数。

齿面辊式破碎机的功率消耗可按下式计算：

$$N = KLDn \quad \text{kW} \tag{3-5-9}$$

式中　$K$——系数，碎煤时，$K = 0.85$；

　　　$L$——辊子长度，m；

　　　$D$——辊子直径，m；

　　　$n$——辊子转速，r/min。

### 3.5.4　辊式破碎机的使用与维护

辊式破碎机的正常运转，在许多方面决定于辊皮的磨损程度。只有当辊皮处于良好状态下，才能获得较高的生产能力和排出合格的产品粒度。因此，应当了解辊皮磨损的影响因素和使用操作中应注意的问题；定期检查辊皮磨损情况，及时进行修理和更换。

在破碎矿石时，辊皮是逐渐磨损的。影响辊皮磨损的主要因素是：待处理矿石的硬度、辊皮材料的强度、辊子的表面形状和规格尺寸以及操作条件、给矿方式和给矿粒度等。

辊皮的使用期限和辊子工作的工艺指标，取决于矿石（物料）沿着辊子整个长度分布的均匀程度。物料分布如果不均匀，辊皮不但很快磨损，而且辊子表面还会出现环状沟槽，从而使破碎产品粒度不均匀。因此，除粗碎的单辊破碎机外，所有的辊式破碎机全都设有给矿机，给矿机的长度应与辊子的长度相等，以保证沿着辊子长度均匀给矿。同时，为了连续地给入矿石，给矿机的转动速度应比辊子的转速要快，大约要快 1~3 倍。在破碎机的运转中，还要注意给矿块度的大小，给矿块度过大，将产生剧烈的冲击，辊皮磨损严重，粗碎时尤为显著。

为了消除辊皮磨损不均匀的现象，在破碎机运转时，应当经常注意破碎产品粒度，而且应在一定时间内将其中一个辊子沿着轴向移动一次，移动的距离约等于给矿粒径的 1/3。

当需要改变破碎比而移动辊子时，必须使辊子平行移动，防止辊子歪斜，否则会导致辊皮迅速而不均匀的磨损，严重时，还会造成事故。

辊式破碎机工作时粉尘较大，必须装设密闭的安全罩子。罩子上面应留有人孔（检查孔），以便检查机器辊子的磨损状况。

必须指出，在辊式破碎机操作过程中，应当严格遵守安全操作规程，严防将手卷入辊子中而造成人身事故。

为了保证破碎机的正常工作，应注意机器的润滑。滑动轴承的润滑，可采用定期注入稀油或用油杯加油的方法；滚动轴承的润滑，可使用注油器（或压力注油器）注入稠油的方法。

### 3.5.5　其他类型的辊式破碎机

#### 3.5.5.1　齿辊式破碎机

选煤厂常常采用齿辊式破碎机，它以劈裂破碎为主兼有挤压折断破碎。

齿辊式破碎机的工作原理如图 3-5-4 所示。双齿辊破碎机由两个相对回转的齿辊组成；单齿辊破碎机由一个旋转的齿辊和一个弧形破碎板组成。齿辊转动时辊面上的齿牙可将煤块咬住并加以劈碎。给料由上部给入，破碎后的产物随着齿辊的转动从下部排出。

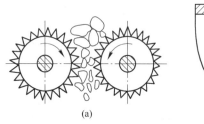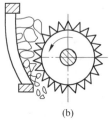

(a)　　　　　　　　　　　　　　(b)

图 3-5-4　齿辊式破碎机的工作原理

（a）双齿辊破碎机；（b）单齿辊破碎机

齿辊式破碎机的特点是能耗小，产品多呈立方形，过粉碎程度低，在选煤厂多用于大块原煤破碎，也可用于中煤的破碎。由于破碎坚硬物料时易损坏辊齿，因而不适于破碎含坚硬矸石较多的原煤。单齿辊破碎机的辊齿比双齿辊破碎机的给料粒度大，适用于粗碎；双齿辊破碎机生产能力较高，常用于中碎。

为了满足大破碎比的要求，美国雷克斯诺德（Rexnord）公司研制了 4 齿辊破碎机。图 3-5-5 为该公司生产的冈拉克（Gundlach）8030 破碎机结构简图。实际上，它是将两个双齿辊破碎机串联起来。前一个破碎机的排料是后一个破碎机的入料。其特点是破碎比大，可达 24，入料最大尺寸约为 1220mm，由于把初碎与二次破碎合二为一，因此一台破碎机即可满足各种粒度要求的破碎。8030 破碎机的齿辊长度约为 2030mm，直径约为 760mm，分上段和下段两部分。上段齿辊的辊齿类似鹰嘴式，长齿与短齿配合布置，长齿比短齿高约为 50mm；下段齿辊的辊齿形式可根据物料的性质和破碎要求采取不同的齿形。

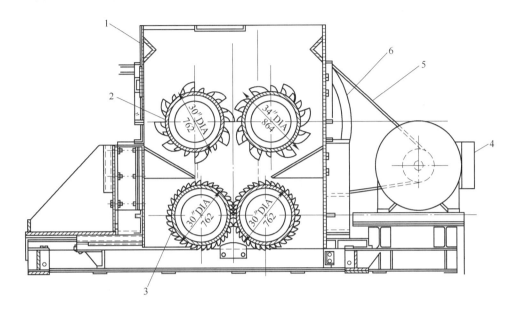

图 3-5-5　冈拉克 8030 破碎机结构简图
1—机架；2—上段齿辊；3—下段齿辊；4—电动机；5—皮带；6—皮带轮

　　冈拉克 8030 破碎机的另一个特点是它的产品粒度控制系统与保险装置，称为"Nitroil"控制系统。破碎机的上段和下段齿辊的辊间距可单独调整，即可以独立地调节上段齿辊来控制下段齿辊的给料粒度，同样也可单独调节下段齿辊来控制产品粒度。这样，可根据破碎工艺要求灵活地调整破碎程序。冈拉克破碎机把调节齿辊间距与保险装置做成了一个系统，其基本工作原理是采用液压与气动系统。油缸的活塞杆与可动齿辊相连，在有活塞杆的油缸腔内，泵入一定可变量的液压油，同时在油缸的无活塞杆腔泵入一定压力的气体，形成空气柱弹簧。这样，可以根据泵入油量的多少改变活塞的位置，从而确定齿辊间的距离，最终达到控制产品粒度的目的。空气柱弹簧具有非线性特性，它的刚度与充气压力、容积及湿度有关。当硬物料或不可破碎的物体落入破碎机后，由于破碎力增大，动齿辊压缩空气柱增大齿辊间距而使硬物体通过，随后动齿辊又在空气柱压力下复位。

### 3.5.5.2　液压辊式破碎机

　　这种双辊破碎机的活动辊的轴承是由一套液压装置支承的，如图 3-5-6 所示。液压装置除具有保险装置和排料口宽度调节装置的作用外，它还有一套"补偿油缸"，当活动辊移动时能保证活动辊与固定辊的轴线平行。

　　从图 3-5-6 可以看出，固定辊和活动辊由两台电动机分别传动，活动辊的轴承由双活塞及其连杆 5 支承。蓄能器 3 中充以氮气，其压力视所需要的破碎力决定。当排料口宽度需要调小时，油泵 1 把油通过阀门 2a 排入油压缸，活塞另一侧的油通过阀门 2d 排回油箱。当排料口宽度需要调大时，油通过阀门 2c 排入油压缸，活塞另一侧的油通过阀门 2b

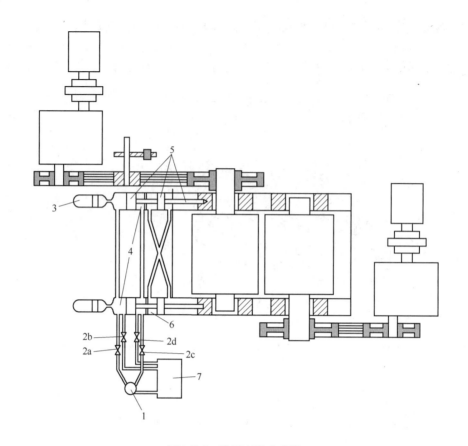

图 3-5-6　液压双辊破碎机

1—油泵；2a～2d—阀门；3—蓄能器；4—油压缸；5—双活塞及其连杆；6—补偿油缸；7—油箱

返回油箱。

当非破碎物进入破碎机时，活塞受力将大于蓄能器中氮气的压力，使活动辊往左方移动。由于补偿油缸之间交叉连接，它又可保证活动辊移动时，其轴线与固定辊的轴线保持平行。

## 3.6　破碎机械的发展与超细碎破碎机

### 3.6.1　多碎少磨技术方案的提出及应用

碎矿及磨矿均属于选矿前的矿料破碎，只不过碎矿属于粒度 5mm 以上的破碎，作用力以压碎为主。然而，碎矿及磨矿这两个破碎阶段，由于处理矿料的力度范围不同，作用力的形式不同，导致它们破碎的效率也大不相同。碎矿处理的是大块的矿，矿块在破碎机中被夹持于破碎腔内破碎，故这种破碎属于制约性的破碎，破碎的概率高，各种破碎机中的破碎概率大约为 50%～100%，破碎概率高，破碎的效率自然高。磨矿处理的是粒度较小的矿粒，而且磨机中的矿粒被破碎时受到的是随机破碎，钢球从磨内高处落下时可能打着矿粒，也可能打不着矿粒，即使打着矿粒也不一定发生破碎，因为小钢球打到粗块时的破碎力可能不够，因此，磨矿过程中矿粒破碎的概率是很低的，研究表明，球磨机中的破碎概率低于 10%，即磨矿过程中破碎效率是很低的。

既然碎矿的效率高，而磨矿的效率低，那么，作为选矿前的矿料破碎，增大碎矿的破碎任务而减小磨矿的破碎任务，对于破碎的总体是有利的，这也是多碎少磨及以碎代磨的技术实质。再从破碎的能耗规律分析，粗碎的能耗仅与破碎比的对数成正比，而细磨的能耗则与破碎比减一成正比，二者几乎相差一个数量级。所以，从破碎的能耗规律分析，加大碎矿的破碎任务及减小磨矿的破碎任务也是有理论依据的。多碎少磨是现代碎磨领域推出的最佳技术方案，在国内外选矿厂已受到了普遍重视及应用。

为了实现多碎少磨及以碎代磨的最佳技术方案，选矿界采用的办法有如下几种：

（1）改开路碎矿为闭路碎矿，进一步降低碎矿最终粒度；

（2）增加碎矿的段数，二段改三段，三段的改四段；

（3）以棒磨机粗磨（磨至 3~5mm）代替细碎机细碎；

（4）采用细碎效果更好的超细碎机，使细碎粒度降至更低；

（5）调整各段破碎机的破碎比。

为了实现多碎少磨及以碎代磨的最佳技术方案，粉碎工作者们进一步研究了碎矿粒度降低至多粗后交给磨矿最为合适的问题。各人研究的出发点不同，研究的方法也不相同，得出的结论自然也有差异。诺尔斯及法栾特从碎矿和磨矿能耗最低的角度出发，用邦德公式的计算结果作图，得出碎至 12.7mm 交给磨矿时碎磨能耗之和最低。前苏联研究者则从碎磨成本最低的角度出发测算出大型选厂碎矿最终粒度 4~8mm 最好，小型选厂的碎矿最终 10~15mm 为好。李启衡教授提出，应该碎矿与磨矿均兼顾，用生产率平衡的办法确定碎矿的最终粒度。笔者也是从碎矿与磨矿能耗之和最小的角度出发，用数学方法从邦德原式推算出碎至 3~4mm 交给球磨的能耗最低。尽管研究的结论不一致，但却都说明了一点，即目前生产中碎矿粒度 15~12mm 并不一定是最佳粒度，如能把碎矿最终粒度降至 10mm 以下，5mm 以上，则对提高磨机生产率是大有好处的，对碎磨整体也是有利的。

### 3.6.2　超细碎的概念

目前选矿厂中的矿料破碎均是机械破碎法破碎，而使用最为广泛的细碎设备是细碎圆锥破碎机。对中硬以上的矿石，对大中型选矿厂，细碎机几乎无选择地是采用短头圆锥破碎机。短头圆锥破碎机，其排矿口最小调节位只有 5mm，虽然是闭路破碎，有筛子控制破碎粒度，但循环负荷也是有限制的，因此，其实际破碎结果，最终的产物粒度好一些的可达 12~15mm，一般的则大于 15mm。当然对中硬以下的脆性矿石，采用对辊破碎机可以使碎矿粒度达到 5mm，采用反击式破碎机及锤式破碎机可使碎矿粒度达 5~10mm，但这毕竟是一些特殊的情况。一般情况下，目前的细碎水平也就只能达到 12~15mm。当然，对于非金属矿物的粉碎加工，或者对粉碎量不太大及硬度不高的矿料粉碎，还可采用一些专用的细碎设备以得到粒度更细的产品。对于吨位巨大的中硬以上矿石的细碎，选矿厂中常用的细碎圆锥破碎机也就能得到 12~15mm 的细碎产品，而能使细碎粒度低于 12mm 的细碎机称为超细碎破碎机。所谓超细碎，就是产品细度小于目前常规细碎机的产品细度，下面介绍几种国外研制及应用的超细碎破碎机。

### 3.6.3　常见的几种超细碎破碎机

#### 3.6.3.1　旋盘式破碎机

为了增大细碎圆锥破碎机的破碎比，以试图在磨矿作业前能较为经济地获得 −6mm 的细碎产品。从 1960 年起美国 Nordberg 公司就开始研究一种压力式破碎机，并将其称为旋回盘式破碎机（或称旋盘式破碎机）。这种破碎机实质是一种改进了破碎腔形式的圆锥破碎机。

旋盘式破碎机从外形看和普通的 Symons 型圆锥破碎机很相似。图 3-6-1 为该机的剖视图，图 3-6-2 为该机破碎腔剖视图。

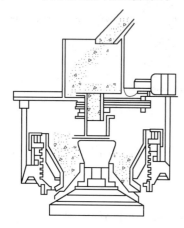

图 3-6-1　旋盘式破碎机

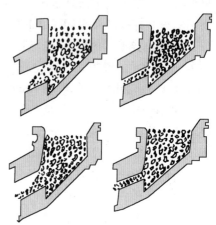

图 3-6-2　旋盘式破碎机破碎腔剖视图

由图 3-6-2 可见，破碎腔的上部形成一个圆锥形漏斗，工作时充满待破碎的物料，形成类似"压头"的作用，实际上是利用"层间破碎作用"，从而强化了破碎作用，改善了破碎效果。美国 Nordberg 公司已生产了 36in，48in，54in，66in，84in 五种规格，其中，88in 旋盘式破碎机已在工业生产中得到应用，并且效果良好。此种破碎机的主要特点是：（1）增大了非控制粒度在破碎腔的面积；（2）平行区改变了破碎腔结构形式，平行带很短，角度很平缓；（3）破碎比大，产品细而均匀，减少了磨矿设备的负荷；（4）适用于细碎。该破碎机吸收了 Symons 型圆锥破碎机和冲击作用原理的破碎机的特点，利用多层颗粒内部研磨冲击压力作用破碎矿石。大量实践资料表明，该破碎机产品中 −6mm 粒级含量高达67%，由此看来，用它代替棒磨机是完全可行的。据美国某铁燧岩选矿厂应用旋盘式破碎机的试验表明，旋盘式破碎机的最终产品为 6mm 时，可以将该厂碎磨设备流程中的第一段棒磨机取消，改用球磨机生产，结果实现电耗节省 2.04kW·h/t。因此用旋盘式破碎机进行超细碎后，可起到多碎少磨的作用，节能效果显著。

#### 3.6.3.2　Allis-Chalmers 公司小偏心距超细碎机

阿里斯-查尔默斯公司近年来生产了一种新型液压圆锥破碎机，该机具有小的偏心距和高的动锥摆动速度，并装有自动调节排矿口和功率的控制器，具有较大的破碎力和较高的处理能力。公司已形成了 200 型、300 型、400 型、500 型和 600 型的产品系列。该种新型液压超细碎机，产品中 6mm 粒级含量可达 66%，能耗比常规细碎机低 25%，比半自磨机低 53%。安装功率方面，常规细碎机比这种新型偏心液压超细碎机高 25%。

### 3.6.3.3　BS$_{704}$UF 型超细碎圆锥破碎机

美国巴比特（Babbitless）公司生产了 BS$_{704}$UF 型超细碎圆锥破碎机。这种破碎机是专门为生产 100mm 破碎产品而设计的，破碎机处理能力约为 50t/h，破碎后产品中 0～3.35mm 粒级含量为 45%，而 0～6.3mm 粒级含量则高达 80%。

BS$_{704}$UF 型超细碎圆锥破碎机是该公司 BS$_{070}$ 系列破碎机的一种新产品，具有 BS$_{070}$ 系列破碎机所有优点。该机动锥旋回速度较高，所以处理能力高。该机采用了非常坚固的组合式机架，主轴采用高强度特殊合金钢锻制；动锥体支承在滚柱轴承上，由于不许设置冷却系统，因而显著地减少了动力消耗。该机最大特点不是采用伞形齿轮传动，而是由电动机通过皮带轮直接驱动偏心套，因而机械效率高。该机可以在满载时启动，可以通过主轴的液压支承装置在机器运行时自动地远距离控制排矿口的宽度。另外，该机的液压支承装置系统还包括了新型的 Bzbbitless 过载双保护装置。

## 3.7　碎　矿　流　程

### 3.7.1　碎矿流程简述

#### 3.7.1.1　确定碎矿流程的基本原则

碎矿的基本目的是使矿石、原料或燃料达到一定粒度的要求。在选矿中，碎矿的目的是：

（1）供给棒磨、球磨、自磨等最合理的给矿粒度，或为自磨、砾磨提供合格的磨矿介质；

（2）使粗粒嵌布矿物初步单体解离，以便用粗粒级的选别方法进行选矿，如重介质选、跳汰选、干式磁选和洗选等；

（3）直接为选别或冶炼等提供具有最合适的入选、入炉和使用物料粒度的原料，如使高品位铁矿达到一定要求的粒度，以供直接进行冶炼等。

不同的目的要求有不同的粒度，因而碎矿流程有多种类型。

#### 3.7.1.2　破碎段

破碎段是破碎流程的最基本单元。破碎段数的不同以及破碎机和筛子的组合不同，便有不同的碎矿流程。

破碎段是由筛分作业及筛上产物的破碎作业所组成。个别的破碎段可以不包括筛分作业或同时包括两种筛分作业。

破碎段的基本形式如图 3-7-1 所示，图（a）为单一破碎作业的破碎段；图（b）为带有预先筛分作业的破碎段；图（c）为带有检查筛分作业的破碎段；图（d）和图（e）均为带有预先筛分和检查筛分作业的破碎段，其区别仅在于前者是预先筛分和检查筛分在不同的筛子上进行，后者是在同一筛子上进行，所以图（e）可看成是图（d）的改变形式。因此破碎段实际上只有 4 种形式。

两段以上的破碎流程是不同破碎段形式的各种组合，故有许多可能的方案。但是，合理的破碎流程，要根据需要的破碎段数，以及应用预先筛分和检查筛分的必要性等加以确定。

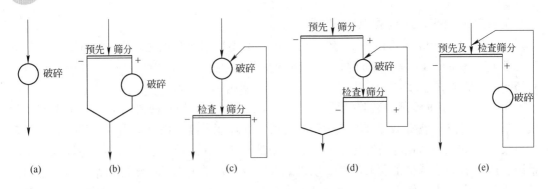

图 3-7-1　破碎段的基本形式

### 3.7.1.3　破碎段数的确定

需要的破碎段数取决于原矿的最大粒度，要求的最终破碎产物粒度，以及各破碎段所能达到的破碎比，即取决于要求的总破碎比及各段破碎比。

原矿中的最大粒度与矿石的赋存条件、矿山规模、采矿方法、原矿的运输装卸方式等有关。露天开采时，原矿最大粒度主要取决于矿山规模和装矿电铲的容积，一般为 500 ~ 1300mm；井下开采时，主要取决于矿山规模和采矿方法，一般为 300 ~ 600mm。

破碎的最终产物粒度视破碎的目的而不同。如自磨机的给矿粒度要求 300 ~ 500mm，进行高炉冶炼的富铁矿的粒度分为小于 25 ~ 30mm 及大于 25 ~ 30mm 两级，棒磨机的合理给矿粒度为 20 ~ 40mm，球磨机合理给矿粒度为 10 ~ 25mm。合理的最终破碎产物粒度，主要取决于工艺的要求和技术经济比较的结果。

确定球磨机的最适宜给矿粒度时，需要考虑破碎和磨矿总的技术经济效果。破碎的产物粒度愈大，破碎机的生产能力会愈高，破碎费用也愈低；但磨机的生产能力将降低，磨矿费用会增高。反之，破碎的产物粒度愈小，破碎机的生产能力愈小，破碎费用愈高；但磨矿机的生产能力将提高，磨矿费用可减少。因此，应综合考虑碎矿和磨矿，选取使总费用最少的粒度，作为最适宜的破碎最终产物粒度。实践证明，磨矿机的最适宜给矿粒度为10 ~ 25mm。选矿厂的生产规模愈大，缩小磨矿机的给矿粒度所产生的经济效果也会愈大。

另一方面，确定最终破碎产物粒度时，必须考虑拟选用的破碎机所能达到的实际破碎产物粒度，即不得超过允许的排矿口调节范围，以便在设备许可的情况下，获得较小的破碎产物粒度。

每一破碎段的破碎比取决于破碎机的形式，破碎段的类型，所处理矿石的硬度等。常用破碎机所能达到的破碎比如表 3-7-1 所示，处理硬矿石时，破碎比取小值；处理软矿石时，破碎比取大值。

表 3-7-1　各种破碎机在不同工作条件下的破碎比范围

| 破碎段数 | 破碎机形式 | 破碎流程 | 破碎比范围 |
|---|---|---|---|
| 第Ⅰ段 | 颚式破碎机和旋回破碎机 | 开　路 | 3 ~ 5 |
| 第Ⅱ段 | 标准圆锥破碎机 | 开　路 | 3 ~ 5 |
| 第Ⅱ段 | 标准圆锥破碎机 | 闭　路 | 4 ~ 8 |
| 第Ⅲ段 | 短头圆锥破碎机 | 开　路 | 3 ~ 6 |
| 第Ⅲ段 | 短头圆锥破碎机 | 闭　路 | 4 ~ 8 |
| 第Ⅳ段 | 对辊机 | 闭　路 | 8 ~ 18 |

由此可见，当原矿粒度为 1300～300mm 及磨机给矿粒度为 25～10mm 时，破碎流程的总破碎比为

$$i = \frac{D_{最大}}{d_{最大}} = \frac{1300}{10} = 130 \qquad i = \frac{D_{最大}}{d_{最大}} = \frac{300}{25} = 12$$

式中　　　$i$——破碎作业的总破碎比；

$D_{最大}$，$d_{最大}$——原矿和破碎产物中的最大粒度（最大粒度指能通过 95% 矿量的方筛孔尺寸）。

对照表 3-7-1 所列出的每段破碎比数值可知，即使最小的破碎比 12，用一段破碎也难以完成，而最大的破碎比 130 用三段破碎便可完成。故球磨作业前的破碎段通常用两段或三段。当原矿粒度小于 300mm 时，可取两段。

其他情况下所需的破碎段数可依此类推。

### 3.7.1.4　预先筛分和检查筛分应用的确定

预先筛分是在矿石进入破碎之前预先筛出合格的粒级，以减少进入破碎机的矿量，提高破碎机的生产能力；同时可以防止富矿产生过粉碎。在处理含水分较高和粉矿较多的矿石时，潮湿的矿粉会堵塞破碎机的破碎腔，并显著降低破碎机的生产能力。利用预先筛分除掉湿而细的矿粉，可为破碎机创造较正常的工作条件。

因此，预先筛分的应用主要根据矿石中细粒级（小于该段破碎机排矿口宽度的粒级）的含量来决定。细粒级含量愈高，采用预先筛分愈有利。研究证明，技术上和经济上采用预先筛分有利的矿石，其中细粒级的极限含量与破碎机的破碎比有关，其关系如表 3-7-2 所示。

表 3-7-2　采用预先筛分有利的细粒级含量极限值与破碎比的关系

| 破　碎　比 | 2.0 | 3.0 | 4.0 | 5.0 | 6.0 | 7.0 |
|---|---|---|---|---|---|---|
| 采用预先筛分有利的细粒级极限含量/% | 28 | 26 | 21 | 17 | 15 | 14 |
| 原矿粒度特性为直线时的细粒级的含量/% | 50 | 33 | 25 | 20 | 16.7 | 14.2 |

当原矿粒度特性为直线时，在各种破碎比的条件下，其中的细粒级的含量均超过了上述极限值（即有利于采用预先筛分的极限含量）。由此可知，当原矿粒度特性为直线时，不管破碎比为多大，采用预先筛分总是有利的。多数情况下，原矿的粒度特性呈凹形，故破碎前采用预先筛分在经济上都是合算的。但由于采用预先筛分需要增加厂房的高度，而粗碎破碎机和中碎破碎机的产品粒度特性曲线也大都是凹形，也就是说细粒占多数，故第二破碎段和第三破碎段采用预先筛分也是必要的。只有当选择的中碎机生产能力有富余时，才可考虑中碎前不用预先筛分。

检查筛分的目的是为了控制破碎产品的粒度，并利于充分发挥破碎机的生产能力。这是因为各种破碎机的破碎产物中都存在一部分大于排矿口宽度的粗粒级，如短头圆锥破碎机在破碎中等可碎性矿石时，产物中大于排矿口宽度的粒级含量达 60%，最大粒度为排矿口的 2.2～2.7 倍；在破碎难碎性矿石时则更甚。各种破碎机破碎产物中粗粒级（大于排矿口尺寸）含量 $\beta$ 和最大相对粒度 $Z$（即最大颗粒与排矿口尺寸之比）如表 3-7-3 所示。

表 3-7-3　各种破碎机产物中粗粒级的含量和最大相对粒度

| 矿石的可碎性等级 | 破碎机类型 | | | | | | | |
|---|---|---|---|---|---|---|---|---|
| | 旋回破碎机 | | 颚式破碎机 | | 标准圆锥破碎机 | | 短头圆锥破碎机 | |
| | $\beta/\%$ | $Z$ | $\beta/\%$ | $Z$ | $\beta/\%$ | $Z$ | $\beta/\%$ | $Z$ |
| 难碎性矿石 | 35 | 1.65 | 38 | 1.75 | 53 | 2.4 | 75 | 2.9~3.0 |
| 中等可碎性矿石 | 20 | 1.45 | 25 | 1.6 | 35 | 1.9 | 60 | 2.2~2.7 |
| 易碎性矿石 | 12 | 1.25 | 13 | 1.4 | 22 | 1.6 | 38 | 1.8~2.2 |

　　采用检查筛分后，使不合格的粒级返回破碎机，就如同磨矿机与分级机构成闭路循环有利于提高磨矿效率一样，检查筛分对破碎机生产能力的发挥有较大改善。但检查筛分的采用，会使投资增加，并使破碎车间的设备配置复杂化，故一般只在最末一个破碎段采用检查筛分，而且与预先筛分合并构成预先检查筛分闭路循环。

　　由此得出两点结论：（1）预先筛分在各破碎段均是必要的；检查筛分一般只在最末一个破碎段采用。（2）破碎段数通常为 2~3 段。

### 3.7.1.5　确定洗矿作业是否必要

　　在处理含泥量较多的氧化矿或其他含泥含水较多的矿石时，泥水容易堵塞破碎筛分设备、矿仓、溜槽、漏斗，从而使破碎机生产能力显著下降，甚至影响正常生产，此时破碎流程必须考虑设置洗矿设施。一般认为原矿含水量大于 5%、含泥大于 5%~8%，就应该考虑洗矿，并以开路破碎为宜。

　　对某些矿石（如黑钨矿等），为了便于手选、光电选矿或重介质选矿，也需要设置洗矿作业。也有些矿石（如沉积铁锰矿床）在破碎过程中经过洗矿、脱泥，便能使有用矿物富集而获得合格产品。

## 3.7.2　常用破碎流程

### 3.7.2.1　两段破碎流程

　　两段破碎流程有两段开路和两段一闭路两种形式，如图 3-7-2 所示。

　　采用两段破碎流程的多是小型选矿厂，因为从采矿来的原矿粒度较小；也有的由于有工艺的特殊要求而采用两段破碎流程。

　　两段开路破碎流程所得的破碎产物粒度粗，只在简易小型选矿厂或工业性试验厂采用，第一段可不设预先筛分。当原矿中含泥和水较高时，为使生产能正常进行，小型选厂也可采用。

　　为了使破碎产品粒度更小，有的小型选厂采用两段一闭路破碎流程，其中用得最好的是金岭铁矿。该矿采用该流程得到

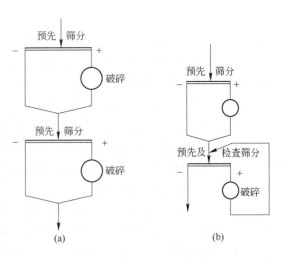

图 3-7-2　两段破碎流程
（a）两段开路；（b）两段一闭路

了 12～0mm 最终破碎产品粒度，达到了三段闭路破碎工艺水平，进而使磨矿机磨矿效率得以提高。但是这种流程破碎机的磨损较快，而且维修量大。生产中两段破碎流程大部分采用颚式破碎机和圆锥破碎机配套使用。例如蚕庄金矿采用了较为先进的设备，第一段粗碎采用了 250mm×750mm 强力细碎颚式破碎机，第二段采用了 φ600mm 旋盘式圆锥破碎机，破碎最终产品粒度为 12～0mm。

小型选矿厂处理井下开采粒度不大的原矿，并且第二段采用破碎比较大的反击式破碎机时，可采用两段一闭路破碎流程。

### 3.7.2.2　三段破碎流程

三段破碎流程的基本形式有三段开路和三段一闭路两种，如图 3-7-3 所示。

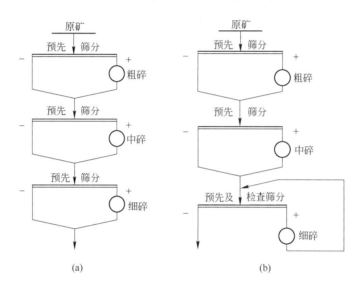

图 3-7-3　三段破碎流程

(a) 三段开路流程；(b) 三段一闭路流程

三段一闭路破碎流程，作为磨矿的准备作业，获得了较广泛的应用。一般来说，不论是井下开采还是露天开采的矿石，只要含泥较少，不堵破碎机和筛孔，都能有效地采用三段闭路破碎流程。大量工业实践证明，这种流程的破碎产品粒度可以控制在 12～0mm，能给磨矿作业提供较为理想的给料。因此，规模不同的选矿厂都可以采用。

三段开路破碎流程与三段一闭路流程相比，所得破碎产物粒度较粗，但它可以简化破碎车间的设备配置，节省基建投资。因此，当磨矿的给矿粒度要求不严和磨矿段的粗磨采用棒磨时，以及处理含水分较高的泥质矿石和受地形限制等情况下，可以采用这种流程。在处理含泥含水较高的矿石时，它不至于像三段一闭路流程那样，容易使筛网和破碎腔堵塞。采用三段开路加棒磨的破碎流程，不需复杂的闭路筛分和返回产物的运输作业；且棒磨受给矿粒度变化影响较小，排矿粒度均匀，可以保证下段磨矿作业的操作稳定；同时，生产过程产生的灰尘较少，因而可以改善劳动卫生条件。当要求磨矿产物粒度粗（如重选厂）或处理脆性（如钨、锡矿）、大密度（如铅矿）矿物时，可采用这一流程。只有处理极坚硬的矿石和特大规模的选矿厂，为了减少各段的破碎比或增加总破碎比，才考虑采用四段破碎流程。

随着选矿技术的发展,碎磨流程出现了能量前移的趋势,因为碎矿效率高,磨矿效率低,故多碎少磨成了碎磨领域的技术趋势,即应加强碎矿,降低碎矿最终粒度。

### 3.7.2.3　带洗矿作业的破碎流程

当原矿含泥(-3mm)量超过5%~10%和含水量大于5%~8%时,细粒级就会黏结成团,恶化碎矿过程的生产条件,如造成破碎机的破碎腔和筛分机的筛孔堵塞,发生设备事故,使储运设备出现堵和漏的现象,严重时甚至使生产无法进行。此时,应在破碎流程中增加洗矿设施。增加洗矿设施,不但能充分发挥设备潜力,使生产正常进行,而且改善劳动强度,并提高有用金属的回收率,扩大资源的利用。

洗矿作业一般设在粗碎前后,视原矿粒度、含水量及洗矿设备的结构等因素而定。常用的洗矿设备有洗矿筛(格筛、振动筛、圆筒筛)、槽式洗矿机、圆筒洗矿机等。洗矿后的净矿,有的需要进行破碎,有的可以直接作为合格粒级。洗出的泥,若品位接近尾矿品位,则可废弃;若品位接近原矿品位,则需进行选别。

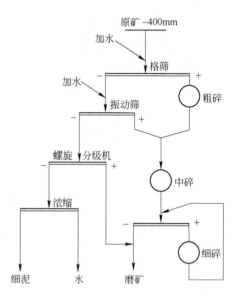

由于原矿的性质、洗矿的方式和细泥的处理等不同,因而流程也多种多样,现列举一例。原矿为硅卡岩型铜矿床,含泥6%~11%,含水8%左右,其洗矿流程如图3-7-4所示,破碎流程为三段一闭路。为使破碎机能安全、正常地生产,第一次洗矿在格筛上进行,筛上产物进行粗碎,筛下产物进入振动筛再洗。第二次洗矿后的筛上产物进入中碎,筛下产物进入螺旋分级机分级、脱泥,分级返砂与最终破碎产物合并,分级溢流经浓密机缓冲,脱水后,进行单独的细泥磨矿、浮选。

图3-7-4　带洗矿作业的破碎流程

### 复习思考题

3-1　何谓破碎比,它有几种表示法及各种表示法的应用场合有哪些?

3-2　碎矿与磨矿各有何特点?

3-3　机械破碎法有哪些施力方式,如何根据矿石性质来选择施力方式?

3-4　对破碎有影响的岩矿力学性质有哪些,它们怎么影响破碎?

3-5　选矿界常见的功耗学说有哪几个,各个学说的物理基础及表达式如何?

3-6　几个功耗学说的应用范围如何,适用性如何?最具适用性的是哪个学说,为什么?

3-7　除机械破碎法外,选矿界还在研究哪些破碎方法?

3-8　选矿厂常用的粗、中、细碎机械各有哪些种?

3-9　简摆型颚式破碎机与复杂型颚式破碎机在构造及性能上有什么区别?

3-10　颚式破碎机的保险机构及原理是什么?

3-11　颚式破碎机产品的典型粒度特性曲线有哪几种用途?说出具体的使用办法。

3-12　颚式破碎机的生产率计算办法有几种,用实例具体计算某一规格的颚式破碎机生产能力(要求用经验公式计算）。

3-13 总结颚式破碎机的操作维修要点。

3-14 旋回破碎机及颚式破碎机均为粗碎设备，什么情况下选用旋回破碎机，什么情况下选用颚式破碎机，方案对比时应考虑哪些主要因素？

3-15 中、细碎圆锥破碎机，标准、中型、短头的称号是怎么来的，各自的使用场合如何？

3-16 为什么旋回破碎机的两个圆锥反向，而中、细碎圆锥的两个锥同向？为什么旋回动锥采用悬吊方式，而中、细碎动锥用球面轴瓦支承？

3-17 液压圆锥破碎机有何优越性，液压技术用在圆锥破碎机的什么部位？

3-18 给定实例用经验公式计算旋回、标准及短头破碎机的生产率，尤其对细碎短头开路及闭路的生产率进行实例计算。

3-19 旋回圆锥破碎机中，空转时动锥正转，给矿后反转，说明原因；中细碎圆锥空转时也会出现反转，这又是什么原因。

3-20 旋回、标准、短头产品中的过大颗粒系数各为多少，残余的百分率各为多少？

3-21 反击式破碎机主要构造部件的作用及工作原理是什么？

3-22 反击式破碎机的保险原理及部件如何？

3-23 试述反击式破碎机的生产率计算方法及实例计算。

3-24 反击式破碎机的排矿口在何位置，如何调节？

3-25 反击式破碎机的优势及主要问题是什么？

3-26 锤式破碎机与反击式破碎机结构及性能上的主要差别是什么？

3-27 辊式破碎机有哪些类型，主要类型的构造及工作原理是什么？

3-28 辊式破碎机的性能如何？

3-29 为什么光面对辊机只能作中细碎设备？

3-30 辊式破碎机的生产率计算方法实例演示。

3-31 试述对辊破碎机的保险部件及保险原理。

3-32 试述齿辊破碎机的性能及适用场合。

3-33 什么叫多碎少磨及以碎代磨，理论依据是什么？

3-34 实现多碎少磨的办法有哪些？

3-35 超细碎的概念是什么？

3-36 旋盘式超细碎机细碎效率高的原因是什么，产品粒度多少？

3-37 小偏心距超细碎机细碎效率高的原因是什么，产品粒度多少？

3-38 $BS_{704}UF$ 超细碎圆锥破碎机细碎效率高的原因是什么，产品粒度多少？

3-39 破碎段有哪几种形式？

3-40 为什么碎矿必须至少有两段，为什么三段碎矿可以满足碎矿的要求？

3-41 四段碎矿在什么情况下采用，阶段怎么划分？

3-42 为什么设置预先筛分总是有利的？

3-43 在那些情况下应设置洗矿作业，在什么破碎段应设置洗矿？

3-44 常见的碎矿流程有哪些？

# 4 磨 矿

**教学目的：**①了解磨矿作业的工艺指标、钢球的运动状态及磨矿理论纲要；②掌握磨矿设备的工作原理及应用范围；③掌握磨矿介质的运动理论；④掌握磨矿机的功率及生产率计算方法；⑤掌握磨矿分级循环及磨矿动力学原理；⑥熟悉影响磨矿过程的因素；⑦掌握磨矿分级流程。

**章节重点：**①钢球的运动状态分析；②球磨机、棒磨机及自磨机的工作原理与应用范围；③钢球作抛落式运动下的运动学；④磨矿机的有用功率及单位容积生产率计算方法；⑤返砂比计算，磨矿动力学原理及应用；⑥影响磨矿过程的因素分析。

## 4.1 磨矿的理论与工艺

### 4.1.1 磨矿基本概念

磨矿是入选前矿料准备的最后一道作业。矿料入选前的准备工作包括碎矿及磨矿两个大的作业，这两个作业中磨矿更重要，它不仅能耗及材料消耗高，而且产品质量直接影响后面选别作业的指标，同时磨矿的处理量实际上决定着选矿厂的处理量，因此，磨矿作业是选矿前重中之重的作业。

选矿之前的磨矿有其特殊要求。水泥行业中的磨矿以粉碎矿料为目的，粉碎得越细，水泥的质量越高，称为粉碎性磨矿。建筑用砂的磨矿及球团原料的磨矿主要目的不是粉碎物料，而是为了擦洗物料以露出新鲜表面，以利于后面物料的黏结。这类以擦洗物料为目的磨矿称为擦洗性磨矿。而各种选矿之前的磨矿，包括湿法冶金之前的磨矿，则是以解离矿物或暴露矿物为目的，称为解离性磨矿。选矿之前的磨矿，不仅以解离矿物为第一目的，而且还要使矿料在粒度上符合选矿要求，并使过粉碎粒级尽量减少。

磨矿通常是闭路工作，由磨矿机外的分级设备控制磨矿的粒度，合格的经分级机排出，不合格的粒级返回再磨，这是由于球磨机自身控制磨矿粒度的能力较差所致。但棒磨机自身控制磨矿粒度的能力较强，所以棒磨机可以开路工作。但闭路磨矿的生产能力大，而且产品粒度较均匀。

磨矿机的工作是靠磨内运动的介质来完成的，磨矿介质的工作状态及参数决定着磨矿机的生产能力，也决定着磨矿产品的粒度特性。因此，磨矿介质的工作状态及工作参数应该是磨矿的重要研究内容。

磨矿过程是个矿料粒度减小的过程，在磨矿机结构及工作状态一定的情况下，粒度减小有其自身的规律，研究粒度减小的规律以提高磨矿效率是磨矿过程的重要研究内容。

磨矿是选矿中最复杂的过程之一，如何科学的评价磨矿过程，必须有一套科学的指标评价体系才能正确的评价磨矿的好坏。

### 4.1.2 磨矿作业评价的工艺指标

评价磨矿过程是为了分析磨矿过程，从而指导过程的改进。评价磨矿作业的指标不外乎两大类，一类是数量指标，另一类是质量指标。

#### 4.1.2.1 评价磨矿作业的数量指标

（1）磨机处理量 $Q$。一台磨机在一定的给矿粒度及产品粒度下每 1h 处理的矿量称为磨机处理量，或称磨机的台时矿量，单位为 t/(台·h)。该指标能快速直观地判明磨机工作的好坏，但必须指明给矿粒度及产品粒度，在同一个选矿厂规格相同的几台磨机的给矿粒度及产品粒度均相同，故能够由磨机处理量 $Q$ 的大小直接判明各台磨机工作的好坏。但不同选矿厂，磨机的规格可能不同，给矿粒度与产品粒度也不尽相同，仅凭处理量 $Q$ 的大小还难以判别磨机工作的好坏。

（2）磨机单位容积处理量 $q_V$。此指标消除了磨机容积的影响，单位为 t/(m³·h)，比较科学，但仍具有和前面的指标一样的缺陷，即必须指明给矿粒度及产品粒度。

（3）磨机 -200 目利用系数 $q_{-200}$：此指标消除了磨机容积的影响，也消除了给矿粒度及产品粒度的影响，以每 1h 每 1m³ 磨机容积新生成的 -200 目吨数来评价磨机工作效果，单位"-200 目 t/(m³·h)"。此指标能比较科学地反映不同磨机在不同给矿粒度及产品粒度条件下工作效果的好坏，也称单位容积生产率。

#### 4.1.2.2 评价磨矿作业的质量指标

磨矿是一个能耗很高的作业，磨矿作业的费用 60% 以上为能量消耗，所以评价磨机工作质量时，应该把能耗作为工作质量的评价指标。磨矿是一个改变粒度的作业，应该有一个反映粒度变化的指标。

（1）磨矿效率。以"t(原矿)/(kW·h)"或"-200 目 t/(kW·h)"表示能量使用效率的高低。

（2）磨矿技术效率 $E_{技}$。磨矿是要将矿料磨到某一个指定的粒度 $x$，粒度大于 $x$ 的称粗粒级，粒度小于 $x$ 的称为细粒级；而且磨矿中还应指定某一个粒度 $y$ 为过粉碎粒度，粒度小于 $y$ 的称为过粉碎粒级，粒度介于 $x$ 与 $y$ 之间的粒度称为合格粒级。磨矿中粒度划分及合格粒度分布的情况如图 4-1-1 所示。

在图 4-1-1 中，给矿大于 $x$ 的粗粒部分为待磨部分，若小于 $x$ 的为 $\gamma_1$，小于 $y$ 的过粉碎为 $\gamma_2$。经过磨矿后，小于 $x$ 的变为 $\gamma$，小于 $y$ 的过粉碎变为 $\gamma_3$。经磨矿后产生的细粒级量为 $\gamma - \gamma_1$，而这是由 $100 - \gamma_1$ 磨矿来的，故按细粒级计的磨矿总效率是 $\dfrac{\gamma - \gamma_1}{100 - \gamma_1} \times 100\%$。经磨矿后产生的过粉碎为 $\gamma_3 - \gamma_2$，而这是由 $100 - \gamma_2$ 磨来的，故过粉碎的效率是 $\dfrac{\gamma_3 - \gamma_2}{100 - \gamma_2} \times 100\%$。则合格粒级的磨矿技术效率应该是总的磨矿效率减去过粉碎效率：

$$E_{技} = \frac{\gamma - \gamma_1}{100 - \gamma_1} - \frac{\gamma_3 - \gamma_2}{100 - \gamma_2} \times 100\%$$

$$= \left[\frac{\gamma - \gamma_1}{100 - \gamma_1} - \frac{(\gamma_3 - \gamma_2)\left(1 - \dfrac{\gamma_1 - \gamma_2}{100 - \gamma_2}\right)}{100 - \gamma_1}\right] \times 100\% \qquad (4\text{-}1\text{-}1)$$

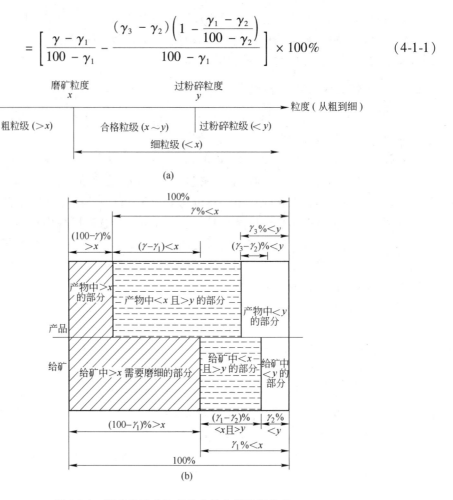

图 4-1-1　磨矿机给矿和产品中的合格粒度分布
(a) 磨矿中粒度划分；(b) 给矿及产品中各种粒度分布

由式（4-1-1）可知，当不发生磨细作用时，$\gamma = \gamma_1$ 及 $\gamma_3 = \gamma_2$，故 $E_{技} = 0$。另一种情况是，当全部磨到过粉碎时，$\gamma = 100$ 及 $\gamma_3 = 100$，此时也有 $E_{技} = 0$。可见，磨矿技术效率能够从技术上评价磨矿过程的好坏，$E_{技}$ 愈高愈好，$E_{技}$ 愈低说明磨矿效果愈糟糕。

（3）粒度均匀性。粒度较粗及较细的均不好选，故使它们较少为好。减少较粗及较细粒级含量，增加中间易选级别含量，即要求磨矿产品粒度细而均匀，做到两头小中间大，类似正态分布。

（4）磨矿钢球单耗。在磨矿中，磨矿作业的费用约有 40% 消耗在钢铁消耗上，其中绝大部分为钢球消耗，故也应将钢球单耗列为考核选厂工作业绩的重要指标之一，单位为 kg/t。

采用上述评价指标即能从不同方面较全面地评价磨矿过程的好坏。

### 4.1.3　磨机内钢球的运动状态与磨矿作用

#### 4.1.3.1　钢球的运动状态

无须证明，一台静置不动的磨机是不会产生磨矿作用的。只有磨机筒体发生运动才会牵动磨内磨矿介质运动，进而产生磨矿作用。因此，磨机筒体的运动状态影响着磨内介质的运动状态，也即影响着磨矿作用。

磨机内钢球的运动状态受许多因素的影响，但影响最大的因素是磨机筒体的转速 $n(r/min)$ 及磨内钢球的充填率 $\varphi(\%)$。对磨内钢球的运动状态所作的观察试验说明：

（1）当磨内装球量一定时，随着磨机转速的加快，磨内的钢球将由泻落变抛落，甚至出现离心运转状态，说明钢球运动状态与筒体的转速密切相关。

（2）当磨机转速一定时，只装一个球时其只会在磨机最低位置跳动，依次增加球数时，球就会在最低位置排列成一条线跳动。第一条线排满就接着排第二排，第三排……，达到一定装球量后，球荷会在磨内形成一斜坡，球升到坡顶时，沿坡面滚下，呈泻落式状态。随着球量的增加，球荷上升的高度也不断增加，直到出现抛落运动状态。因此，球荷的运动状态也与球的充填率 $\varphi(\%)$ 密切相关。

（3）磨内筒体的衬板形状 $x$ 也影响着球的运动状态，衬板的凸棱高时，对球荷的提升力大，球被提升得高一些。平滑衬板则对球的提升作用相对较弱。

（4）磨内只装钢球的时候，钢球之间滑动厉害，如果装进矿砂，则阻止了钢球之间的滑动。即磨内矿浆浓度 $c(\%)$ 也影响钢球的运动状态。

（5）即使均是钢球，大钢球滑动厉害，小钢球滑动较弱，使得钢球中尺寸大者居内层，尺寸小者居外层，即钢球尺寸 $d$ 也影响钢球的运动状态。

（6）磨机是干磨还是湿磨，乃至矿料的性质等也均影响着磨内钢球的运动状态。因此，磨内钢球的运动状态 $u$ 是个状态函数，它依若干因素的变化而变化，可表示为：

$$u = f(n、\varphi、x、c、d、\cdots) \tag{4-1-2}$$

磨内钢球的状态是一个变量状态函数，使得其很难用数学手段量化确定。磨内钢球的运动状态依变量参数而变，变量参数种类数多，则钢球状态也纷繁万千，而且不少因素对其状态的影响目前还难以用函数关系表达出来。有研究者拍摄了磨内钢球的运动状态，从中选出三种典型运动状态，如图 4-1-2 所示。

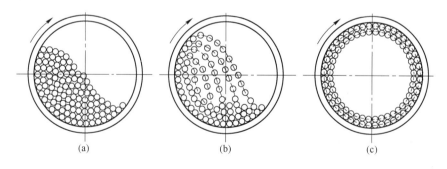

图 4-1-2　磨机内钢球的三种典型运动状态

（a）泻落运动状态；（b）抛落运动状态；（c）离心运动状态

应该指出，上述的三种钢球运动状态是选出的典型状态。实际上磨内钢球运动状态是纷繁万千的，某一特定条件下磨内钢球的运动状态应由该条件下的众参数来决定，而不能套用某个典型状态。由典型状态而研究出的规律及结论在用于某一具体例子时必须十分慎重，并应根据实际情况作相应修正。

**4.1.3.2　各种钢球运动状态的磨矿作用**

前面已分析过，磨内的钢球运动状态是纷繁万千的，研究者从中确定了三种典型状态，而三种典型状态之间又有若干过渡状态。现分析三种典型状态下的磨矿作用。

钢球作泻落运动状态时，球荷随筒壁一起向上运动，到一定高度后从上沿斜坡滚下。钢球沿筒壁向上及向下滚动过程中，彼此相互研磨，而被夹于球荷之间的矿粒也被研磨至细。钢球从斜坡滚落至底脚衬板处，会产生一定的冲击作用，对矿粒有较强的冲击破碎作用。所以，泻落运动状态下的磨矿作用以研磨为主，冲击为辅。

钢球作抛落运动状态时，在钢球上升过程中存在着钢球与衬板及钢球与钢球之间的研磨作用，并对矿石进行研磨。当钢球上升到上方时向下作抛落运动，在抛落过程中，球与球之间及球与矿粒之间下落速度均相同，不存在相对运动，也就不产生磨矿作用。但当钢球落到球荷底脚时，钢球会对下面的衬板及球荷形成强烈的冲击，并对矿粒产生强烈的冲击破碎作用。底脚区的钢球运动很活跃，磨矿作用很强。所以，钢球作抛落运动时磨矿作用以冲击为主，研磨为辅。由于抛落状态下钢球的相对运动较泻落状态下强，故抛落状态下的磨矿作用比泻落状态强，生产率也要大一些。

钢球作离心运转时，钢球与衬板之间及钢球与钢球之间没有相对运动，也就不对矿粒产生磨矿作用，因此，磨机的运动中应该尽量避免离心运动状态的出现。

### 4.1.4 磨矿理论纲要

过去涉及磨矿的书籍，无论是教材、专著还是工程手册，谈到磨矿理论时均是只谈介质的运动，而且只谈钢球作抛落运动时的情况，由钢球的运动推测磨矿作用。应该说，称这种理论是钢球运动理论更符合实际，而说它是磨矿理论似乎不贴切，或者说传统的磨矿理论有重大缺陷，是有待进一步研究及完善的。

完整的磨矿理论，应该包括矿石磨碎的原理、磨碎规律、乃至磨碎原理及规律在工程中的应用，因此，完整的磨矿理论应该包括下述内容：

（1）矿石的力学性质研究，主要是矿石抗破碎的力学性能，包括矿石力学结构、抗破坏强度、矿石泊松比等。矿石是磨碎的对象，摸清楚矿石抗破坏的力学性能，才能有针对性地采取相应措施以提高磨碎过程效率。

（2）钢球的运动规律研究，主要是磨机筒体转动时磨内钢球的运动状况，包括钢球的受力及运动、运动状态及规律等运动学，因为运动才产生磨矿作用，摸清钢球的运动学规律才能为磨矿作用提供力学依据。

（3）矿石破碎力学研究，主要是钢球打击矿块时的破碎行为能否发生及怎么发生，包括矿石破坏的依据等，由矿石破坏的需要来精确选择破坏力的大小，也即选择精确的钢球尺寸。

（4）矿石破碎的统计力学研究，主要是钢球集合体对矿粒群的破碎作用，由于磨内钢球对矿粒的破碎是随机破碎，故只能用统计力学的方法才能研究清楚钢球集合体对矿粒群的破碎行为。

（5）矿粒磨碎规律研究，主要是待磨碎粗粒的磨细规律，包括磨机中磨矿动力学原理、附属分级设备的分级原理以及这些原理在磨矿分级循环中的应用等。

（6）磨机的功率研究，主要是耗能巨大的磨矿过程是如何耗能的，包括磨机的功率，钢球处于各种状态下的功率特性等。磨矿过程实质上是个功能转变过程，研究清楚各种运动状态下磨机的功率特性及规律才能为提高磨矿的功能转变效率提供依据。

（7）磨矿过程的影响因素研究，主要是弄清来自过程之外的因素如何影响过程的进行，包括原料性质的影响、产品要求的影响、设备本身的影响以及操作方面的影响。查清各类影响因素就能为过程的有效控制及提高过程效率开辟途径。

上述七个方面的内容缺一不可，传统的磨矿理论只包括（2）、（5）、（6）、（7）四个方面，尚缺（1）、（3）、（4）三个方面，故在磨矿篇中，将在相应章节中补充缺少的这三个方面的内容。由于篇幅限制，有的只将结果补入，如在精确化装补球方法一节中，分别采用（1）、（3）、（4）三个方面研究的结果。

### 4.1.5 磨矿机的分类

工业生产中运用的磨矿机多种多样，分类的方法也是多种多样，常见的分类方法有如下几种：

（1）按磨矿机内装的介质种类不同而分为：1）球磨机；2）棒磨机；3）自磨机；4）砾磨机。球磨机中以钢球作磨矿介质。棒磨机中以钢棒作磨矿介质。自磨机中以矿块作介质，矿石既是被磨的对象也是磨矿的介质，即让矿石自身磨碎自己。砾磨机中以一定尺寸的同种矿块作介质，并定期不断添加介质块。砾磨机中早先也曾专门从河滩上捡拾一定尺寸的卵石作介质来磨碎矿石。

（2）按磨矿机的排矿方式不同而分为：1）溢流排矿磨机；2）格子排矿磨机；3）筒体周边排矿磨机。

（3）按磨矿机筒体长度 $L$ 与直径 $D$ 之比不同而分为：1）短筒形磨矿机 $\left(\dfrac{L}{D} \leqslant 1\right)$；

2）长筒形磨矿机 $\left(\dfrac{L}{D} \geqslant 1 \sim 1.5$ 甚至 $2 \sim 3\right)$；3）管磨机 $\left(\dfrac{L}{D} \geqslant 3 \sim 5\right)$。

（4）按磨矿机筒体形状不同而分为：1）圆筒形磨矿机；2）圆锥形磨矿机。

但实际生产中也常采用联合分类的方法，如方法（1）与方法（2）联合，可称为格子型球磨机，溢流型球磨机，中心排料棒磨机，周边排料棒磨机等。方法（3）与方法（1）联合，可称为短筒形球磨机，长筒形球磨机，圆锥形球磨机等。

# 4.2 磨 矿 机

### 4.2.1 球磨机和棒磨机的构造

球磨机和棒磨机是选矿厂应用最为广泛的磨矿设备，球磨机中的格子型及溢流型被广泛采用。锥形球磨机因生产率低，现在已不再制造，个别选矿厂沿用的则是旧的圆锥球磨机。

球磨机及棒磨机的规格以筒体的内径 $D$ 及筒体的长度 $L$ 表示。

#### 4.2.1.1 格子型球磨机

各种规格的格子型球磨机的构造基本相同，这里以沈阳重型机械厂生产的 2700mm × 3600mm（$D \times L$）格子型球磨机为例进行说明。

图 4-2-1 为 2700mm × 3600mm 格子型球磨机总图。

球磨机的筒体 1 用厚为 18 ~ 36mm 的钢板卷制焊成，筒体两端焊有铸钢制作的法兰盘 2，端盖 7 和 12 连接在法兰盘上，二者需精密加工及配合，因为承担磨矿机重量的轴颈是焊在端盖上的。在筒体上开有供检修和更换衬板用的人孔盖 5。

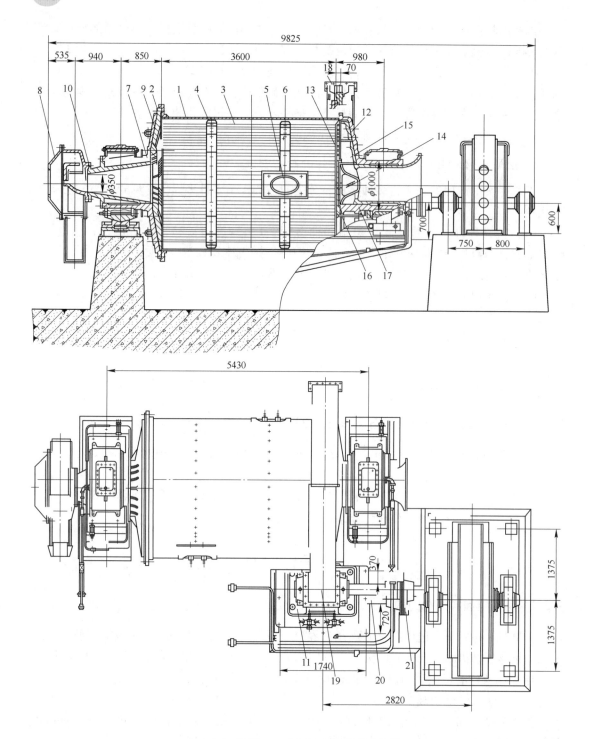

图 4-2-1　2700mm×3600mm 格子型球磨机

1—筒体；2—法兰盖；3—衬板；4—螺钉；5—人孔盖；6—压条；7，12—中空轴颈端盖；

8—联合给矿器；9—端衬板；10—轴颈内套；11—防尘罩；13—格子衬板；

14，16—中心衬板；15—簸箕形衬板；17—轴承内套；18—大齿轮；

19—小齿轮；20—传动轴；21—联轴节

　　筒体内装有衬板，衬板的作用有两个，一是保护筒体，二是影响钢球的运动状态。衬板多用高锰钢、铬钢、耐磨铸铁或橡胶等材料制成，其中高锰钢应用较广，而近年来橡胶衬板应用也在逐步增多。衬板厚约 50～150mm，与筒体壳之间有 10～14mm 的间隙，将胶合板、石棉板、塑料板或橡胶皮铺在其中，用来减缓钢球对筒体的冲击及减少工作噪声。衬板 3 用螺钉 4 及压条 6 固定在筒壳上，下面垫有橡皮环及金属垫，以防止矿浆漏出。

　　衬板是球磨机的易损部件，它在工作时受钢球及矿料的冲击和磨剥作用以及矿浆的腐蚀作用而不断损坏。衬板使用寿命视矿石硬度和磨矿方式而定，一般为半年左右。橡胶衬板的寿命一般为锰钢衬板的 3～4 倍。

　　衬板的形状有如图 4-2-2 所示几种，大体分为平滑型和不平滑型两类。平滑衬板因钢球滑动大，磨剥作用较强，因而适宜于细磨。不平滑衬板对钢球的提升作用较强，对钢球及矿料有较强的搅动，适宜于粗磨。粗磨上有采用长条衬板的趋势，因为它制造简单，不用或少用螺钉固定，只用端盖衬板或楔形压条压紧，安装方便，而且还能减少矿浆沿螺钉孔漏出，同时提高了筒体的强度。细磨上有不少采用磁性衬板，寿命可达 5～10 年，因为磁性衬板可将铁矿或铁粉吸在衬板面上，从而保护了衬板，延长了衬板寿命，但其性脆，只适宜于细磨时使用小钢球情况下采用。

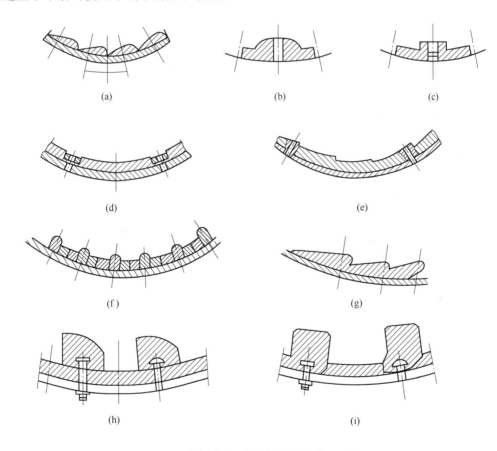

图 4-2-2　各种衬板的形状

（a）楔形；（b）波形；（c）平凸形；（d）平形；（e）阶梯形；（f）长条形；

（g）船舵形；（h）K 型橡胶衬板；（i）B 型橡胶衬板

给矿端的端盖内侧铺有平的扇形锰钢衬板9。在中空轴颈内镶有内表面为螺旋叶片的轴颈内套10，内套既可保护轴颈不被矿石磨坏，又有把矿石送入磨机内的作用，这是因为螺旋叶片方向与磨机转向一致。联合给矿器8就固定在轴颈内套的端部。

格子排矿端见图4-2-3。在排矿端带有中空轴颈的端盖12内，装有轴颈内套和排矿格子，排矿格子由中心衬板、格子衬板和簸箕形衬板等组成。在端盖内壁上铸有8条放射状的筋条，将端盖分成8个扇形室，各室内均安有簸箕形衬板和格子衬板。簸箕形衬板用螺钉固定在端盖上。格子衬板目前有两种结构形式：一种是两块合成一组，用楔铁压紧，楔铁则用螺钉穿过筋条固定在端盖上，中心部分用中心衬板止口托住，以免它们倾斜和脱落；另一种是把两块改成一块，用螺钉固定。格子衬板上的孔是倾斜排列的，孔的宽度向排矿端逐渐扩大，可以防止矿浆倒流和粗粒堵塞。中心衬板是星形的，由两块组成，用轴钉固定在筋条上。矿浆在排矿端下部通过格子板上的空隙流入扇形室，然后随筒体转到上部并沿孔道排出。中空轴颈内镶有耐磨内套，内套内有螺纹，螺纹方向与磨机转向一致，有助于矿浆排出。轴颈一端制成喇叭形叶片，便于引导矿浆顺叶片流出。

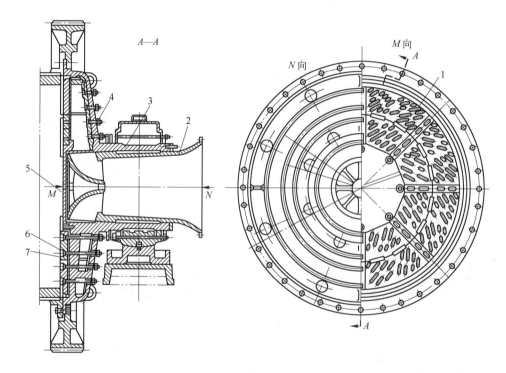

图4-2-3　格子排矿端及端盖

1—格子衬板；2—轴颈内套；3—中空轴颈；4—簸箕形衬板；5—中心衬板；6—筋条；7—楔铁

球磨机的给矿器有鼓式、蜗式和联合式，其构造如图4-2-4中的（a）、（b）、（c）所示。

鼓式给矿器用生铁铸造或用钢板焊成，呈截头圆锥形。其内壁上有蜗旋，端部与截头锥形盖子连接，筒壳与盖子之间装有带扇形孔的隔板，矿料通过此隔板经蜗旋送入磨机内。鼓式给矿器用于开路磨矿的磨机。

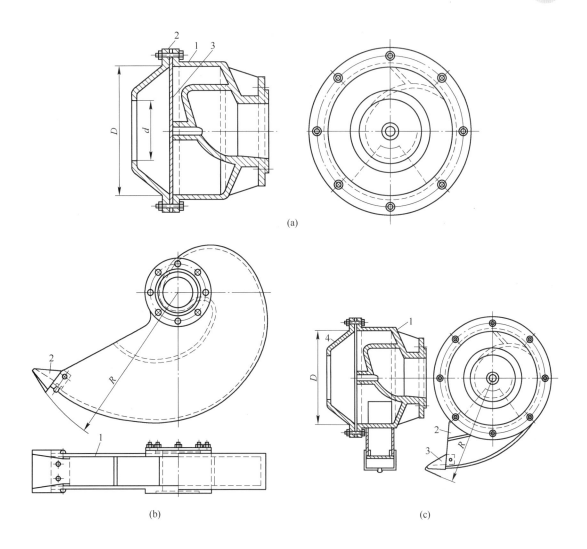

图 4-2-4　给矿器的构造
（a）鼓式给矿器：1—给矿器机体；2—盖子；3—带扇形孔的隔板；
（b）蜗式给矿器：1—给矿器机体；2—勺头；
（c）联合式给矿器：1—给矿器机体；2—螺旋形勺子；3—勺头；4—盖子

　　球磨机的主轴承采用自动调心滑动轴承，如图 4-2-5 所示，轴承座是凹形球面，下轴瓦内表面铸有巴氏合金，外表面做成凸出的球面，两者成球面接触，避免中空轴颈和轴瓦形成局部接触。为防止轴瓦转位过大从轴承座中滑出，在轴承座和轴瓦的球面中央放一圆锥销钉。轴承采用稀油站润滑，油流经泵压入主轴承和传动轴承中，然后排到轴承底部的排油管路，再流回油箱。如有必要，轴承上可装冷却管道。对小型或中型磨矿机，则多采用油杯滴油或油环自动润滑。

　　球磨机的传动方式是用低速同步电动机通过联轴节 21 使小齿轮 19 转动的，并啮合固定在筒壳上的大齿轮 18 而使筒体转动（见图 4-2-1）。为防止灰尘落入齿轮副中，可用防尘罩将它密封。对于中小型球磨机则可以用异步电动机及减速器传动。

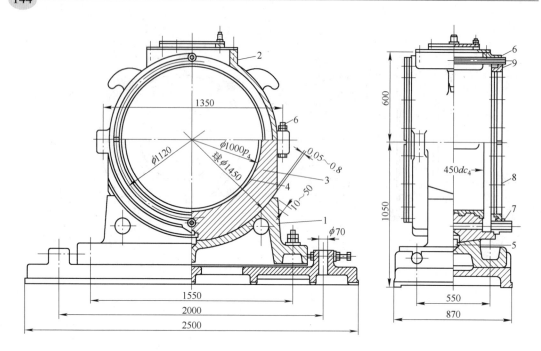

图 4-2-5　主轴承的构造

1—轴承座；2—轴承盖；3—轴瓦；4—巴氏合金层；5—圆柱销钉；

6—电阻栓；7—排油管；8—防尘密封压环；9—毡垫

### 4.2.1.2　溢流型球磨机

溢流型球磨机的构造如图 4-2-6 所示。由图可见，它的构造比格子型简单，除排矿端不同外，其他都和格子型球磨机大体相似。溢流型球磨机因其排矿是靠矿浆本身高过中空轴下边缘而自流溢出，故无需另外装置沉重的格子板。此外，为防止球磨机内小球和粗粒矿块同矿浆一起排出，在中空轴颈衬套的内表面镶有反螺旋叶片以起阻挡作用。

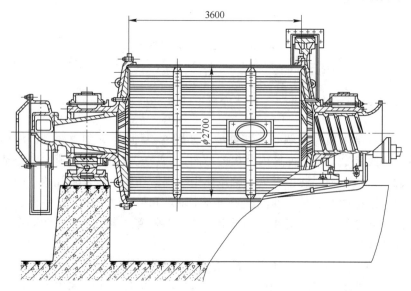

图 4-2-6　$\phi2700\text{mm} \times 3600\text{mm}$ 溢流型球磨机

### 4.2.1.3　棒磨机

目前选矿厂使用的棒磨机，几乎均是溢流型棒磨机，开口型棒磨机已停止制造，只有个别老选厂可能还在使用。

棒磨机与溢流型球磨机大致相同。所用磨矿介质为长圆棒，棒的长度比筒体长度短30～50mm。为保证棒在棒磨机内有规则运动和落下时不互相打击而变弯曲，棒磨机在结构上应与球磨机略有不同。棒磨机的锥形端盖曲率较小，内侧面铺有平滑衬板，而筒体上多采用不平滑衬板，排矿中空轴直径一般比同规格球磨机要大，其他部分与同类型球磨机基本相同。

溢流型棒磨机的构造如图4-2-7所示。由图可知，溢流型棒磨机的排矿中空轴颈的直

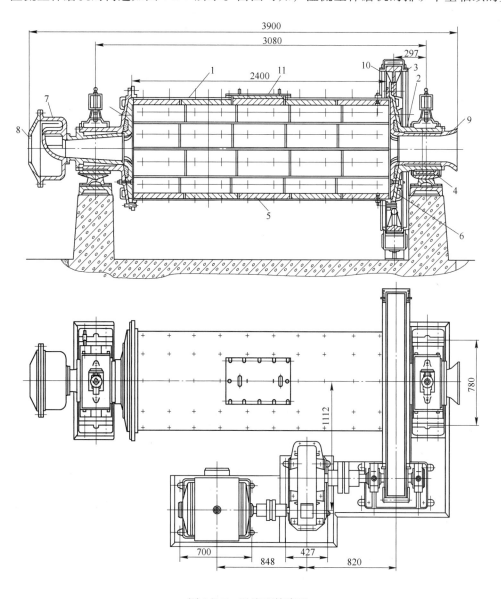

图 4-2-7　溢流型棒磨机

1—筒体；2—端盖；3—传动齿轮；4—主轴承；5—筒体衬板；6—端盖衬板；
7—给矿器；8—给矿口；9—排矿口；10—法兰盘；11—检查孔

径比同规格溢流型球磨机大得多，这是为了降低矿浆水平和加速矿浆通过棒磨机的速度。大型棒磨机的排矿口可达1200mm。

　　开口型棒磨机的构造如图4-2-8所示。这种棒磨机在排矿端盖的中央开有一孔径很大、外边缘呈喇叭形的溢流口，为了避免矿浆飞溅和棒从棒磨机内滑出，排矿口用圆锥形盖挡住，此盖子铰接在单独的柱子上，矿浆经喇叭形溢流口与盖子之间的环形空隙溢出。筒体的排矿端设有支在两个托轮上的轮圈。

　　20世纪80年代以前，我国的磨矿机几乎均是国产的，直径多在3.2m以下。80年代以后，磨矿机规格有所加大。随着改革开放，又从国外引进了直径4～6m的大型磨矿机，同时随着大型矿山的建设，从国外引进的大型球磨机也逐渐增多。表4-2-1列出了国产磨矿机的主要技术特征。

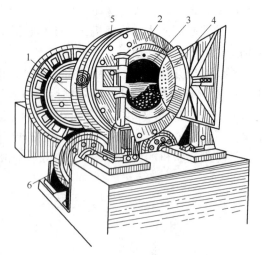

图 4-2-8　开口型棒磨机
1—筒体；2—端盖；3—排料环；
4—锥形盖；5—轮圈；6—滚轮

表 4-2-1　国产磨矿机的主要技术特征

| 类型 | 序号 | 规格型号 | 有效容积/m³ | 筒体转速/r·min⁻¹ | 装球(棒)质量/t | 样本生产能力/t·h⁻¹ | 传动电动机 型号 | 功率/kW | 电压/V | 筒体部件质量/t | 设备质量/t | 制造厂 |
|---|---|---|---|---|---|---|---|---|---|---|---|---|
| 湿式格子型球磨机 | 1 | MQG900×900 | 0.45 | 40 | 0.96 | 0.2～1.7 | JO₃-1801M-8 | 17 | 380 | 1.0 | 4.6 | 上冶 |
| | 2 | MQG900×1800 | 0.90 | 43 | 1.92 | 0.4～3.4 | JO₃-200M-8 | 22 | 380 | 2.084 | 5.7 | 上冶 |
| | 3 | MQG1200×1200 | 1.15 | 35.7 | 2.2 | 0.6～5 | JQO-83-8 | 28 | 380 | 2.27 | 11.9 | 沈重 |
| | 4 | MQG1200×2400 | 2.30 | 35.7 | 4.2 | 1.2～10 | JQO-94-8 | 55 | 380 | 4.238 | 18.4 | 沈重 |
| | 5 | MQG1500×1500 | 2.50 | 29.2 | 5.0 | 1.4～4.5 | JR-115-8 | 60 | 380 | 3.81 | 13.7 | 沈重,上冶 |
| | 6 | MQG1500×3000 | 5.0 | 29.2 | 10.0 | 2.8～9 | JR-125-8 | 95 | 380 | 7.12 | 16.9 | 沈重,上冶 |
| | 7 | MQG2100×2200 | 6.60 | 23.8 | 16.0 | 5～29 | JR-128-8 | 155 | 220/380 | 10.92 | 46.9 | 沈重 |
| | 8 | MQG2100×3000 | 9.00 | 23.8 | 20 | 6.5～36 | JR-137-8 | 210 | 380 | 14.40 | 50.6 | 沈重 |
| | 9 | MQG2700×2100 | 10.40 | 21.7 | 24 | 6.5～84 | JRQ-148-8 | 240 | 6000 | 18.585 | 69.2 | 沈重,上冶 |
| | 10 | MQG2700×3600 | 17.70 | 21.7 | 41 | 12～145 | TDQ-215/29-32 | 400 | 6000/3000 | 30.681 | 77.3 | 沈重 |
| | 11 | MQG3200×4500 | 32.00 | 18.6 | 75 | 95～110 | TZ-260/39-36 | 900 | 6000/3000 | 52.44 | 141 | 沈重 |
| | 12 | MQG3200×3000 | 21.8 | 18.5 | 46 | | TDMK500-36 | 500 | 6000 | 27.0 | 108.0 | 沈重 |
| | 13 | MQG3200×3600 | 26.2 | 18.5 | 54 | | TDMK630-36 | 630 | 6000 | 32.0 | 139.5 | 沈重 |
| | 14 | MQG3600×3900 | 36.0 | 17.5 | 75 | | TM1000-36/240 | 1000 | 6000 | 42.7 | 145.0 | 沈重 |
| | 15 | MQG3600×4500 | 41.0 | 17.3 | 87 | | TM1250-40/3250 | 1250 | 6000 | 49.3 | 152.0 | 沈重 |
| | 16 | MQG3600×6000 | 57.0 | 18.6 | 120 | | TDMK1600-40 | 1600 | 6000 | 63.5 | 189.0 | 沈重 |

续表 4-2-1

| 类型 | 序号 | 规格型号 | 有效容积/m³ | 筒体转速/r·min⁻¹ | 装球(棒)质量/t | 样本生产能力/t·h⁻¹ | 传动电动机 型号 | 功率/kW | 电压/V | 筒体部件质量/t | 设备质量/t | 制造厂 |
|---|---|---|---|---|---|---|---|---|---|---|---|---|
| 溢流型球磨机 | 1 | MQY900×1800 | 0.90 | 35 | 1.6 | 0.58~2 | JQ-81-8 | 20 | 380 | | 7.2 | 沈重 |
| | 2 | MQY1500×3000 | 5.0 | 29.2 | 8 | 2.5~8 | JR-125-8 | 95 | 380 | 7.12 | 16.6 | 沈重 |
| | 3 | MQY2100×3000 | 9.00 | 23.8 | 20 | 4~30 | JR-137-8 | 210 | 380 | 14.40 | 49 | 沈重 |
| | 4 | MQY2700×3600 | 17.7 | 21.7 | 32 | 10.5~130 | TDQ-215/29-32 | 400 | 6000/3000 | 30.681 | 74.7 | 沈重 |
| | 5 | MQY3200×4500 | 32.00 | 18.6 | 75 | 86~100 | TZ-260/39-36 | 900 | 6000/3000 | 52.44 | 135 | 沈重 |
| | 6 | MQY3200×5400 | 39.3 | 18.5 | 77 | | TDMK800-36 | 800 | 6000 | 47.3 | 119.0 | |
| | 7 | MQY3600×4500 | 41 | 17.5 | 76 | | TM1000-36/2600 | 1000 | 6000 | 49.3 | 153.0 | |
| | 8 | MQY3600×6000 | 55 | 17.3 | 102 | | TM1250-40/3250 | 1250 | 6000 | 67.5 | 154.0 | |
| 溢流型棒磨机 | 1 | MBY900×1800 | 0.90 | 43 | 1.8 | 0.4~3.4 | JQ-81-8 | 20 | 380 | 2.084 | 5.25 | 沈重 |
| | 2 | MBY900×2400 | 1.40 | 35 | 4.0 | 2.3~3.6 | JQ-82-8 | 28 | 380 | 2.627 | 6.87 | 沈重 |
| | 3 | MBY1500×3000 | 5.0 | 26 | 11 | 2.4~7.5 | JR-125-8 | 95 | 380 | 7.98 | 16.7 | 沈重,云重 |
| | 4 | MBY2100×3000 | 9.0 | 20 | 24 | 14~35 | JR-125-8 | 155 | 220/380 | 14.4 | 43.9 | 沈重 |
| | 5 | MBY2700×3600 | 17.7 | 18 | 48 | 36~75 | TDQ-215/29-32 | 400 | 6000/3000 | 30.681 | 74 | 沈重 |
| | 6 | MBY3200×4500 | 32.0 | 16 | 75 | 81~95 | TZ-260/39-26 | 900 | 6000/3000 | 52.44 | 131 | 沈重 |
| | 7 | MBY2700×4000 | 20.6 | 18.0 | 46 | | TDMK400-32 | 400 | 6000 | 28.9 | 73.3 | 沈重 |
| | 8 | MBY3600×4500 | 43.0 | 14.7 | 110 | | TDMK1250-40 | 1250 | 6000 | 46.84 | 159.9 | 沈重 |
| | 9 | MBY3600×5400 | 50.0 | 15.1 | 124 | | TDMK1000-36/2600 | 1000 | 6000 | 60.7 | 150.0 | 沈重 |
| 干式球磨机 | 1 | φ550×450 | | 46 | 0.052 | 0.075 | JO₃-1125-6 | 3 | 380 | | 1.3 | 上冶 |
| | 2 | MQG900×1800 | 0.9 | 43 | 1.92 | 0.3~2.6 | JQ-81-8 | 20 | 380 | | 5.25 | 沈重 |
| | 3 | MQG1500×3000 | 4.4 | 32.7 | 8.4 | 2.2~12 | JR-125-8 | 95 | 380 | | 18 | 沈重 |
| | 4 | MQG3100×3000 | 19.8 | 23.8 | 20 | 6.5~36 | JR-137-8 | 210 | | | 50.6 | 南重,昆重 |
| | 5 | MQG3600×4000 | 36.3 | 17.5 | 80 | | TDMK1250-40 | 1250 | 6000 | | 158 | 南重 |

#### 4.2.1.4 棒磨机的工作参数

（1）棒径。棒径是棒磨机的重要参数，确定棒径常用的也就是如下两个经验公式。

1）奥列夫斯基公式：

$$d_{R} = (15 \sim 20)d^{0.5} \qquad (4\text{-}2\text{-}1)$$

式中　$d_{R}$——棒径，mm；

$\quad\quad d$——给矿粒度，mm。

2）邦德公式：

$$d_{R} = 2.08\left(\frac{\delta W_{IR}}{\psi \sqrt{D}}\right) \cdot (d_{80})^{\frac{4}{3}} \quad \text{mm} \qquad (4\text{-}2\text{-}2)$$

式中　δ——被磨物料密度，$t/m^3$；

　　$W_{IR}$——棒磨机功指数；

　　$\psi$——棒磨机转动速率，r/min；

　　$D$——棒磨机内径，m；

　　$d_{80}$——按80%物料过筛计的给矿粒度，$\mu m$。

上述两个棒径计算公式考虑的因素不多，计算出的误差很大，同时，在我国使用也还不太方便，但因长期以来无更好的公式代替，所以有的厂矿仍在应用它。

针对球磨机，我们曾推导出计算结果很精确的球径半理论公式（后面4.6.3节中将介绍），现根据破碎的经验，采用转变思维的办法，也可以得出棒径的半经验公式：

$$D_R = (0.48 \sim 0.50) K_e \cdot \frac{0.5224}{\psi^2 - \psi^6} \cdot \sqrt[3]{\frac{\sigma_{压}}{10\rho_e D_0}} \cdot d_f \qquad (4\text{-}2\text{-}3)$$

式中各参数的意义及求法参见本书4.6节式（4-6-14）。当给矿粒度大于20mm时，系数取0.50；当给矿粒度小于20mm时，系数取0.48。

经试验验证，式（4-2-3）的计算结果比式（4-2-1）及式（4-2-2）要精确得多。式（4-2-3）也是国内外计算结果最精确的半经验棒径公式。

（2）棒的长度。棒的长度应比筒体短30~50mm，棒的堆密度为$6.5t/m^3$，棒荷之间的间隙占棒荷体积的15%左右。棒径一般为40~100mm，小于40mm的棒易断，应定时清除。初装的原始棒荷可参考后面表4-6-9。

### 4.2.2　球磨机和棒磨机的工作原理及应用范围

#### 4.2.2.1　筒形磨矿机工作原理

根据球磨机及棒磨机的构造可得如下的简化描述：圆筒形磨矿机（见图4-2-9）有一个空心圆筒1，圆筒两端是端盖2和3。端盖中心是支在轴承上的空心轴颈4和5。圆筒绕水平轴回转。圆筒内装着破碎介质，其装入量约为整个筒体容积的40%~50%。圆筒回转时，在摩擦力的作用下，破碎介质被筒体的内壁带动，提升到某一高度，然后落下或滚下。磨矿原料从圆筒一端的空心轴颈不断给入，这些物料通过圆筒，受到破碎介质的打击、研磨和压碎。磨碎以后的产物经圆筒另一端的空心轴颈不断排出。筒内物料的运输是利用不断给入物料的压力来实现的；湿磨时，物料被水带走；干磨时，物料被向外抽放的气流带出，也可自动流出。

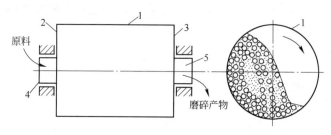

图4-2-9　磨矿机（球磨机）的装置和工作原理

1—空心圆筒；2，3—端盖；4，5—空心轴颈

#### 4.2.2.2 球磨机和棒磨机的性能和应用范围

棒磨机的工艺特点是产物粒度较均匀,含粗大粒和矿泥较少,棒磨机产物和球磨机产物的粒度特性比较如图4-2-10所示。由图可见,开路工作的棒磨机的产物粒度特性曲线和闭路工作的球磨机的几乎一样。棒磨机有选择性破碎粗粒及选择性保护细粒的作用,从而使产品粒度均匀。这种作用源于棒在破碎中的工作特性。球磨机的选择性破碎作用差,产品粒度不均匀,过粗及过细的矿粒均较多。

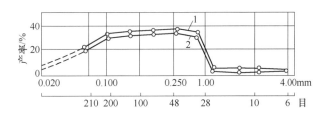

图 4-2-10 某铅锌矿浮选厂棒磨与球磨产物粒度特性比较
1—开路操作的棒磨;2—闭路操作的球磨

根据球磨机及棒磨机的破碎特性,可以得出棒磨机的应用范围是:

(1) 钨锡矿和其他稀有金属矿的重选厂或磁选厂,为了防止有价矿物过粉碎,常在粗磨阶段采用过粉碎轻的棒磨机。

(2) 在某些情况下棒磨机可以代替短头圆锥破碎机作细碎。当处理较软或不太硬的矿石,尤其是含泥较多、黏性大的矿石时,若用短头圆锥破碎机细碎,不仅粉尘大而且易造成细碎机堵塞,而若采用棒磨机代替细碎,则可以将 20~30mm 的矿石磨碎到 6~10 目,即使成本降低,也使细碎除尘简化。此情况若采用短头圆锥与筛子闭路磨矿,投资既大,细碎堵塞也严重。对于硬矿石,采用棒磨机还是短头圆锥机加筛子闭路,必须根据具体情况制订方案加以比较才能确定。

(3) 棒磨机用于粗磨时,产品粒度为 3~1mm,棒磨机的生产能力比同规格的球磨机大,但当棒磨机用于细磨,磨碎粒度在 0.5mm 以下时,棒磨机的生产能力不如同规格的球磨机大。

球磨机的选择性磨碎作用虽然差,但可广泛地用于各种情况的磨矿,无论是何种矿石,无论是粗磨还是细磨,球磨机均可采用。

#### 4.2.2.3 格子型球磨机和溢流型球磨机的性能和应用范围

格子型球磨机是低水平强制排矿,磨机内储存的矿浆少,已磨细的矿粒能及时排出,因此密度较大的矿物不易在磨机内集中,过粉碎比溢流型的轻,磨矿速度可以较快。格子型球磨机内储存的矿浆少,且有格栅拦阻,因此可以多装球,且便于装球,磨机也可以获得较大功率。磨机内钢球下落时,受矿浆阻力使打击效果减弱的作用也较其他类型球磨机为轻,这些原因使得格子型磨机的生产率比溢流型磨机的高。溢流型与同规格的格子型相比,生产率小 10%~25%。尽管格子型功率消耗也比溢流型大 10%~20%,但因生产率大,所以按 $t/(kW \cdot h)$ 计的效率指标可能还是格子型的较高。因为格子型球磨机有上述优点,所以在很多一段磨磨矿的选厂多采用格子型球磨机,在两段磨磨矿的选厂中一段磨也均采用格子型球磨机。还有的选厂将溢流型磨机改为格子型磨机。

溢流型球磨机构造简单，管理及检修均比较方便，价格也低，用于细磨时比格子型好，所以用它的选厂也有很多。可以认为，当需要磨到 48 ~ 65 目左右的均匀粗粒产物时，格子型球磨比较好；当要磨到 150 ~ 200 目的细粒产物时，宜用溢流型球磨机；当需要进行两段磨磨矿时，第一段用格子型，第二段用溢流型；当需要进行粗精矿再磨时，宜采用溢流型球磨机。

### 4.2.3 自磨机和砾磨机的构造

#### 4.2.3.1 自磨和砾磨的概念

所谓矿石自磨，就是以矿石作为磨矿介质来磨碎矿石。矿石自磨的提出是有一定技术背景的。传统的碎磨方法流程长，设备多，而且大量耗费钢材，因此出现了企图在一台磨矿机中将原矿磨至选别粒度的想法，并且设想用矿石自相磨细，不用钢球。这些想法最早出现于 20 世纪初期，而且研究工作一直未中断。二次世界大战中钢材价格猛涨曾刺激了矿石自磨的研究，但却一直未取得突破。直到 50 年代，美国哈丁公司将自磨机直径大幅度放大以后，自磨机的生产能力才开始满足工业生产要求，这才使自磨取得突破，进入工业生产。自磨机进入工业生产后，许多问题也进一步搞清楚了，例如，自磨机企图处理原矿是不可能的，自磨前面还必须加粗碎；自磨要想一次将矿料磨得很细，虽然技术上可行，但经济上不划算，所以自磨机后还必须加球磨机细磨，即自磨机能取代中碎、细碎及粗磨三个作业，但其前面必须保留粗碎，后面必须保留球磨。同时还发现，自磨中会出现顽石积累，为了消除顽石积累的影响，往自磨机中加磨机容积 1% ~ 2% 的大钢球仍是必要的。60、70 年代，自磨机和传统的碎磨设备一样也逐渐向大型发展，自磨机直径增大到 10m、12m，甚至设计了 15m 的自磨机。同时，此期间自磨技术也在不断变化、不断发展及不断完善。50 年代时干式自磨占优势，但实践发现干式自磨下分级管路的磨穿及防尘问题无法从根本上解决，故湿式自磨开始逐渐取代干式自磨，到 60 年代湿式自磨获得普遍应用，干式自磨则只在无水地区或需要干产品的特殊情况下才考虑应用。70 年代，自磨由过去铁矿上应用得多而扩展至有色金属矿。同时开始出现半自磨，即在自磨机中加磨机容积 7% ~ 15% 的钢球，以保证自磨机的破碎能力及对矿石性质变化的适应性。可以说，目前矿石半自磨已成为矿石自磨的主要形式，而纯自磨已很少见。本节将着重以湿式半自磨为代表介绍矿石自磨，而对自磨经历过的阶段及设备则不再介绍。

砾磨也属于自磨范畴，但与矿石自磨也有差别。早先砾磨介质是在河滩捡的卵石，后来就用一定粒度级别的矿块来代替。砾磨也始自 20 世纪初期，砾磨机成功用于工业生产则是在容积大幅度放大后生产能力赶上同规格球磨机时才实现的。砾磨虽然用于工业生产，但在磨矿领域一直未有大的发展，原因在于它简化不了磨矿流程，反而增加了介质制备系统。砾磨虽然未有大的发展，但它仍然生存下来，其原因是它的产品铁质污染轻，因为不用钢球，而且选别指标也较好。特别在磨矿产品需进行化工处理的铀矿处理中，砾磨得到较多的应用，因为它可以减少酸浸的酸耗。砾磨机与湿式格子型球磨机相近似，只是筒体长一点而已。

#### 4.2.3.2 自磨机及砾磨机的构造

这里选择目前用得最多的湿式半自磨机为代表进行说明。干式自磨机基本不再用，故这里不再介绍。国内的自磨机规格很小，最大的也不过是 7.5m 的直径，而国外的自磨机规格大，一般直径均在8m以上，但其构造均大同小异，这里任选一台湿式自磨机进行介绍。图4-2-11是 $\phi 5500\text{mm} \times 1800\text{mm}$（$D \times L$）湿式自磨机的结构示意图。

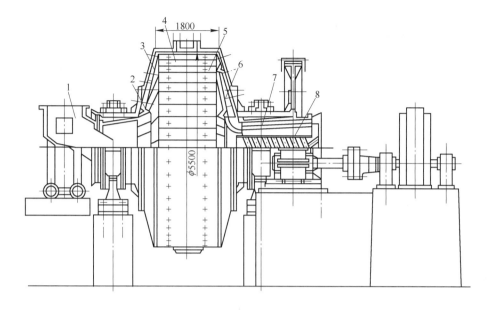

图 4-2-11    $\phi 5500\text{mm} \times 1800\text{mm}$（$D \times L$）湿式自磨机结构示意图
1—给矿小车；2—波峰衬板；3—端盖衬板；4—筒体衬板；5—提升衬板；
6—格子板；7—圆筒筛；8—自返装置

自磨机的径长比（$D/L$）通常大于3，采用很大的直径是为了使矿块有较大的下落高度，以保证有足够的破碎力。磨机长度短有利于减少筒内给矿端及排矿端的粒度差及矿块离析。端盖设计成锥形，有利于对矿块进行反射作用，防止矿块离析，使矿块混匀。端盖与中空轴颈相接处安装一组三角形断面的波形衬板。波形衬板的作用一是破碎粗块，二是搅动矿料，使矿块混匀。在排矿端盖上装有与格子型球磨机类似的格子板，以控制排矿。此外，在中空轴颈内同心安装一个圆筒筛，圆筒筛靠排矿端侧有一挡环，圆筒筛内又同心安着带螺旋内套的自返装置，由格子板格孔流出的矿浆经圆筒筛过筛后，筛上的粗粒级由挡环挡至螺旋内套内并由自返装置返入磨机内再磨。筛下产物排至圆筒筛与中空轴颈内套构成的空间后被排出，为合格破碎产物。

自磨机的衬板磨损严重，采用高锰钢的较少，多采用硬镍钢及铬钼钢等，而瑞典、加拿大及美国的选厂正在进行采用橡胶衬板的试验。

由于自磨机内的磨矿介质是矿石自身，矿石性质的变化（矿石强度及矿料粒度组成）必然使破碎行为主体的磨矿介质也发生变化。这是跟球磨机不同的。常规的球/棒磨机以不变的破碎介质数量破碎矿石，破碎力是稳定的，这就容易稳定磨矿过程。自磨机中则不同，破碎介质主体随磨矿也在变化，磨矿过程难以稳定。为了稳定矿石自磨过程，自磨机的转速通常设计成可调速的，通过调速来保持磨机内破碎力的稳定。磨机内大块过多时破碎力有余，可适当提高转速，当磨机内大块消失过快时，磨机内破碎力不足，可适当减慢转速，以减少大块的消失速度。

由于矿石自磨可变因素比常规磨矿要多，因此，自磨机及相关附属设备的工作过程要求自动化程度较高，只有这样才能适应矿石自磨过程的要求。给矿的性质应力求稳定，磨机内的矿石充填率应尽量稳定，这两个因素是自磨中两个重要的必须自动控制的因素。

自磨机与生产能力相同的球磨机相比，其容积为球磨机的数倍，因此衬板的暴露面积比球磨机大得多，矿浆的腐蚀磨损及机械磨损也比球磨机大，故自磨机衬板更换频繁。为了提高自磨机的运转率，自磨机设计时应考虑设计专用的更换衬板的机械装置，以减少更换的时间。

砾磨机的构造与格子型球磨机相似，只不过长度稍长。但生产率相同时，砾磨机的容积比同规格球磨机大得多。

### 4.2.4 自磨机和砾磨机的工作原理及应用范围

#### 4.2.4.1 自磨机和砾磨机的工作原理

矿石自磨进入工业应用基本上是 20 世纪 50 年代以后的事，比常规的磨矿迟了几十年，因此，矿石自磨不如常规磨矿成熟，对自磨研究也不如常规磨矿深入。自然，对矿石自磨原理的认识上也欠深入及统一。

关于矿石自磨的原理，存在着不同的看法及争议，归纳起来不外乎以下 3 种：

（1）干式自磨机的设计者，加拿大的韦斯顿（D. Weston）提出，自磨机中的磨矿作用有 3 种：1）矿块自由下落时的冲击作用；2）矿石由压应力突变为张应力的瞬时应力作用；3）矿块之间相互摩擦作用。第 1）、3）两种作用没有什么争议，第 2）种作用则根据不足，因为在直径大的自磨机中，矿石由下而上的过程中是有一定时间间隔的，实际计算表明，矿石从在下面受压到至上面撤销压力，至少都有 1.5 ~ 2.0s 的时间间隔。因此，矿石受压到压力消失是个"渐变"过程，故第 2）种作用不存在。

（2）F. C. 邦德的学生 C. A. 罗兰（Rowland）认为，自磨机中更多的是磨削作用或摩擦作用，冲击作用较少，即认为以磨削为主。

（3）第三种意见认为，自磨机中的磨矿作用和球磨机中的一样，仍是冲击和磨削两种作用。上述认识中都还缺乏足够的证明资料，因此也难以统一。虽然矿石自磨原理上存在争议和不统一，但这并不影响自磨技术的发展。因为理论研究落后于生产实践是常有的事情。

至于砾磨机中的磨矿原理，更是缺乏深入的研究，而目前更多的是在研究砾磨的应用技术，如砾磨机的结构参数等。

#### 4.2.4.2 自磨机及砾磨机的应用范围

自磨作为一种粉碎矿石的技术已在当代碎磨领域占有重要的一席，在最近几十年新建投产的选矿厂中，大约有三分之一采用了自磨。但也应该看到，矿石自磨的应用不如常规的碎磨方法那样广泛。首先，矿石自磨要求矿石力学性质要适合自磨要求，强度过低的矿石不适宜于自磨，因为矿石入磨后短时间内粗块迅速消耗掉，使自磨缺乏介质，自磨过程难以进行。强度过高的矿石则生产率太低，经济上不划算。其次，矿石自磨只有在每日处理上万吨的大型厂矿中，使用直径 8m 以上的自磨机时才有优势，中、小矿山及选厂不宜采用。在适合自磨处理的矿石中，50 ~ 60 年代主要用于铁矿，70 ~ 80 年代有色金属矿逐渐应用，不过多为湿式半自磨。在铁矿这类精矿产量大的矿石处理中，矿石自磨可降低处理成本的优势能使其产生更大的效益。矿石自磨的产品质量较好,产品总体解离度较高,选矿的回收率稍高,故处理富矿时效果更好。

砾磨在流程上并不能简化,反而需要增加砾磨介质的制备系统,但它的产品铁质污染轻,后续化工处理时可减少酸耗。长期以来在铀矿的磨矿中一直采用。在近几十年兴建投产的选厂中,应用砾磨机的大约占5%左右,虽未能有较大发展,但也能长期保住小小的一席。

如果第一段用自磨,第二段用砾磨,则可将自磨机中的顽石引出来放入二段作砾磨介质,由此使两段的问题均得到解决,一举两得,故自磨及砾磨的联合应用有更好的效果。

### 4.2.4.3 自磨流程与常规磨矿流程对比

根据国内外生产实践总结,自磨流程与常规磨矿流程的优缺点大致可归纳如下。

自磨流程的优点:

(1) 省掉了中、细碎作业,从而提高了劳动生产率;

(2) 自磨产品有用矿物解离度较好,故选别指标较高;

(3) 含泥多的矿石采用湿式自磨可以免去洗矿作业,同时也可避免发生泥矿堵塞筛孔、仓口及溜槽等事故。

自磨流程的缺点:

(1) 自磨机产量随矿石性质的变化而有很大波动,这对选别作业特别是浮选作业是很不利的。据统计,自磨机产量的波动范围为 ±25% ~ ±50% 。

(2) 作业率较低,一般为 78% ~ 83% ,比常规磨矿低 6% ~ 10% 。

(3) 电耗与衬板消耗高于常规磨矿流程。一般自磨流程较常规磨矿流程高 10% ~ 25% ,每处理 1t 矿石多耗电 2 ~ 5kW · h 。

自磨和半自磨过程中料位变化快,而保持适宜料位又是维持自磨机高产、稳产的主要条件,因此自磨过程的自动控制是非常必要的,特别是半自磨和砾磨。对于自磨来说,自磨机的料位必须经常保持在最适宜的范围,这样不仅产量高,而且可以减小钢球对衬板的直接冲击,从而降低衬板和钢球的消耗。

在选择破碎、磨矿流程时应对矿床大小、地区、矿石条件、矿石硬度、成分及嵌布特性,选矿厂规模等因素进行综合考虑,比较它们的基本投资及生产费用,最后决定采用何种流程。一般来说,常规流程除含泥多、湿度大的矿石外都可应用。由于自磨流程和半自磨流程的电耗高,因此,在决定采用这种流程时应特别注意电耗问题。设计中在选择自磨流程时要先经过充分的试验和详细的技术经济指标对比。

## 4.2.5 磨矿机的安装使用与维护和检修

### 4.2.5.1 磨矿机的安装

磨矿机安装质量的好坏,是能否保证磨矿机正常工作的关键。各种类型磨矿机的安装方法和顺序大致相同。为确保磨矿机能平稳地运转和减少对建筑物的危害,必须把它安装在为其重量的 2.5 ~ 3 倍的钢筋混凝土基础上。基础应打在坚实的土壤上,并与厂房基础最少要有 40 ~ 50mm 的距离。

安装磨矿机时,首先应安装主轴承。为了避免加剧中空轴颈的台肩与轴承衬的磨损,两主轴承的底座板的标高差,在每米长度内不应超过 0.25mm 。其次,安装磨矿机的筒体部,结合具体条件,可将预先装配好的整个筒体部直接装上,亦可分几部分安装,并应检查与调整轴颈和磨矿机的中心线，其同心误差必须保证在每米长度内应低于0.25mm。最后安装传动部零部件（小齿轮、轴、联轴节、减速器、电动机等）。在安装过程中，应按产品技术标准进行测量与调整。检查齿圈的径向摆差和小齿轮的啮合性能；减速器和小齿轮的同心度；以及电动机和减速器的同心度。当全部安装都合乎要求后，才可以进行基础螺栓和主轴承底板的最后浇灌。

#### 4.2.5.2 操作和维护

要使磨矿机运转率高，磨矿效果好，必须严格遵守操作和维护规程。

在磨矿机启动前，应检查各连接螺栓是否拧紧；齿轮、联轴节等的键以及给矿器的勺头的固紧状况。检查油箱和减速器内油是否足够，整个润滑装置及仪表有无问题，管道是否畅通。检查磨矿机与分级机周围有无阻碍运转的杂物，然后用吊车盘转磨矿机一周，松动筒内的球荷和矿石，并检查齿圈与小齿轮的啮合情况，注意有无异常声响。

磨矿机启动的顺序是，先启动磨矿机润滑油泵，当油压到达0.15~0.20MPa时，才允许启动磨矿机，最后再启动分级机。等一切都运转正常，才能开始给矿。

在运转过程中，要经常注意轴承温度，要求不得超过50~65℃。要经常注意电动机、电压、电流、温度、声响等情况。随时注意润滑系统，油箱内的油不得超过35~40℃，给油管的压力应保持在0.15~0.20MPa内。检查大小齿轮、主轴承、分级机的减速器等传动部件的润滑情况，并注意观察磨矿机前后端盖、筒体、排矿箱、分级机溢流槽和返砂槽是否堵塞和漏砂。经常注意矿石性质的变化，并根据情况及时采取适当措施。

停止磨矿机时，要先停给矿机，待筒体内矿石处理完后，再停磨矿机电动机，最后停油泵。借助分级机的提升装置把螺旋提出砂面，接着停止分级机。

磨矿机的常见故障及其消除方法列于表4-2-2中。

**表4-2-2 磨矿机的常见故障及消除方法**

| 故 障 现 象 | 故 障 原 因 | 消 除 方 法 |
|---|---|---|
| 主轴承熔化，轴承冒烟或电机超负荷断电 | 1. 供给轴颈的润滑油中断；<br>2. 砂土落入轴承中 | 1. 清洗轴承并更换润滑油；<br>2. 修整轴承和轴颈或重新浇注 |
| 磨矿机启动时，电机超负荷或不能启动 | 启动前没有盘磨 | 盘磨后再启动 |
| 油压过高或过低 | 1. 油管堵塞，油量不足；<br>2. 油黏度不符合要求，过脏，过滤机堵塞 | 消除油压增加或降低的原因 |
| 电动机电源不稳定或过高 | 1. 勺头活动，给矿器松动；<br>2. 返砂中有杂物；<br>3. 中空轴润滑不良；<br>4. 排矿浓度过高；<br>5. 筒体周围衬板质量不平衡，或磨损不均匀；<br>6. 齿轮过渡磨损；<br>7. 电机电路上有故障 | 上紧勺头或给矿器，改善润滑状况，更换衬板，调整操作，更换或修理齿轮，排除电气故障 |
| 轴承发热 | 1. 给矿量过多或不足；油质不合格，污染；<br>2. 轴承安装不正，或落入杂物；<br>3. 油路不通，润滑油环不工作 | 停止给矿，查明原因，更换污油，清洗轴承，检查润滑油环 |

| 故 障 现 象 | 故 障 原 因 | 消 除 方 法 |
|---|---|---|
| 球磨机振动 | 1. 齿轮啮合不好，或磨损过甚；<br>2. 地脚螺栓或轴承螺栓松动；<br>3. 大齿轮连接螺栓或对开螺栓松动；<br>4. 传动轴承磨损过甚 | 调整齿间隙，拧紧松动螺栓，修整或更换轴瓦 |
| 突然发生强烈振动和撞击声 | 1. 齿轮啮合间隙混入铁杂质；<br>2. 小齿轮轴窜动；<br>3. 齿轮打坏；<br>4. 轴承或固定在基础上的螺栓松动 | 消除杂物，拧紧螺栓，修整或更换轴瓦 |
| 端盖与筒体连接处、衬板螺钉处漏矿浆 | 1. 连接螺栓松动，定位销子过松；<br>2. 衬板螺钉松动，密封垫圈磨损，螺栓打断 | 拧紧或更换螺栓，拧紧定位销子，加密封垫圈 |

### 4.2.5.3 检修

为确保磨矿机的安全运转和提高设备完好率，延长机器的使用年限，必须做到计划检修。检修工作分为3种：

小修：每月进行一次，包括临时性的事故修理，主要是小换、小调，重点是更换易磨部件，如磨矿机的衬板、给矿器勺头，调整轴承和齿轮的啮合情况。另外，还要及时修补各处的破漏。

中修：一般每年进行一次，主要是对设备各部件作较大的清理和调整，更换大量的易磨部件。

大修：除完成中、小修任务外，着重修理和更换各主要零部件，如中空轴、大齿轮等。大修的时间间隔，取决于这些部件的损坏程度。

球磨机易损零件的平均寿命和最低储备量见表4-2-3。

**表4-2-3 球磨机易损零件的平均寿命和最低储备量**

| 易损零件名称 | 材 料 | 寿命/月 | 最少储备量/套 |
|---|---|---|---|
| 筒体衬板 | 锰 钢 | 6~8 | 2 |
| 端盖衬板 | 锰 钢 | 8~10 | 2 |
| 轴颈衬板 | 碳钢或白口铁 | 12~18 | 1 |
| 格子板衬板 | 锰钢或铬钢 | 6~18 | 2 |
| 给矿器勺体 | 碳钢或白口铁 | 8 | 2 |
| 给矿器体壳 | 碳钢或白口铁 | 24 | 1 |
| 主轴承轴瓦 | 轴承合金 | 24 | 1 |
| 传动轴承轴瓦 | 轴承合金 | 18 | 2 |
| 小齿轮 | 40Cr | 6~12 | 2 |
| 齿 圈 | 碳 钢 | 36~48 | 1 |
| 衬板螺钉 | 碳 钢 | 6~8 | 0.5 |

## 4.2.6 磨矿机的发展情况简介

棒磨机出现于19世纪70年代，球磨机出现于19世纪90年代，它们均是应用了一百多年的老设备。这两种设备经历了上百年的自然淘汰而保存下来，说明它们的结构主体是可靠的，性能是良好的。但在这一百多年中，这两种磨矿机也经历了不断的改进及完善。多年来球磨机及棒磨机经历的主要变化有如下一些方面：（1）磨矿机大型化。为了适应矿业迅速发展的需要及进一步降低磨矿成本，二次世界大战后的30多年间，各国均在制造大型磨矿机，到70年代时，直径4.5～6.5m的大型磨矿机已均在生产中成功应用，连棒磨机的规格也增大到 4.5m×6.3m，安装功率达6000～15000马力（1马力＝0.735kW），最大的球磨机 $D×L$ 为 8250mm×15250mm，安装功率达27000马力。大型磨矿机的基建投资低，比功耗小和生产费用少。但直径3.8m以上磨矿机的比生产率开始降低，因为愈大的磨矿机装球愈少。所以磨矿机也非愈大愈好。（2）新技术不断引入，改进了原有的磨矿机部件，如磨矿机轴承上由原来的滑动轴承改为液压式动力或静力轴承，润滑采用新型喷油润滑，启动时采用微拖装置启动，这样就可以减少安装功率，节省能耗。（3）新材料的应用改进了易损部件质量，延长了易损部件寿命。如橡胶衬板、磁性衬板、合金衬板及复合衬板等的应用。

在对传统磨矿机的结构及部件不断用新技术及新材料改进的同时，也出现了一些构造上有重大不同的磨矿机，其在生产中也取得一定的应用。

（1）环形电动机无齿轮传动球磨机。这种磨矿机结构十分简单，磨矿机筒体上固定着电动机的转子，筒体外罩着电动机的定子，结构见图4-2-12。这种磨矿机通过双向离心变频器控制电动机供电频率，使球磨机转速在一个小的范围内无级调节。可根据矿石可磨性的变化来自动调节磨矿机的产率。该磨矿机的处理能力为 1000t/h，最先是在挪威的一个矿使用，到目前全世界已有50多台无齿轮传动磨矿机在生产中应用。它减少了一副传动齿轮，无疑节省了动力的消耗。

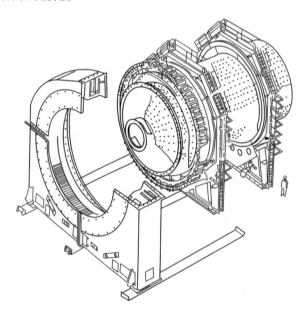

图 4-2-12　φ6.5m×9.65m 无齿轮传动球磨机

（2）周边排矿磨矿机。一般的磨矿机是从中空轴颈内排矿，而此种磨矿机的排矿则是从筒体周边上开的排矿孔排出的，正因如此，它的排矿水平低，排矿速度快，磨矿机生产率大，产品过粉碎轻，其结构示意图见图 4-2-13。另一种是中部周边排矿磨矿机，这种磨矿机两端给矿，中间排矿，故其排矿更快。据称，它的生产率比同规格磨矿机大 25%，且过粉碎轻，产品粒度粗，产品机械强度好。建筑业有的用它磨建筑用砂，制出的混凝土强度也很好。一些钨锡矿采用它来磨矿，得到的产品过粉碎轻，密度大的钨矿物及锡石等能通过筒壁快速排出磨矿机。目前世界上不少国家都在制造及使用这种磨机。

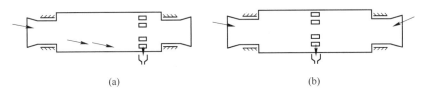

(a)　　　　　　　　　　　　　(b)

图 4-2-13　周边排矿磨矿机结构示意图

(a) 端部周边排矿磨矿机；(b) 中部周边排矿磨矿机

　　(3) 塔式磨矿机。20 世纪 50 年代这种磨矿机由日本研制成功，现已被欧美及其他国家在细磨领域相继采用，至 80 年代中期，世界上已约有 280 多台塔式磨机用于各种物料的细磨生产，其磨矿细度为 $1 \sim 100 \mu m$，单位电耗比卧式细磨机降低 50% ~ 60%。塔式磨矿机的结构见图 4-2-14。塔式磨矿机与卧式细磨机不同之处在于：介质充填率可以超过50%，甚至达 70% ~ 80%，大幅度增加了研磨面积。螺旋叶片搅动磨内介质，可形成充分的研磨作用。磨矿介质尺寸小于 25mm，介质可以是钢球或砾石。产品从磨矿机上部排出，排出前先经圆锥分级机分级，溢流排出磨矿机，沉砂则再进入磨矿机循环再磨。此种高效细磨机在世界各地已获广泛应用，技术比较成熟。

　　(4) 离心磨。离心磨是一种新型的高效率超细磨设备（见图 4-2-15），它分为竖式和卧

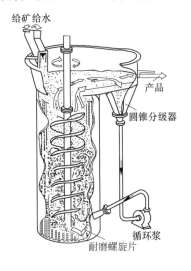

图 4-2-14　塔式磨矿机结构图

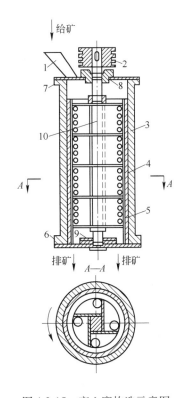

图 4-2-15　离心磨构造示意图

1—给矿口；2—皮带轮；3—圆盘；4—钢球；5—筒体；
6—下端盖；7—上端盖；8，9—轴承；10—中心轴

式两种。根据管的数目，前者又可分为单管离心磨和三管（行星式）离心磨。

单管式离心磨的构造如图4-2-15所示。用铸铁、铸钢或钢板焊成的圆筒，与两端盖相连，筒内壁铺有高锰钢衬套，主轴支承在上下两端盖上的滚柱轴承内，其上装有带叶片的圆盘，它将筒体分成多个破碎室。在每室中只装数量不多的伪钢球或棒。当电动机使竖轴、圆盘及叶片作高速回转时，球或棒因离心力作用沿筒壁重叠起来，受叶片的推力贴着磨壁滚动。由给矿口加入的矿石，也受离心力作用而沿着磨壁分布，因此，可使入磨矿石在沿筒壁滚动的球与衬套之间被磨细，磨细了的矿石沿衬套内壁与圆盘之间的环形缝间落至下一室，依次经多段落到排矿口，然后被排出机外。

由于离心磨结构简单，易于制造，占厂房面积小，耗电低，效率高，生产率也大，因此适用于井下磨细作业，如能经济而合理地解决易磨部件的磨损问题，其将是一种很有发展前途的磨矿设备。国外已逐步将离心磨应用于生产上，据报道，前苏联用500mm×3300mm的离心磨取代了一向在精矿和中矿再磨作业中沿用的普通球磨机，既提高了生产率又减少了泥化现象，其后又用800mm×1000mm的离心磨代替了大型选矿厂再磨中矿及精矿用的2700mm×3600mm的普通球磨机。南非德班应用过三管竖式离心磨（或行星磨），并把它与单管作了比较，认为三管比单管运转时机构易于平衡，但给入－75mm的矿料不如单管式方便，尤其是用作井下设备时；同时指出单管可用于第一次磨细，三管适用于第二次细磨。

（5）振动磨。振动磨示意图见图4-2-16。振动磨因具有磨细度高，生产率大，动力消耗低，小而轻便等优点，故近年来又有所发展，并在细磨领域内逐渐取得了一定的地位。

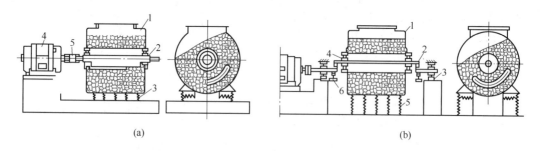

（a）　　　　　　　　　　　　　　　（b）

图4-2-16　振动磨示意图
（a）惯性式振动磨：1—筒体；2—主轴；3—弹簧；4—马达；5—联轴节；
（b）偏旋式振动磨：1—筒体；2—偏心轴；3—主轴承；
4—筒体上轴承；5—弹簧；6—平衡块

振动磨有惯性式和偏旋式两种。

惯性式振动磨的主轴2，安装在磨机筒体1两端的滚动轴承内，此轴即为磨机的振动器。当电动机通过弹性联轴节使主轴转动时，由于主轴中部是偏心的，它就会产生激发并维持筒体振动的离心惯性力。在它的作用下，支承在弹簧上的磨机筒体就会发生振动。筒体上任一点的运动轨迹近似一椭圆，此椭圆的长轴接近于垂直，而短轴接近于水平。但作高频振动时，其运动轨迹可认为是一圆曲线。

偏旋式振动磨的筒体是通过轴承4装在有偏心轴颈的偏心轴2上，当安在主轴承3中的偏心轴2旋转时，则偏心轴颈的顶点强迫筒体作圆轨迹振动。

钢球在筒体内的运动情况，显然与普通球磨不同。由图 4-2-16 可清楚地看到，它们的运动方向与筒体的振动方向相反，例如筒体作顺时针方向的圆振动，则钢球按逆时针方向做封闭曲线的循环运动。除了这种总的循环外，尚有自转运动。给入磨内的待磨物料在高频冲击和研磨作用下被磨细而排出。

振动磨的振动频率通常介于 1500～3000 次/min 之间，振幅约 2～4mm，装球率通常达 75%～85%，这三者必须配合恰当，才能获得较多的冲击次数及较好的效果，否则磨细度将变粗，生产率也会降低。

振动磨是在高频下工作的，高频振动易使物料生成裂缝，且能在裂缝中产生相当高的应力集中，故它能有效地进行超细磨。但此种机械的弹簧易于疲劳而破坏，衬板消耗也较大，所用的振幅较小，给矿不宜过粗，而且要求均匀加入，故通常适用于将 1～2mm 的物料磨至 85～5μm（干磨）或 5～0.1μm（湿磨）。在粗磨矿时，振动磨的优点并不很显著，因而至今在选矿上尚未采用它代替普通球磨，但在化学工业上却得到了发展。

德国洪堡厂生产的帕拉型振动磨，装球率为 70%，电动机功率 110kW，可将 30mm 的物料磨至 10μm，生产能力 15～20t/h。

但是，要使巨大的筒体振动起来是比较困难的，故目前振动磨的直径始终未突破 1m。

（6）喷射磨矿机。喷射磨是一种把物料的细磨与分级、干燥等作业相综合的新型干磨设备。主要用在化工和建筑材料工业，但最近有用于磨矿的趋势。

圆锥形气流喷射磨的构造示意图如图 4-2-17 所示。

喷射磨的工作情况是：用高温压缩空气，或过热蒸汽，或其他预热气体作介质，当压缩空气在燃烧室 11 预热后，经喷射管 10 的喷嘴放出，因其突然减压而膨胀，以 100～200m/s 速度运动的气流，会把自给

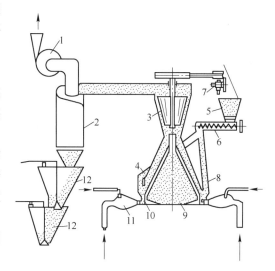

图 4-2-17　圆锥形气流喷射磨示意图

1—风机；2—旋风集尘器；3—分级设备；4—粗粒返回管；
5—原矿；6—给矿机；7—电动机；8—给矿管；
9—磨矿室；10—喷射管；11—燃烧室；12—产品储存仓

矿管 8 中落下的 5～3mm 的被磨物料沿切线方向吹入圆锥形的磨室内，高速运动着的矿粒因彼此间相互冲击及磨剥而自行粉碎。已粉碎的矿粒在分级设备 3 的配合下进行分级，合格产品被气流带入旋风集尘器 2 中，粗颗粒经返回管 4 落入磨矿室的底部重新粉碎。

喷射磨的优点是：设备结构简单，无运动部件，金属耗量低，生产率大，功耗低，破碎比大，且能把磨碎与其他作业（化学处理、干燥与焙烧）同时进行。它在工艺方面的好处是：产物粒度均匀，过粉碎少，解离度高，选择性磨碎作用强，比球磨机和砾磨机产品的选别指标都要好。

含铁石英岩的喷射磨产品经磁选后的选别指标，和球磨机及砾磨机的相比较，精矿品位约高 2%～3%，铁的回收率约高 2%～15%。

## 4.3  磨矿介质的运动理论与磨矿作用

磨矿作用是靠磨内介质的运动来完成的，因此，要研究磨机的磨矿作用，首先必须研究磨内介质的运动情况。弄清磨矿介质的运动规律，就能据此而调节磨矿作用。

### 4.3.1  钢球的受力和运动状态

戴维斯拍摄磨机内钢球运动的照片说明，如果磨内只有钢球和水时，钢球会产生向下滑动，而且下滑现象很明显，钢球不能上升到理论上它应该达到的高度，如果加入砂子，钢球的滑动现象即消除。有试验指出，当磨内只有钢球而不加水及矿石时，球荷为10%、20%及30%时钢球都有滑动现象，但球荷在40%以上时，滑动即停止。戴维斯研究的磨矿介质运动学，是以假定磨内钢球不滑动为前提的。生产中的磨机，装球多在40%以上，而且有矿砂，这与戴维斯假定的前提是一致的。因此，戴维斯的钢球运动理论与实际情况基本相符，可以作为研究的基础。磨内钢球的受力如图4-3-1所示。

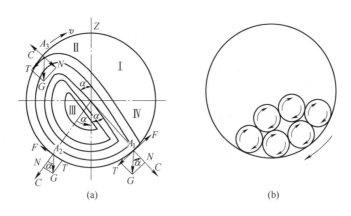

图 4-3-1  作用于钢球的力

在图4-3-1（a）中，从外层任意取一钢球 $A_1$，钢球 $A_1$ 处于重力场中，必受重力 $G$ 的作用；另外，钢球 $A_1$ 随筒体一起做圆周运动，故又受离心力 $C$ 的作用。进一步对 $G$ 及 $C$ 作分解。$G$ 分为两个分力：$G$ 的切向分力 $T$（$T = G\sin\alpha$）使钢球 $A_1$ 沿切线方向运动，即向下滑动；$G$ 的法向分力 $N$（$N = G\cos\alpha$），在下面的第Ⅲ、Ⅳ象限使钢球 $A_1$ 沿筒体过中心的法向压向筒壁，而在上面的第Ⅱ象限，$G$ 的法向分力 N 则使钢球 $A_1$ 沿法向脱离筒壁。离心力 $C$ 无论在何象限内均是从筒壁中心压向筒壁。在下面的第Ⅲ、Ⅳ象限，离心力 $C$ 与重力 $G$ 的法向分力 $N$ 方向相同，即以力（$C + N$）压向筒壁，力（$C + N$）配合上与 $A_1$ 接触处的摩擦系数 $f$，构成摩擦力 $F$，$F = f(C + N)$，$F$ 与下滑力 $T$ 的方向相反，阻止 $T$ 力沿切线方向向下滑动。当钢球与筒壁没有相对运动的情况，力 $T$ 和力 $F$ 是相等的。钢球被力（$C + N$）压着，与磨机成同步运动，随着磨机以同样的线速度 $v$ 做圆曲线运动并上升到 $A_3$ 点。在此处，力 $C$ 和力 $N$ 大小相等方向相反，则 $F = 0$，切线分力 $T$ 为后面的球上升时的推力所抵消。于是，钢球脱离筒壁，成为自由体，并以原有的速度 $v$ 抛出，受自身重力作用，呈抛物线下落。

当磨机转速过高时，球可能上升到顶点 $Z$，当离心力 $C$ 比钢球重量 $G$ 大时，钢球就不会下落，从而出现离心运转。

当转速较低时，钢球不到 $A_3$ 点，力 $N$ 与力 $C$ 就已经相等，钢球即呈抛物线落下。力 $N$ 与球的重量及球的位置有关，力 $C$ 与球的重量和磨机的转速有关，因而钢球能够上升的高度决定于球荷的质量及磨机的转速。

球荷中的每一个球，都受到大小相等方向相反而作用点又不同的力 $T$ 和力 $F$ 的作用，使得 $T$ 与 $F$ 成为力偶，因此球又会围绕自身轴线转动，如图 4-3-1（b）所示。所以说，钢球在随筒体上升的过程中，是转动着向上运动的。

### 4.3.2 球磨机的临界转速

前已述及，钢球在离心状态下是不产生磨矿作用的，故应该避免离心状态的出现，这就要研究使钢球发生离心的最小转速或使钢球不产生离心的最大转速的问题，即磨机的临界转速问题。

钢球的运动受力图如图 4-3-2 所示。如前节所述，当磨机以线速度 $v$ 带着钢球升到 $A$ 点时，由于钢球重量 $G$ 的法向分力 $N$ 和离心力 $C$ 相等，钢球即呈抛物线落下。如果磨机的线速度增加，钢球开始抛落的脱离点也就会提高。当磨机的转速增加到某一值 $v_c$ 时，离心力大于钢球的重量，钢球升到磨机筒体顶点 $Z$ 时不再落下，而发生离心运转。由此可见，离心运转的临界条件是

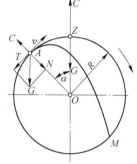

图 4-3-2 钢球运动受力图

$$C \geqslant G$$

令 $m$ 为钢球的质量，$g$ 为重力加速度，$n$ 为磨机每分钟的转速，$R$ 为球的中心到磨机中心的距离，$\alpha$ 为球脱离圆轨迹时，连心线 $OA$ 与垂直轴的夹角。当磨机的线速度为 $v$，钢球升到 $A$ 点时，有

$$C = N \quad \text{或} \quad \frac{mv^2}{R} = G\cos\alpha$$

因 $G = mg$，代入上式得

$$v^2 = Rg\cos\alpha \tag{4-3-1}$$

因 $v = \dfrac{2n\pi R}{60} = \dfrac{n\pi R}{30}$，代入上式得到

$$n = \frac{30}{\pi}\frac{\sqrt{g}}{\sqrt{R}}\sqrt{\cos\alpha}$$

取 $g = 9.81\,\mathrm{m/s^2}$，则 $\pi \approx \sqrt{g}$，于是

$$n = \frac{30}{\sqrt{R}}\sqrt{\cos\alpha} \quad \mathrm{r/min} \tag{4-3-2}$$

式中，$R$ 的单位为 m。

这是研究钢球运动的最基本的公式，以后要经常用到它。

当磨机的线速度为 $v_c$，相应的每分钟转速为 $n_c$ 时，钢球上升到顶点 $Z$ 后不再落下，发生了离心化，此时，$C = G$，$\cos\alpha = 1$，从而

$$n_c = \frac{30}{\sqrt{R}} = \frac{42.4}{\sqrt{D}} \quad \text{r/min} \tag{4-3-3}$$

式中，$D = 2R$，单位皆为 m。对贴着衬板的最外一层球来说，因为球径比球磨机内径小得多，故可忽略不计。$R$ 可以算是磨机的内半径，$D$ 就是它的内直径。

由式（4-3-3）可以看出，使钢球离心化所需的临界转速，决定于球心到磨机中心的距离。最外层球距离磨机中心最远，使它离心化所需的转速最低，最内层球距磨机中心最近，使它离心化所需的转速也最高。

实际转速 $n$ 是临界转速 $n_c$ 的百分数 $\psi$，称为转速率，即

$$\psi = \frac{n}{n_c} \times 100\% \tag{4-3-4}$$

转速率 $\psi$ 通常表示磨机转速的相对高低。

### 4.3.3　棒磨机中棒的运动与磨矿作用

棒磨机中，因棒在磨机运动时的受力与球的相同，故磨矿介质钢棒的运动与球的相似，即棒随筒体上升到一定高度，然后脱离筒向下滚落。但是棒与球毕竟不同，棒是长条形，视为一条线，球是一个球体，视为一个点。球离开筒壁时，无论是抛落还是泻落，均不影响其他球介质的运动。棒的情形却不同，棒离开筒壁时，必须保持与筒体中心线平行的状态向下滑落运动。如有一根棒不平行，后面下来的棒必然乱棒或"架垛"，从而破坏整个棒荷介质的运动，以致不能产生磨矿作用。为了使棒在向下滑落中与筒体中心线保持平行，棒最好不呈抛落运动，因为抛落中受外界因素影响其很难保持平行抛出，平行落下。为此，棒磨机的转速一般比球磨机要低一些，通常，球磨机的转速率范围为 75% ~ 85%，而棒磨机则要低 10 个百分点，为 65% ~ 75%。另外，应尽量减少一些影响棒运动的干扰因素，如筒体的两个端盖内表面应尽量平整光滑，以免挡住棒的下滑运动；再如，磨机的给矿块不宜过大，过大的给矿也易产生乱棒。

棒磨机中棒的磨矿作用有压碎，击碎及研磨。棒向下滑落时对磨内的矿料产生压碎及击碎作用，棒上升及下滑过程中对矿料产生研磨作用。两根平行的棒相对滚动时，可将其中夹的矿料夹碎及研磨，就像对辊机中的破碎一样。因此，整个棒荷就像若干个对辊机。棒的破碎作用是"线接"破碎，它会优先破碎夹于棒间的粗块，而对其间的细粒起保护作用。因此，棒磨机具有选择性破碎粗粒及选择性保护细粒的选择性磨碎作用。正因如此，棒磨机的产品粒度较为均匀，而且过粉碎较轻。

棒磨机中，单位体积的棒荷重量比球荷重量大，棒间的空隙比球荷的小，但棒荷的表面积也比球荷的小。因而，棒适合于粗磨，球适于细磨。粗磨时（磨矿粒度为 1 ~ 3mm）棒磨机的生产能力比同规格的球磨机大，而细磨时（磨矿粒度小于 0.5mm）棒磨机的生产能力比同规格的球磨机小。

### 4.3.4　钢球泻落式运动与磨矿作用

球磨机中钢球做泻落式运动时，球荷上升的高度不高，球会沿球荷形成的斜坡向下滚

落。当球滚到斜坡底时，能产生较轻微的冲击作用。

球荷在上升过程中，球荷之间的转动能对矿料产生研磨作用。球滚到坡底时，又会对矿料产生较轻的冲击作用。因此，钢球做泻落运动时磨矿作用以研磨为主，并有轻微冲击。轻微冲击作用不仅会在球滚到坡底时产生，而且在球荷上升过程及沿斜面滚动过程中也会产生。

球荷做泻落式运动时，磨机的转速率一般比较低，大多数情况下 $\psi$ 在 70% ~ 80% 之间。由于转速率较低，球荷与筒壁及球荷与球荷之间的相对运动速度也会较低，故研磨作用比较弱，因此，泻落式状态下磨机的生产能力较低。

钢球做泻落式运动时，磨矿作用以研磨为主，并辅以轻微冲击，因此，泻落式运动适于矿石细磨。而对于粒度较粗的粗磨，因需要较大的冲击力，只能采用抛落式状态。

### 4.3.5 钢球作抛落式运动下的运动学

磨矿机中，对于钢棒的运动及钢球的泻落式运动，目前仅能对运动状态作定性描述，对球及棒的运动还不能建立运动方程式，还难于用数学方法对其运动及力学作量化描述。

钢球做抛落运动时，可用拍摄磨机内介质的运动状态的方法来研究介质的运动规律，这种研究在20世纪20年代就已经开始，豪尔泰思、戴维斯、列文松及我国的学者王文东等，都先后做过这方面的工作。后面介绍的就是他们的研究成果。

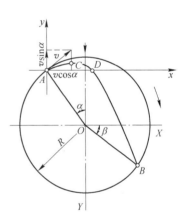

图 4-3-3 球的圆运动及抛落运动轨迹

#### 4.3.5.1 钢球做抛落运动的运动方程式

通过拍摄及观察磨内钢球的运动状态可知，在钢球做抛落式运动时，其运动分为两步：钢球先随筒体做圆运动，然后再做抛落式运动。故其运动轨迹亦分为两部分。在图4-3-3中，球从点 $B$ 到点 $A$ 是圆运动的轨迹，而从 $A$ 点到 $C$ 点再到 $B$ 点为抛落运动轨迹。圆运动有圆运动的方程式，抛落运动有抛落运动的方程式，即由运动轨迹而建立运动方程式。

在图4-3-3中，以脱离点 $A$ 为原点，建 $xAy$ 坐标系，在此坐标系中，圆心在磨机中心 $O$ 点，圆半径为 $R$ 的圆曲线的方程式为

$$(x - R\sin\alpha)^2 + (y + R\cos\alpha)^2 = R^2 \tag{4-3-5}$$

球从 $A$ 点以磨机运转时的线速度 $v$ 抛出，根据抛物落下的情形，抛落的水平距离（$x$）为

$$x = (v\cos\alpha)t \quad 或 \quad t = \frac{x}{v\cos\alpha}$$

而初速度不为 0 的自由落体运动方程式（垂直距离（$y$））为

$$y = (v\sin\alpha)t - \frac{1}{2}gt^2$$

将上面的 $t$ 值代入，得到

$$y = x\tan\alpha - \frac{gx^2}{2v^2\cos^2\alpha}$$

再将式（4-3-1）（$v^2 = Rg\cos\alpha$）代入上式，得到

$$y = x\tan\alpha - \frac{x^2}{2R\cos^3\alpha} \tag{4-3-6}$$

式（4-3-6）即是在 $xAy$ 坐标系中球做抛落运动的运动方程式。

式（4-3-5）及式（4-3-6）是钢球做抛落运动时的两个基本方程式，用它们可以对抛落运动的情况做量化计算。

#### 4.3.5.2 抛物线上各特殊点的坐标计算

为了准确画出抛物线，必须确定它的最高点 $C$、它与 $x$ 轴的交点 $D$ 及落回点 $B$ 的坐标。

确定 $C$ 点的坐标：因 $y_C = y_{最大}$，故对式（4-3-6）取一次导数并令它等于零，用求极大值的方法可求出 $y_{最大}$ 的坐标值为

$$x_C = R\sin\alpha\cos^2\alpha \tag{4-3-7}$$

$$y_C = \frac{1}{2}R\sin^2\alpha\cos\alpha \tag{4-3-8}$$

确定 $D$ 点的坐标：因 $D$ 点是抛物线与水平轴 $x$ 的交点，所以

$$y_D = 0 \tag{4-3-9}$$

$$x_D = 2R\sin\alpha\cos^2\alpha \tag{4-3-10}$$

确定 $B$ 的坐标：$B$ 点是钢球抛落运动的终点，也是圆运动的起点，即 $B$ 点既符合抛落运动，也符合圆运动，则它必然是式（4-3-5）和式（4-3-6）联立求解时得到的公解，解此三角方程组可得

$$x_B = 4R\sin\alpha\cos^2\alpha \tag{4-3-11}$$

$$y_B = -4R\sin^2\alpha\cos\alpha \tag{4-3-12}$$

$y_B$ 为负值表示 $B$ 点在 $xAy$ 坐标系的下方。

比较式（4-3-7）~式（4-3-12）可得

$$x_B = 2x_D$$

$$x_C = \frac{1}{4}x_B$$

$$y_C = \left|\frac{1}{8}y_B\right|$$

因 $n = \frac{30}{\sqrt{R}}\sqrt{\cos\alpha}$ 及 $n_c = \frac{30}{\sqrt{R}}$，故 $\psi = \frac{n}{n_c} \times 100\% = \sqrt{\cos\alpha}$ 或 $\psi^2 = \cos\alpha$。由此可见，钢球的脱离角表示钢球上升的高度大小。对外层球而言，它由磨机的转速率 $\psi$ 决定，即筒体的转速率决定着钢球上升的高低，从而决定着各特殊点坐标的位置。即在已知磨机筒体半径 $R$ 的情况下，由转速率 $\psi$ 可以求出脱离角 $\alpha$，从而算出各坐标点的位置，也就能画出

抛物线的轨迹来。

如图 4-3-3 所示，脱离角 $\alpha$ 是脱离点 $A$ 到磨机中心 $O$ 的连线与 $y$ 轴的夹角，$\alpha$ 角愈小时表示球上升愈高，$\alpha$ 角为零时，表示球不再脱落而进入离心运转。落回角 $\beta$ 是落回点 $B$ 到磨机中心 $O$ 的连线与水平 $X$ 轴的夹角，$\beta$ 角小时表示球落下的高度小，$\beta$ 角大时表示球落下的高度大。脱离角 $\alpha$ 及落回角 $\beta$ 是钢球作抛物运动的两个重要参数。

要表示落回角 $\beta$，在 $XOY$ 坐标系中更为方便，根据移轴规则（新坐标等于旧坐标减去新原点的旧坐标）可将 $xAy$ 坐标系中 $B$ 点的坐标 $x_B$、$y_B$ 表示为 $XOY$ 坐标系中的坐标 $X_B$、$Y_B$：

$$X_B = 4R\sin\alpha\cos^2\alpha - R\sin\alpha \tag{4-3-13}$$

$$Y_B = -\left[ -4R\sin^2\alpha\cos\alpha - (-R\cos\alpha) \right]$$

$$= 4R\sin^2\alpha\cos\alpha - R\cos\alpha \tag{4-3-14}$$

则

$$\sin\beta = \frac{Y_B}{R} = 4\sin^2\alpha\cos\alpha - \cos\alpha$$

$$= -4\cos^3\alpha + 3\cos\alpha = -\cos3\alpha$$

$$= -\sin(90° - 3\alpha) = \sin(3\alpha - 90°)$$

故

$$\beta = 3\alpha - 90° \tag{4-3-15}$$

从图中还可看出，从 $OA$ 到 $OB$ 的圆心角为 $4\alpha$，而球做圆运动部分的圆心角为 $2\pi - 4\alpha$。

#### 4.3.5.3 脱离点与落回点轨迹和最大脱离角与最小球层半径

前一个问题中计算抛物线上各特殊点的位置，实际上是针对磨机内的最外一层球进行的。但磨机内有若干球层，内部各层球也作抛物运动，但各特殊点的位置却与最外层球不相同，现作具体分析。

##### A 脱离点与落回点的轨迹

磨机中的球荷由若干球层组成，每一层都有一个脱离点 $A_i$ 和落回点 $B_i$。每一层球的 $A_i$ 点的坐标各不相同，但它们既然都是脱离点，就都有相同的几何条件。同样，各落回点 $B_i$ 的坐标尽管也不相同，但也符合同一个几何条件。找出这两个几何条件，就能找出这两种转折点的连线，即脱离点与落回点的轨迹。

由钢球运动的基本公式 $n = \dfrac{30}{\sqrt{R}}\sqrt{\cos\alpha}$ 可得

$$R_i = \frac{900}{n^2}\cos\alpha = a\cos\alpha \tag{4-3-16}$$

这里，当 $n$ 为已给定值时，$a = \dfrac{900}{n^2}$ 为常数。

式（4-3-16）是以磨机中心 $O$ 为基点，坐标轴 $OY$ 为极轴的圆曲线方程，此圆的半径为 $\dfrac{a}{2}$。由于每一层球皆有一脱离角 $\alpha_i$ 与球层半径 $R_i$，并且均符合上述关系，因此诸 $A_i$ 点

皆在以 $O_1$ 为圆心及 $O_1O = \dfrac{a}{2}$ 为半径的圆上。

这个圆就是各脱离点的轨迹，如图 4-3-4 所示。

落回点 $B_i$ 到磨机中心的距离为 $R_i$，由式 (4-3-15) 可知，它与极轴 $OY$ 之间的极角 $\theta$ 为

$$\theta = \beta_i + 90° = 3\alpha$$

点 $\beta_i$ 也在圆运动的轨迹上，也遵从公式 $n = \dfrac{30}{\sqrt{R}}\sqrt{\cos\alpha}$，于是照样有极坐标方程式

$$R = a\cos\alpha = a\cos\frac{\theta}{3} \qquad (4\text{-}3\text{-}17)$$

当 $\theta = 270° = \dfrac{3}{2}\pi$ 时 $R = 0$，此方程式表示的曲线（即巴斯赫利螺线）将通过磨机中心（即极点），式 (4-3-17) 代表的曲线就是诸落回点 $B_i$ 的轨迹。

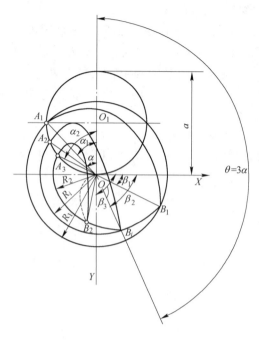

图 4-3-4 脱离点 $(A_i)$ 和落回点 $(B_i)$ 的轨迹

B 最大脱离角与最小球层半径

由上图显然可知，愈靠近磨机中心的球层，它的脱离点轨迹和落回点轨迹愈靠拢，到了磨机中心 $O$ 处即汇于一点。从现象上看，愈靠近磨机中心的球层，它的圆运动和抛物线运动相互干扰愈厉害，以致二者几乎不可分。因此，最内球层的半径 $R_2$ 必有一极限值，当小于它时，球层即无明显的圆运动和抛落运动。这个极限值称为最小球层半径 $(R_{最小})$，可对它推导如下：

根据式 (4-3-13) 知，当 $\dfrac{\mathrm{d}x_B}{\mathrm{d}\alpha} = 0$ 时，$x_B$ 有极限值，于是

$$\frac{\mathrm{d}x_B}{\mathrm{d}\alpha} = \frac{\mathrm{d}}{\mathrm{d}\alpha}(4R\sin\alpha\cos^2\alpha - R\sin\alpha)$$

$$= \frac{\mathrm{d}}{\mathrm{d}\alpha}\left[\frac{900}{n^2}\cos\alpha(4\sin\alpha\cos^2\alpha - \sin\alpha)\right] = 0$$

即

$$\frac{\mathrm{d}x_B}{\mathrm{d}\alpha} = 4\cos^3\alpha\frac{\mathrm{d}\sin\alpha}{\mathrm{d}\alpha} + \sin\alpha\frac{\mathrm{d}4\cos\alpha}{\mathrm{d}\alpha} - \frac{\mathrm{d}\cos\alpha}{\mathrm{d}\alpha}\sin\alpha - \cos\alpha\frac{\mathrm{d}\sin\alpha}{\mathrm{d}\alpha}$$

$$= 4\cos^4\alpha - 12\cos^2\alpha\sin^2\alpha + \sin^2\alpha - \cos^2\alpha$$

$$= 16\cos^4\alpha - 14\cos^2\alpha + 1 = 0$$

解此方程式，得到的两个 $\alpha$ 值分别为 $26°44'$ 和 $73°44'$。从 $\beta$ 角与 $\alpha$ 角的关系看，当 $\alpha = 26°44'$ 时，$\beta = -9°48'$，即落回点在 $OX$ 轴的上方及 $OY$ 的右边，不在范围内，无意义。当 $\alpha = 73°44'$ 时，$\beta = 131°12'$，落回点在 $OX$ 轴的下方及 $OY$ 轴的左边，有意义。如果从二

阶导数判断，$\dfrac{\mathrm{d}^2 x_B}{\mathrm{d}\alpha^2} = 4\cos\alpha\sin\alpha(7 - 16\cos^2\alpha)$，代入 $\alpha = 73°44'$，$\dfrac{\mathrm{d}^2 x_B}{\mathrm{d}\alpha^2} > 0$；而代入 $\alpha =$ $26°44'$，$\dfrac{\mathrm{d}^2 x_B}{\mathrm{d}\alpha^2} < 0$，故 $\alpha = 73°44'$ 时 $R$ 的水平投影 $X_B$ 为极小值。因此，两个极值中只有 $73°44'$ 有意义，它即是与最小球层半径 $R_{最小}$ 相对应的最大脱离角 $\alpha_{最大}$，于是，判断球层保持明显的圆运动和抛物运动的极限状态的两个相关联的指标是

$$\alpha_{最大} = 73°44' \tag{4-3-18}$$

$$R_{最小} = \frac{900}{n^2}\cos73°44' \approx \frac{250}{n^2} \tag{4-3-19}$$

C 球层半径与转速率和装球率的关系

每一层球都有一球层半径和相应的脱离角，它们的关系符合式（4-3-16）。设最外层球的半径为 $R_1$，脱离角为 $\alpha_1$，最内层球的半径为 $R_2$，脱离角为 $\alpha_2$，在磨机每分钟的转数为 $n$ 时，根据式（4-3-16），必有下述关系：

$$\frac{R_1}{\cos\alpha_1} = \frac{R_2}{\cos\alpha_2} = \frac{900}{n^2} \tag{4-3-20}$$

或

$$\frac{R_2}{R_1} = \frac{\cos\alpha_2}{\cos\alpha_1} = K \tag{4-3-21}$$

此处的 $K$ 为最内层球半径与最外层球半径之比，或最内层球的脱离角与最外层球的脱离角的余弦之比。显然，$K$ 与装球率成反比关系，因为装球愈多，$R_2$ 愈小，$K$ 值也就愈小。

由式（4-3-21）可知

$$\cos\alpha_2 = K\cos\alpha_1 = K\psi^2 \tag{4-3-22}$$

及

$$\cos\alpha_1 = \psi^2 \tag{4-3-23}$$

这两个公式指出：最外层球的脱离角仅与转速率有关，而最内层球的脱离角，既与转速率有关，又与装球率（用 $K$ 反映）有关。

根据上面讲的情况可知，为了保证最内层球也能处于抛落状态（即所有球层都是抛落的），装球率与转速率必满足一确定关系，而且这种关系又必有临界点，过了这种临界点，磨机的转速便不足以使最内层球作抛落运动，钢球就会处于泻落状态。这些关系已可用康托诺维奇的理论公式进行计算，公式的导出和计算见本章末的附注，这里只给出用计算结果绘制的曲线，如图 4-3-5 所示。图中表明了装球率、转速率和球层半径的关系，也表明了由这种关系所确定的泻落和抛落的界限。

D 抛落运动时磨机内各区域的磨矿作用及球荷切面积

a 磨机内钢球分布的区域和各区域的磨矿作用

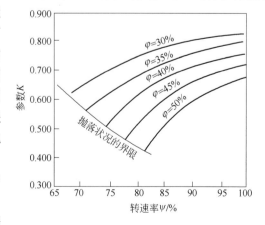

图 4-3-5 $K$、$\psi$ 和 $\varphi$ 的关系及抛落状况的界限

4 磨 矿

在详细地分析了磨机内钢球的运动规律之后，就可以把钢球分布的几何形状较为准确地画出，如图 4-3-6 所示。从图中明显地看出，磨机内部分为四个不同的区域。

（1）钢球作圆运动区——图中画实影线的部分，钢球都作圆运动，矿石被钳在钢球之间并受磨剥作用。此区内钢球磨矿作用较弱。

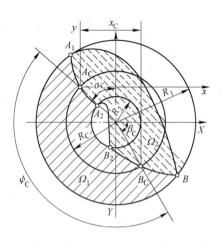

（2）钢球作抛物落下区——图中画虚影线的部分，表明钢球纷纷下落的区域。钢球在下落的过程中，没有磨着矿石，直至落到用落回点 $BB_2$ 表示的底脚时，钢球才对矿石起冲击作用。此区内钢球极活跃，有强烈冲击和跳动，磨矿作用最强。

图 4-3-6　磨机内的各区域和球荷切面积

（3）肾形区——靠近磨机中心的部分，钢球的圆运动和抛物线运动已难进行明显的分辨。在未画影线形状如肾的区域中，钢球仅作蠕动，磨矿作用很弱。当装球较多而转速又不足以使它们活跃地运动时，肾形区就较大，磨矿效果也较差。

（4）空白区——在抛物落下区之外的月牙形部分，为钢球未到之处，当然也就没有磨矿作用。转速不足时，钢球抛落不远，空白区就较大。转速过高，钢球抛得远，空白区虽然小，但钢球直接打击衬板会对其造成严重磨损，且磨矿效果较差，因为钢球又将能量传回筒体，功率下降。

磨机内的分区不仅明显，而且还能定量地计算出它们的范围，下面讲的球荷切面积可作说明。

b　球荷的切割面积

磨机转动时，其中有球的空间，一部分分布着做圆运动的球，另一部分分布着做抛物运动落下的球。取与磨机长轴垂直的切面来看，设全部运动着的球所占的面积为 $\Omega$，而做圆运动部分的球所占的面积为 $\Omega_1$，做抛物线运动的球所占的面积为 $\Omega_2$，则

$$\Omega = \Omega_1 + \Omega_2 \tag{4-3-24}$$

在动态下的装球率为

$$\varphi = \frac{\Omega}{\pi R^2} \tag{4-3-25}$$

任取一层球，它的球层半径为 $R_C$，脱离角为 $\alpha_C$，落下角为 $\beta_C$，此球层所对的圆心角为 $\psi_C$，由图 4-3-6 可以看出：

$$\Omega_1 = \pi R_C^2 \frac{\psi_C}{360°} \quad \text{及} \quad \mathrm{d}\Omega_1 = \pi R_C \frac{\psi_C}{180°}\mathrm{d}R_C$$

在 $R_2$ 与 $R_1$ 范围内对上式积分，得到

$$\Omega_1 = \frac{\pi\psi_C}{180°}\int_{R_2}^{R_1} R_C \mathrm{d}R_C = \psi_C \frac{\pi}{360°}(R_1^2 - R_2^2) \tag{4-3-26}$$

而
$$\psi_C = 270° - \alpha_C - \beta_C = 360° - 4\alpha_C \tag{4-3-27}$$

在 $\Omega$ 及 $\Omega_1$ 求出之后，$\Omega_2$ 也就可以算出。例如，某磨矿机的磨内半径为 $R$，转速率为 76%，适宜的装球率为 40%，求它的球荷切面积 $\Omega$，$\Omega_1$ 和 $\Omega_2$。根据式（4-3-25），$\Omega = 0.4\pi R^2$。如果用位居中间的那层球来计算，$R_C = \dfrac{R_1 + R_2}{2}$。根据最内层球作抛物落下的极限条件，由式（4-3-19）可知

$$R_2 = \frac{250}{n^2} \times \frac{250}{\left(\dfrac{30 \times 0.76}{\sqrt{R_1}}\right)^2} = \frac{250R_1}{22.8^2} = 0.48R_1$$

于是
$$R_C = \frac{R_1 + 0.48R_1}{2} = 0.74R_1$$

此球层的脱离角为

$$\alpha_C = \arccos \frac{R_C n^2}{900} = \arccos \frac{0.74R_1 \times 22.8^2}{900R_1} = 64°40'$$

此球层的落回角为

$$\beta_C = 3\alpha_C - 90° = 104°$$

此球层所对应的圆心角为

$$\psi_C = 360° - 4\alpha_C = 101°20'$$

由式（4-3-26）得

$$\Omega_1 = 101°20' \times \frac{\pi}{360}\left[R_1^2 - (0.48R_1)^2\right] = 0.217\pi R_1^2$$

则
$$\Omega_2 = 0.4\pi R_1^2 - 0.217\pi R_1^2 = 0.183\pi R_1^2$$

因此，在总球荷面积中，圆运动部分占 54.25%$\left(\text{即}\dfrac{0.217\pi R_1^2}{0.4\pi R_1^2} \times 100\%\right)$，抛物线运动部分占 45.75%。

显然可知，装球太少，$\Omega$ 就很小，磨机内起磨矿作用的部分便会不多。装球适宜，但转速过低，$\Omega_2$ 较小，钢球呈泻落状态时，磨剥作用比冲击作用占优势。因此，只有装球率和转速率都合适，才能保证发生抛落运动，并有较大的 $\Omega_2$，从而使冲击作用较为充足。

## 4.3.6 钢球抛落运动理论的运用

上一节介绍了钢球做抛落运动的运动学，由运动学的知识可以进一步对影响磨矿的因素进行调节及控制，从而强化磨矿作用，提高磨矿效果。

### 4.3.6.1 钢球落下时的动能

磨矿过程是个功能转变的过程，而磨矿作用是由钢球完成的，因此，研究钢球落下时的动能十分必要。钢球落下时冲击矿石的能量，即是其落到终点时的动能。此动能的大

小，决定于钢球的质量和落下时的高度。落下高度取决于磨机的转速及磨机直径，所以，磨机转速的高低实际上和钢球落下时的动能有关。

由图 4-3-7 可知，钢球落下高度 $H$ 的绝对值为

$$H = y_B + y_C = y_B + \frac{y_B}{8}$$

前已推出 $y_B = -4R\sin^2\alpha\cos\alpha$，$y_C = -\frac{1}{2}R\sin^2\alpha\cos\alpha$，则 $H$ 的绝对值为

$$H = 4.5R\sin^2\alpha\cos\alpha \quad (4\text{-}3\text{-}28)$$

钢球做自由落体运动，到达落回点 $B$ 的垂直速度 $v_y$ 为

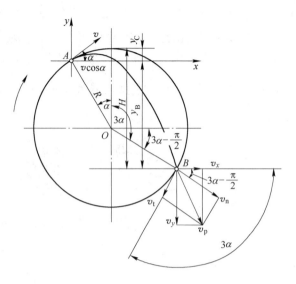

图 4-3-7　球在抛物线路程末端的速度及其分量

$$v_y = \sqrt{2gH} = \sqrt{2g4.5R\sin^2\alpha\cos\alpha} = \sqrt{9gR\sin^2\alpha\cos\alpha}$$

而

$$v^2 = gR\cos\alpha$$

故

$$v_y = 3v\sin\alpha \quad (4\text{-}3\text{-}29)$$

钢球落下时的水平分速度为

$$v_x = v\cos\alpha$$

故钢球的合速度为

$$v_p^2 = v_x^2 + v_y^2 = v^2\cos^2\alpha + 9v^2\sin^2\alpha$$

$$v_p = v\sqrt{9 - 8\cos^2\alpha} \quad (4\text{-}3\text{-}30)$$

若钢球的质量为 $m$，则它在落回点的动能为

$$E = \frac{1}{2}mv_p^2 = \frac{1}{2}mv^2(9 - 8\cos^2\alpha) \quad (4\text{-}3\text{-}31)$$

可以证明，此动能即为磨机将球由落回点 $B$ 提升到脱离点 $A$ 所做的功（$A_1$），和自脱离点以速度 $v$ 将球抛出所做的功（$A_2$）。即

$$A = A_1 + A_2 = mg4R\sin^2\alpha\cos\alpha + \frac{1}{2}mv^2$$

$$= mg4R\sin^2\alpha\cos\alpha + \frac{1}{2}mgR\cos\alpha$$

$$= \frac{1}{2}mgR\cos\alpha(8\sin^2\alpha + 1)$$

$$= \frac{1}{2}mv^2(9 - 8\cos^2\alpha)$$

当钢球以速度 $v_p$ 到达落回点时，它的动能分解为两部分：一部分沿打击线 $OB$（通过

物体的打击接触点，并垂直于接触面的直线）冲击矿石；另一部分与打击线垂直，使钢球沿切线方向运动，这部分动能使矿石受磨剥作用而不受冲击作用。如果把 $v_p$ 分解为沿打击线的径向分速度 $v_n$ 和切向分速度 $v_t$，求出这两个分速度，就可以知道冲击矿石的能量和磨剥矿石的能量各占多少。

将速度 $v_p$ 的水平分速度 $v_x$ 和垂直分速度 $v_y$ 投到径到分速度 $v_n$ 的方向上，则

$$v_n = v_x \cos\left(3\alpha - \frac{\pi}{2}\right) + v_y \sin\left(3\alpha - \frac{\pi}{2}\right)$$

$$= v\cos\alpha\sin3\alpha - 3v\sin\alpha\cos3\alpha$$

$$= v\cos\alpha(3\sin\alpha - 4\sin^3\alpha) - 3v\sin\alpha(4\cos^3\alpha - 3\cos\alpha)$$

将此式展开及简化后，整理可得

$$v_n = 8v\sin^3\alpha\cos\alpha \qquad (4\text{-}3\text{-}32)$$

将 $v_x$ 和 $v_y$ 投到切线分速度 $v_t$ 的方向上，则

$$v_t = -v_x\cos(\pi - 3\alpha) + v_y\cos\left(3\alpha - \frac{\pi}{2}\right)$$

$$= v_x\cos3\alpha + v_y\sin3\alpha$$

照上式的方法，将 $v_x$ 和 $v_y$ 代入，经简化和整理后，得到

$$v_t = v + 4v\sin^2\alpha\cos2\alpha \qquad (4\text{-}3\text{-}33)$$

切向分速度 $v_t$ 和法向分速度 $v_n$，在不同的落回点时，其方向和大小都是不同的，如图4-3-8所示。从图中可以看出，磨机转速越大，同一层球上升越高，脱离角越小。当脱离角为 55°44′ 时，该层球的转速率为 75%，$v_t = 0$，而 $v_n = v_p$，切线分速度正在改变方向，已知落回点的 $v_n$，则可以算出冲击矿石的动能为

$$E_n = \frac{mv_n^2}{2}$$

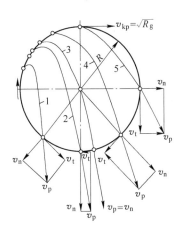

图4-3-8　在球层转速率不同时，$v_p$ 及其
　　　　　分速度 $v_n$ 和 $v_t$ 的变化
1—$\alpha = 73°44′$，$\psi = 52.9\%$；
2—$\alpha = 60°$，$\psi = 70.7\%$；
3—$\alpha = 55°44′$，$\psi = 75\%$；
4—$\alpha = 45°$，$\psi = 84.1\%$；
5—$\alpha = 30°$，$\psi = 93.1\%$

[附]　公式（4-3-33）的导出

$$v_t = v\cos\alpha\cos3\alpha + 3v\sin\alpha\sin3\alpha$$

$$= \frac{1}{2}v\left(\cos\frac{4\alpha + 2\alpha}{2}\cos\frac{4\alpha - 2\alpha}{2} + 3 \times 2\sin\frac{4\alpha + 2\alpha}{2}\sin\frac{4\alpha - 2\alpha}{2}\right)$$

$$= \frac{1}{2}v[\cos4\alpha + \cos2\alpha + 3(\cos4\alpha - \cos2\alpha)]$$

$$= \frac{1}{2}v(4\cos2\alpha - 2\cos4\alpha)$$

$$= v(2\cos2\alpha - \cos4\alpha) = v(2\cos2\alpha - \cos^2 2\alpha + \sin^2 2\alpha)$$

$$= v(2\cos2\alpha + 1 - 2\cos^2 2\alpha) = v + 2v\cos2\alpha(1 - \cos2\alpha)$$

$$= v + 4v\sin^2\alpha\cos2\alpha$$

#### 4.3.6.2 决定磨机转速的方法

在抛落式工作的磨机中，磨矿作用主要来自钢球到达落回点的动能。此动能的大小与钢球的落下高度（$H$）有关，而钢球的落下高度又决定于磨机的转速。根据前面的论述，必然可以从钢球最大落下高度来确定磨机的合适转速。照此理，将式（4-3-28）取导数，并令它等于零，就可以求出使钢球有最大抛落高度时的脱离角，再根据它找到相应的转速。即

$$\frac{\mathrm{d}H}{\mathrm{d}\alpha} = 4.5R\sin\alpha(2\cos^2\alpha - \sin^2\alpha) = 0 \tag{4-3-34}$$

故
$$\alpha = 54°44' \tag{4-3-35}$$

将 $\alpha = 54°44'$ 代入 $\dfrac{\mathrm{d}^2H}{\mathrm{d}^2\alpha}$ 中，$\dfrac{\mathrm{d}^2H}{\mathrm{d}^2\alpha}$ 之值小于零，故 $\alpha = 54°44'$ 时的 $H$ 为最大值。

此值与前面讲的 $v_t = 0$（即 $v_p = v_n$）时的脱离角 $55°44'$ 很接近。

应用式（4-3-35）来决定磨机转速时，有两种方法。第一种是用最外层球有最大落下高度来决定转速。若取最外层球的中心到磨机中心的距离为磨机的内半径，由式（4-3-2）得到

$$n = \frac{30}{\sqrt{R}}\sqrt{\cos\alpha} = \frac{30}{\sqrt{R}}\sqrt{\cos54°44'} \approx \frac{32}{\sqrt{D}} \tag{4-3-36}$$

则
$$\psi = \frac{n}{n_c} \times 100\% = \frac{\dfrac{32}{\sqrt{D}}}{\dfrac{42.4}{\sqrt{D}}} \times 100\% = 76\% \tag{4-3-37}$$

这种办法只考虑了最外层球处于适宜状态，其他层球则未必处于适宜状态，且装球越多，不适宜的球层也越多，故不是合理的办法。另外，用这种方法求得的转速率较低，不能保证球荷作抛落式运动，现在只有转速较低的磨机采用此法。

第二种方法是用球荷的回转半径与脱离角的关系来推算。设想全部球荷的质量集中在某一层球，此层球可以代表全部球荷，则它的球层半径（$R_0$）就是全部球荷绕磨机中心（$O$）作圆运动的回转半径。根据扇形对 $O$ 点的极转动惯量半径的求法，可以得到

$$R_0 = \sqrt{\frac{R_1^2 + R_2^2}{2}} = \sqrt{\frac{R_1^2 + (KR_1)^2}{2}} \tag{4-3-38}$$

当此层球有最大下落高度时，$\alpha_0 = 54°44'$，从而

$$R_0 = \frac{900}{n^2}\cos\alpha_0 = \frac{520}{n^2} \tag{4-3-39}$$

即
$$R_1^2 = \frac{478300}{n^4}$$

于是
$$n = \frac{26.3}{\sqrt{R_1}} = \frac{37.2}{\sqrt{D}} \tag{4-3-40}$$

及
$$\psi = \frac{37.2}{42.4} \times 100\% = 88\% \tag{4-3-41}$$

第二种方法比第一种方法较合理，因为考虑了全部球荷。实际生产中，常将 $\psi < 76\%$ 的磨机视为低转速磨机，$\psi > 88\%$ 的磨机视为高转速磨机，而将 $\psi = 76\% \sim 88\%$ 视为磨机适宜的转速率。

### 4.3.6.3 球荷的循环次数

钢球的磨矿作用包括钢球对矿石的冲击及磨剥，而冲击作用又与有效的冲击次数有关。磨机运动时，一部分钢球随筒体一起做圆运动，另一部分钢球做抛物运动。因此，磨机转一转时，钢球的运动未必就是一个循环，因为钢球做抛物运动比做圆运动快，因而钢球总是超前的，或者说，磨机转一转时，钢球不只是循环运动一次。

设 $t_1$ 是钢球做圆运动的时间，当磨机转一转时，以同样速度做圆运动的钢球转过的圆心角为 $\psi_c$，则有

$$t_1 = \frac{\psi_c}{360} \times \frac{60}{n} = \frac{\psi_c}{6n}$$

由式（4-3-37）可知 $\psi_c = 360° - 4\alpha_c$

故

$$t_1 = \frac{360° - 4\alpha_c}{6n} = \frac{90° - \alpha_c}{1.5n} \quad \text{s} \qquad (4\text{-}3\text{-}42)$$

再设 $t_2$ 为钢球做抛物落下的时间，取 $A_c$ 为坐标原点，则

$$t_2 = \frac{x_c}{v_c \cos\alpha_c}$$

因 $x_c = 4R_c \cos^2\alpha_c \sin\alpha_c$ 及 $v_c = \dfrac{\pi R_c n}{30}$

故

$$t_2 = \frac{4R_c \cos^2\alpha_c \sin\alpha_c}{\dfrac{\pi R_c n}{30} \cos\alpha_c} = \frac{120}{\pi} \times \frac{\cos\alpha_c \sin\alpha_c}{n} = \frac{60}{\pi} \times \frac{2\cos\alpha_c \sin\alpha_c}{n}$$

$$= \frac{19.1\sin2\alpha_c}{n}$$

则钢球运动一个循环需要的时间 $T$ 为

$$T = t_1 + t_2 = \frac{90° - \alpha_c + 28.6\sin2\alpha_c}{1.5n} \qquad (4\text{-}3\text{-}43)$$

于是，磨机转一转钢球的循环次数为

$$J = \frac{60/n}{T} = \frac{90°}{90° - \alpha_c + 28.6\sin2\alpha_c} \quad \text{次} \qquad (4\text{-}3\text{-}44)$$

由此式可知，钢球的循环次数取决于脱离角 $\alpha_c$。当磨机转速不变时，不同的球层有不同的脱离角，它的循环次数也不同。磨机转速越高，$\alpha_c$ 越小，循环次数也越少。到钢球发生离心化时，$\alpha_c = 0$，$J = 1$，即钢球贴在衬板上与磨机一起转动。

再从全部球荷来看（见图 4-3-9），在磨机转一转的时间内，沿圆形轨迹经过断面 $AB$ 的球的体积 $V$ 为

$$V = \pi(R_1^2 - R_2^2)L = \pi R_1^2(1 - K^2)L$$

式中，$L$ 为磨机长；$K = \dfrac{R_2}{R_1}$。

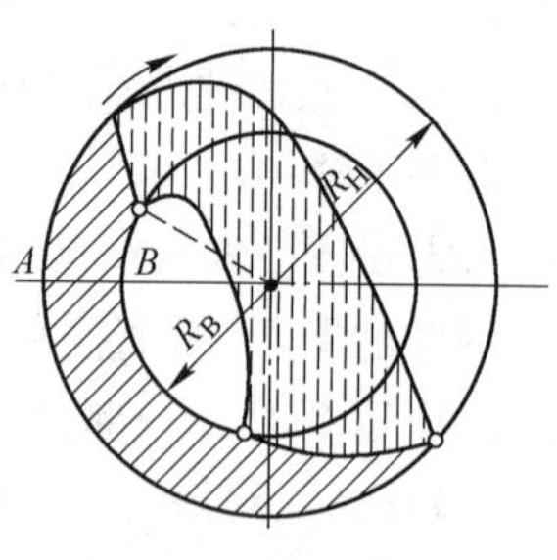

设 $\varphi$ 为装球率，磨机内装球的体积为 $\varphi \pi R_1^2 L$。如果磨机转一转，全部钢球循环 $J$ 次，则

$$\pi R_1^2(1 - K^2)L = J\varphi \pi R_1^2 L$$

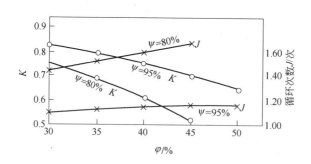

图 4-3-9  磨机中全部球荷的
周转率

于是     $$J = \frac{(1 - K^2)}{\varphi} \quad 次 \qquad (4\text{-}3\text{-}45)$$

前述式（4-3-19）指明 $R_{最小} \approx \dfrac{250}{n^2}$，所以 $R_2$（或由它算出的 $K$）的值依从转速 $n$ 而有一极限值。超过此极小值，多加的那些球就不能作抛物落下。所以上式中的 $J$，既与装球率 $\varphi$ 有关，又通过 $K$ 值而与磨机的转速有关。如图 4-3-10 所示，图中曲线说明：转速率越大，在同样装球率下，$K$ 值也越大，$J$ 却越小。如果转速率相同，装球率越多，$K$ 值则越小，$J$ 却越大。这就是转速率、装球率和影响冲击量的钢球循环次数的相互关系，从而说明了正确决定磨机转速的重要性。

图 4-3-10  $J$、$\psi$、$\varphi$ 和 $K$ 的关系

**[附]**  图 4-3-5 中 $K$、$\varphi$ 和 $\psi$ 的关系的证明

已知装球率（$\varphi$）与球荷切面积（$\Omega$）的关系为

$$\varphi = \frac{\Omega}{\pi R_1^2} \qquad (1)$$

球荷切面积包含做圆曲线运动的切面积（$\Omega_1$）和做抛物线运动的切面积（$\Omega_2$）两部分，即

$$\varphi \pi R_1^2 = \Omega = \Omega_1 + \Omega_2 \qquad (2)$$

故先求出 $\Omega_1$ 和 $\Omega_2$。

如附图 1，任取一球层，它的半径是 $R$，此球层从落回点 $B$ 做圆运动到脱离点 $A$ 经历的圆弧所对的圆心角 $\theta$ 为

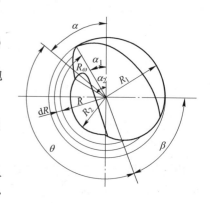

附图 1

$$\theta = 270° - \alpha - \beta = 270° - \alpha - (3\alpha - 90°)$$
$$= 360° - 4\alpha = 2\pi - 4\alpha \tag{3}$$

当球层半径的变化为 $\mathrm{d}R$ 时，因 $\Omega_1 = \pi R^2 \cdot \dfrac{\theta}{2\pi}$

故 $$\mathrm{d}\Omega_1 = R\theta\mathrm{d}R \tag{4}$$

因 $R = \dfrac{900}{n^2}\cos\alpha$，则

$$\mathrm{d}R = -\frac{900}{n^2}\sin\alpha\mathrm{d}\alpha$$

于是 $$\mathrm{d}\Omega_1 = -\left(\frac{900}{n^2}\right)^2 (2\pi - 4\alpha)(\sin\alpha\cos\alpha)\mathrm{d}\alpha$$

$$= -\left(\frac{900}{n^2}\right)^2 (\pi - 2\alpha)\sin 2\alpha\mathrm{d}\alpha \tag{5}$$

又因为 $\Omega_2 = \pi R^2 \cdot \dfrac{\omega t_2}{2\pi}$，所以球荷做抛物线运动的微分球荷截面积为

$$\mathrm{d}\Omega_2 = \omega R\mathrm{d}Rt_2 \tag{6}$$

式中 $\omega$——筒体的角速度；

$t_2$——球在抛物线轨迹上运动的时间，其关系式为

$$t_2 = \frac{4R\cos^2\alpha\sin\alpha}{\omega R\cos\alpha} = \frac{4\cos\alpha\sin\alpha}{\omega} \tag{7}$$

故 $$\mathrm{d}\Omega_2 = -\omega\left(\frac{900}{n^2}\right)^2 (\sin\alpha\cos\alpha)\frac{4\cos\alpha\sin\alpha}{\omega}\mathrm{d}\alpha$$

$$= -\left(\frac{900}{n^2}\right)^2 \sin^2 2\alpha\mathrm{d}\alpha \tag{8}$$

因此球荷截面积为

$$\Omega = \Omega_1 + \Omega_2 = \int\mathrm{d}\Omega_1 + \int\mathrm{d}\Omega_2$$

$$= \int_{\alpha_2}^{\alpha_1} -\left(\frac{900}{n^2}\right)^2 (\pi - 2\alpha)\sin 2\alpha\mathrm{d}\alpha + \int_{\alpha_2}^{\alpha_1} -\left(\frac{900}{n^2}\right)^2 \sin^2 2\alpha\mathrm{d}\alpha$$

$$= -\left(\frac{900}{n^2}\right)^2 \int_{\alpha_2}^{\alpha_1} (\pi - 2\alpha)\sin 2\alpha\mathrm{d}\alpha - \left(\frac{900}{n^2}\right)^2 \int_{\alpha_2}^{\alpha_1} \sin^2 2\alpha\mathrm{d}\alpha$$

$$= -\left(\frac{900}{n^2}\right)^2 \left| -\frac{1}{2}(\pi - 2\alpha)\cos 2\alpha - \frac{1}{2}\sin 2\alpha \right|_{\alpha_2}^{\alpha_1} - \left(\frac{900}{n^2}\right)^2 \left| \frac{\alpha}{2} - \frac{\sin 4\alpha}{8} \right|_{\alpha_2}^{\alpha_1}$$

$$= \frac{1}{2}\left(\frac{900}{n^2}\right)^2 \left| (\pi - 2\alpha)\cos 2\alpha + \sin 2\alpha - \alpha + \frac{1}{4}\sin 4\alpha \right|_{\alpha_2}^{\alpha_1} \tag{9}$$

因 $$\psi = \sqrt{\cos\alpha}$$

故
$$\pi R^2 = \pi\left(\frac{900}{n^2}\right)^2\cos^2\alpha = \pi\left(\frac{900}{n^2}\right)^2\psi^4 \tag{10}$$

将式（10）代入式（1）后，得到

$$\psi = \frac{1}{2\pi\psi^4}\left|\left(\pi-2\alpha\right)\cos2\alpha + \sin2\alpha - \alpha + \frac{1}{4}\sin4\alpha\right.\bigg|_{\alpha_2}^{\alpha_1} \tag{11}$$

下面做一例题说明公式（11）的用法。

**例**　设磨机直径为 $D$，每分钟转数是 $n = \frac{32}{\sqrt{D}}$，试用公式（11）计算它的 $K$、$\varphi$ 和 $\psi$ 的对应值。

计算此种题目的步骤如下：

（1）根据 $\cos\alpha_1 = \psi^2$ 从给定的 $\psi$ 值算出 $\alpha_1$；

（2）因必须 $\alpha_2 > \alpha_1$，可依次选取任意角 $\alpha_2$；

（3）由角 $\alpha_1$ 和 $\alpha_2$ 用公式（11）算出 $\varphi$；

（4）根据 $K = \frac{R_2}{R_1} = \frac{\cos\alpha_2}{\cos\alpha_1}$ 算出 $K$。

**解**：由题中给出的数据，可得

$$\psi = \frac{32}{42.3}\times100\% = 75.6\%$$

$$\alpha_1 = \arccos\psi^2 = \arccos0.571 = 55°10'$$

则
$$\pi - 2\alpha_1 = 69.7°\times0.0175 = 1.22\text{rad}$$

$$\cos2\alpha_1 = -0.347,\quad \sin2\alpha_1 = 0.936$$

$$\alpha_1 = 55.15°\times0.0175 = 0.965\text{rad}$$

$$\frac{1}{4}\sin4\alpha_1 = -0.163$$

$$\left(\pi-2\alpha_1\right)\cos2\alpha_1 + \sin2\alpha_1 - \alpha_1 + \frac{1}{4}\sin^4\alpha_1$$

$$= 1.22\times\left(-0.347\right) + 0.936 - 0.965 - 0.163$$

$$= -0.615$$

选取 $\alpha_2$ 为 70° 进行计算，则有

$$\pi - 2\alpha_2 = 40°\times0.0175 = 0.70\text{rad}$$

$$\cos2\alpha_2 = -0.766$$

$$\sin2\alpha_2 = 0.643$$

$$\alpha_2 = 70°\times0.0175 = 1.22\text{rad}$$

$$\frac{1}{4}\sin4\alpha_2 = -0.246$$

$$\left(\pi-2\alpha_2\right)\cos2\alpha_2 + \sin2\alpha_2 - \alpha_2 + \frac{1}{4}\sin4\alpha_2$$

$$= 0.70\times\left(-0.766\right) + 0.643 - 1.22 - 0.246$$

$$= -1.359$$

因此
$$\varphi = \frac{-0.615 - (-1.359)}{2\pi\varphi^4} = \frac{0.744}{2\pi \times (0.756)^4} = 36.42\%$$

$$K = \frac{\cos\alpha_2}{\cos\alpha_1} = \frac{\cos 70°}{\cos 55°10'} = 0.599$$

故钢球的循环次数为
$$J = \frac{1 - K^2}{\varphi} = \frac{1 - (0.599)^2}{0.3642} = 1.75 \text{ 次}$$

应用此法算出附表 1 所列各值，并用公式

$$K_c = \frac{\cos 73°44'}{\varphi_c^2} \tag{12}$$

算出装球率不同的临界值 $K_c$ 和 $\varphi_c$，如附表 2 所示。

**附表 1　各种 $\varphi$ 和 $\psi$ 值时参数 $K$ 之值**

| $\psi/\%$ <br> $\varphi/\%$ | 65 | 70 | 75 | 80 | 85 | 90 | 95 | 100 |
|---|---|---|---|---|---|---|---|---|
| 30 | 0.527 | 0.635 | 0.700 | 0.746 | 0.777 | 0.802 | 0.819 | 0.831 |
| 35 | — | 0.511 | 0.618 | 0.683 | 0.726 | 0.759 | 0.781 | 0.797 |
| 40 | — | 0.237 | 0.508 | 0.606 | 0.669 | 0.711 | 0.740 | 0.760 |
| 45 | — | — | 0.288 | 0.506 | 0.600 | 0.656 | 0.649 | 0.721 |
| 50 | — | — | — | 0.332 | 0.508 | 0.592 | 0.644 | 0.676 |

**附表 2　抛落状态时各种装球率的 $\varphi_c$ 和 $K_c$ 值**

| $\varphi/\%$ | $\psi_c/\%$ | $K_c/\%$ | $\varphi/\%$ | $\psi_c/\%$ | $K_c/\%$ |
|---|---|---|---|---|---|
| 0 | 52.9 | 1.000 | 40 | 74.8 | 0.501 |
| 30 | 68.3 | 0.603 | 45 | 78.3 | 0.458 |
| 35 | 71.3 | 0.550 | 50 | 81.8 | 0.419 |

#### 4.3.6.4　钢球抛落运动理论存在的问题

戴维斯、列文松、王文东等人依据磨机内钢球作抛落运动的轨迹建立钢球运动方程式，并由此基本方程式而用数学方法求解钢球的运动学规律，进而由运动学规律而对磨机内运动球荷进行分区及分析各区的磨矿作用，最后由运动学规律而分析钢球的能态并指导磨机转速与重要参数的选择确定。应该说，这一套理论是系统的、严密的。它建立在磨机内钢球不滑动的前提下，由于生产中的磨机装球率大多在 40% 左右，而且有矿砂、矿石存在，磨机内钢球基本不滑动，符合钢球抛物运动理论的前提条件，故有不少结论与生产实际相符。但是，如果磨机内球荷出现滑动，则钢球抛落运动理论不再适用，得出的结论也不再可信。有时，即使在钢球抛落运动理论适用的范围内，得出的结论也不一定可靠。例如，按此理论计算，当转速率 $\psi = 76\%$ 时，适宜的装球率算出来为 40%，但实际生产中则高出 40% 不少，甚至达 48% ~ 50%；当转速率 $\psi = 88\%$ 时，算出的实际装球率为 50%，而实际生产中则比这个值低得多，可能只有 35% ~ 40%。因此，在理论适用的范围内，对其计算结果也要十分审慎。

本章开始时就指出，磨机内钢球的运动状态不是三种，而是举出三种典型状态。磨机

内钢球的运动状态是依多种因素而变的一个状态函数，即磨机内钢球的运动为无数种状态，所以用典型的抛落状态下推导出的规律不可能适用于无数种状态。从这一点上说，本章推导出的抛落运动规律用于定性描述是可以的，而能否用于定量计算应十分审慎，或计算结果只供参考。

## 4.4 磨矿机的功率

### 4.4.1 磨矿过程的力学实质

#### 4.4.1.1 磨矿过程中的功与能的转变

磨机电动机从电网上接受电能，并在电动机内出现第一次电能损失。电动机带动传动装置（通常是减速器），传动装置带动磨机筒体转动，电能变成筒体的机械能，在传动装置内出现第二次能损失，磨机筒体再带动磨内的钢球运动，将能量传给钢球。钢球到一定高度落下或滚下，对矿石做功，变成矿石的变形能，变形至极限而产生破碎。矿石破碎后形成新生的表面能，钢球的能量在破碎中大量损失，或者形成无效打击能、摩擦损失、光能损失、声能损失或矿石的变形损失能。这些损失能大部分损失在矿石周围的介质空间——矿浆内，而真正生成新生表面积的表面能是不多的。因此，磨矿过程是个功能转变过程。要想使磨矿的生产率增加，即增加新生表面积，则必须有更多的能量输入及提高能量转换效率。

#### 4.4.1.2 磨机的有用功率

磨矿过程中输入电动机的电能前面已分析过，并知其基本消耗在如下几个方面：

（1）电动机本身的损失，约占总电能的10%，这与电机本身的制造质量及效率有关。

（2）机械摩擦损失，即克服构件的摩擦使筒体旋转所消耗的能量，这个摩擦损失与磨机的轴颈和轴承的构造、传动方式以及润滑情况有关，并与转速成正比，大致占总电能的10%～15%。

（3）有用功率，用来使磨矿介质运动从而发生磨矿作用所消耗的功率，其大小与磨矿介质的质量和磨机转速有关，约占总电能的75%～80%。在磨矿中，此部分能量多在转变中呈热能逸散损失，生产中磨机排矿的矿浆温度较给矿高出5～10℃以上就是一个例证。

#### 4.4.1.3 磨机有用功率的确定方法

磨机有用功率的确定方法很多，而且一直有所争论和补充，其实用性的说法不一，故难于得出定论。常见的确定方法有如下几种：

A 列文松经验公式

列文松从基本理论出发，推出磨机消耗的功率 $N$ 为

$$N = 6.8Q \sqrt{D} \quad \text{kW} \tag{4-4-1}$$

式中 $Q$——球的装入量，t；

$D$——球磨机内径，m。

上式是根据球磨机转速 $n = \dfrac{32}{\sqrt{D}}(\psi = 76\%)$ 时得出的，其中包括提升球的功能及摩擦损失。

**B 布兰德经验公式**

布兰德经验公式为

$$N = 0.735CQ\sqrt{D} \quad \text{kW} \tag{4-4-2}$$

此经验公式也是 $n = \dfrac{32}{\sqrt{D}}(\psi = 76\%)$ 时得出的，式中的 $C$ 与球荷充填率有关，其值可按表4-4-1选取。

**表4-4-1 不同球荷充填率时常数 $C$ 之值**

| 球 | 充 填 率 | | | | |
|---|---|---|---|---|---|
| | 0.1 | 0.2 | 0.3 | 0.4 | 0.5 |
| 大钢球 | 11.9 | 11.0 | 9.9 | 8.5 | 7.0 |
| 小钢球 | 11.5 | 10.6 | 9.5 | 8.2 | 6.8 |

**C F.C. 邦德经验公式**

对棒磨机　　　 $K_{wr} = 1.752D^{\frac{1}{3}}(6.3 - 5.4V_p)C_s \tag{4-4-3}$

对球磨机　　　 $K_{wb} = 4.879D^{0.3}(3.2 - 3V_p)C_s\left(1 - \dfrac{0.1}{2^{9-10C_s}}\right) + S_s \tag{4-4-4}$

式中　 $K_{wr}$, $K_{wb}$——分别为每吨钢棒及钢球所需的功率，kW；

　　　　　 $D$——磨机内径，m；

　　　　　 $V_p$——介质充填率，%（用小数形式参算）；

　　　　　 $C_s$——磨机转速率（用小数形式参算）；

　　　　　 $S_s$——球径影响系数。

对内径大于3.0m时，球的最大直径对功率的影响为

$$S_s = 1.102\left(\dfrac{B - 12.5D}{50.8}\right) \tag{4-4-5}$$

对内直径小于3.0m时，球的最大直径对功率的影响为

$$S_s = 1.102\left(\dfrac{B - 45.72D}{50.8}\right) \tag{4-4-6}$$

式中　 $B$——最大球径，mm。

既然有用功率是用来使磨矿介质运动的，那么就可以根据介质的运动情况来建立有用功率的理论。下面将介绍计算泻落状态和抛落状态的有用功率的一种理论公式，以便了解分析问题的方法和一些重要的情况，并作为进一步研究磨矿机功耗问题的基础。

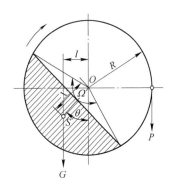

### 4.4.2 泻落式工作状态下磨机的有用功率

磨矿机为泻落式工作时，整个球荷的偏转状态如图4-4-1所示的用影线画出的弓形。$\Omega$ 是球荷的横断面所对的圆心角，$S$ 是球荷的重心。在一定转速下，球荷作一

图4-4-1　球磨机的泻落式工作状态

定角度（$\theta$）的偏转。

令 $\varphi$ 为装球率，$D(D=2R)$ 为磨机的内直径（m），$L$ 为磨机的内长度（m），$\delta$ 为钢球的堆密度（t/m³），则球荷重量 $G$ 为

$$G = \varphi \frac{\pi D^2}{4} L \delta \quad \text{t} \tag{4-4-7}$$

球荷的总重量集中于弓形面积的重心 $S$。此重心位于其圆心角的分角线上，它到圆心的距离为

$$X = \frac{2}{3} \frac{R^3 \sin^3 \dfrac{\Omega}{2}}{F}$$

式中　$F$——弓形面积。

当 $F = \varphi \pi R^2$ 时，则得

$$X = \frac{2}{3} \frac{R^3 \sin^3 \dfrac{\Omega}{2}}{\varphi \pi R^3} = \frac{1}{3} \frac{\sin^3 \dfrac{\Omega}{2}}{\varphi \pi} D$$

球荷重量 $G$ 对磨矿机中心 $O$ 的力臂，从图中可以看出

$$l = X \sin\theta = \frac{1}{3} \frac{\sin^3 \dfrac{\Omega}{2}}{\varphi \pi} D \sin\theta$$

球荷重量 $G$ 对磨矿机中心 $O$ 的力矩 $M$ 为

$$M = 1000 G l$$

此力矩 $M$ 力图使球荷做与磨机筒体旋转方向相反的运动，故为使筒体能向所需的方向旋转，必须依靠电动机供给大小相等方向相反的转矩来克服它，所以磨矿机的有用功率至少应该为

$$N = \frac{2\pi n M}{60 \times 102} = \frac{2000\pi G l n}{60 \times 102} \quad \text{kW} \tag{4-4-8}$$

将上面所得的 $G$ 值和 $l$ 值代入式（4-4-8）中，并令

$$n = \psi \frac{30\sqrt{2}}{\sqrt{D}}$$

则

$$N = \frac{2000\pi D^3 L \delta 30 \sqrt{2} \sin^3 \dfrac{\Omega}{2} \psi \sin\theta}{3 \times 4 \times 60 \times 102 \times \sqrt{D}} \quad \text{kW} \tag{4-4-9}$$

化简得

$$N = 3.62 D^{2.5} L \delta \sin^3 \frac{\Omega}{2} \psi \sin\theta \quad \text{kW} \tag{4-4-10}$$

由式（4-4-7）可知，$\dfrac{\pi D^2}{4} L \delta = \dfrac{G}{\varphi}$，将它代入式（4-4-10）中整理后得到

$$N = 4.62 \frac{G}{\varphi} \sqrt{D} \sin^3 \frac{\Omega}{2} \psi \sin\theta \quad \text{kW} \tag{4-4-11}$$

在上式中尚需确定两项，即 $\sin\theta$ 和 $\sin^3\dfrac{\Omega}{2}$。

球荷的偏转角 $\theta$ 取决于磨机的转速率 $\psi$、装球率 $\varphi$ 和摩擦系数 $f$。摩擦系数标志着磨矿机内摩擦力的大小，其值可用理论公式求得。现将在摩擦系数 $f=0.4$，$\delta=4.8t/m^3$，$\psi=30\%\sim80\%$，$\varphi=30\%\sim50\%$ 时求得的 $\theta$ 角及按式（4-4-11）计算的 $610mm\times610mm$ 磨矿机有用功率值与高伍实测的结果列于表4-4-2中。

表4-4-2 不同 $\psi$ 值与 $\varphi$ 值下的偏转角 $\theta$ 及 $\sin\theta$

| $\psi/\%$ | $\varphi=30\%$ | | | | $\varphi=40\%$ | | | | $\varphi=50\%$ | | | |
|---|---|---|---|---|---|---|---|---|---|---|---|---|
| | $\theta$ | $\sin\theta$ | 有用功率 | | $\theta$ | $\sin\theta$ | 有用功率 | | $\theta$ | $\sin\theta$ | 有用功率 | |
| | | | 高伍 | 公式(4-4-11) | | | 高伍 | 公式(4-4-11) | | | 高伍 | 公式(4-4-11) |
| 30 | 29°46′ | 0.4965 | 0.51 | 0.53 | 31°36′ | 0.5240 | 0.6 | 0.64 | 32°53′ | 0.5429 | 0.66 | 0.68 |
| 40 | 30°52′ | 0.5130 | 0.72 | 0.73 | 32°52′ | 0.5427 | 0.87 | 0.88 | 34°23′ | 0.5647 | 0.95 | 0.95 |
| 50 | 32°14′ | 0.5334 | 0.95 | 0.95 | 34°31′ | 0.5666 | 1.16 | 1.14 | 36°22′ | 0.5930 | 1.26 | 1.24 |
| 60 | 34°05′ | 0.5604 | 1.30 | 1.20 | 36°30′ | 0.5948 | 1.45 | 1.43 | 38°46′ | 0.6262 | 1.58 | 1.58 |
| 70 | 36°05′ | 0.5896 | 1.19 | 1.49 | 38°50′ | 0.6271 | 1.78 | 1.76 | 41°39′ | 0.6646 | 1.90 | 1.95 |
| 80 | 38°30′ | 0.6225 | 1.76 | 1.78 | 41°40′ | 0.6648 | 2.07 | 2.15 | 44°57′ | 0.7076 | 2.23 | 2.38 |

球荷偏转时所对的圆心角 $\Omega$ 只取决于磨矿机的装球率 $\varphi$，其可由图4-4-2查出。

由式（4-4-10）可得到以下一些重要结论：

（1）有用功率与装球率和转速率的关系。如磨矿机的直径、长度及其转速率皆为一定，且转速率 $\psi$ 一定时，钢球上升到的高度一定，故标志其位置的偏转角 $\theta$ 可看为常数，这时只有装球率 $\varphi$ 影响功率消耗。而装球率 $\varphi$ 决定于球荷偏转时所对的圆心角 $\Omega$，所以只有 $\sin^3\Omega$ 才影响所消耗功率的大小。在 $\varphi=100\%$ 时，$\Omega=360°$，$\sin^3\Omega=0$，故 $N$ 为零。而当 $\varphi=0$ 时，$N$ 亦为零，到 $\varphi=50\%$ 时，$\Omega=180°$，$\sin^3\dfrac{\Omega}{2}$ 有最大值，磨矿机的功率消耗也达到最大值，这时产生的就是最大的磨碎功，磨矿效果也就最好。因此，把装球率提高到50%以上是不合理的，生产实践中的装球率都在50%以下，正是

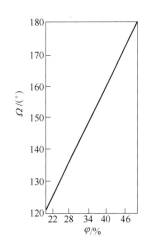

图4-4-2 圆心角 $\Omega$ 与装球率 $\varphi$ 的关系

这个道理。图4-4-3是说明磨矿机功率消耗随装球率增加而变化的曲线图，从图中可以看到，如球磨机的装球率超过50%，试验曲线与理论曲线就有较大的差别。

当磨矿机的直径、长度及装球率皆为一定时，式（4-4-11）说明，有用功率是与 $\psi\sin\theta$ 的乘积成正比的，其关系如图4-4-4所示。显而易见，有用功率最初随磨机转速增加而增加的程度较慢，到了后来，随着转速率的提高，有用功率增加的幅度就较为显著。

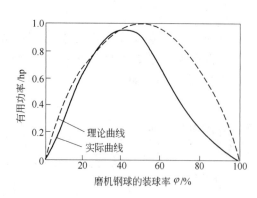

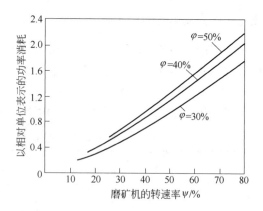

图 4-4-3 功率消耗与装球率的关系     图 4-4-4 泻落式工作时所需的有用功率与
转速率的关系

（2）有用功率和磨机直径的关系。当装球率和转速率保持一定时，不同尺寸的球磨机的圆心角（$\Omega$）和偏转角（$\theta$）保持不变，这就可以把式（4-4-10）中的所有常数的乘积用一个系数 $K$ 来表示，即

$$N = KD^{2.5}L \quad \text{kW} \tag{4-4-12}$$

式中，$K$ 为综合成的系数，其值为 $K = 3.62\delta\sin^3\dfrac{\Omega}{2}\sin\theta$。

此式表明，磨矿机所需的有用功率与筒体直径的 2.5 次方及长度成正比。

由此可知，在同一工作条件下，两台不同尺寸的磨矿机的有用功率之比是

$$\frac{N_2}{N_1} = \frac{D_2^{2.5}L_2}{D_1^{2.5}L_1}$$

如果已知 $D_1 \times L_1$ 磨矿机的有用功率为 $N_1$，则可求出另一 $D_2 \times L_2$ 磨机的功率 $N_2$，即

$$N_2 = \frac{D_2^{2.5}L_2}{D_1^{2.5}L_1}N_1 \quad \text{kW} \tag{4-4-13}$$

通常用小型试验磨机的试验数据来推算设计磨机所需要的功率的方法，其理论根据就在于此。

单位容积的磨矿机的比有用功率 $N'_\text{比}$ 为

$$N'_\text{比} = \frac{KD^{2.5}L}{\dfrac{\pi D^2}{4}L} = \frac{4K}{\pi}D^{0.5}$$

令 $\dfrac{4K}{\pi} = K'$，得到

$$N'_\text{比} = K'\sqrt{D}$$

即直径较大的磨机有较大的比有用功率，其单位容积的磨碎功也较大。

同理，已知直径 $D_1$ 的磨机比有用功率 $N'_\text{比}$，则可算得同类型的任一直径 $D_2$ 的磨机的比有用功率 $N''_\text{比}$，即

$$N'_{比} = K' \sqrt{D_1}$$

$$N''_{比} = K' \sqrt{D_2}$$

所以
$$N''_{比} = \frac{N'_{比} \sqrt{D_2}}{\sqrt{D_1}} = N'_{比} \sqrt{\frac{D_2}{D_1}} \qquad (4\text{-}4\text{-}14)$$

单位球重的有用功率为

$$\frac{N}{G} = \frac{2000\pi nl}{60 \times 102} \quad \text{kW} \qquad (4\text{-}4\text{-}15)$$

由此可知单位球重的有用功率与 $l$ 成正比，故 $\varphi$ 愈小，$l$ 值愈大，$\dfrac{N}{G}$ 值也愈高。因此，装球愈少，磨机的总功耗愈低，单位球重的有用功率反而愈高。

### 4.4.3　抛落式工作状态下磨机的有用功率

图 4-4-5 表示球磨机的抛落式工作状态。

在半径为 $R$ 的圆轨迹 $AB$ 上，沿磨机长度 $L$，从整个球荷中分出一厚度为 $dR$ 的无限薄介质层。在筒体旋转一周的时间间隔内，该介质层的重量为

$$dG = 2\pi RL\delta dR \quad \text{t} \qquad (4\text{-}4\text{-}16)$$

或
$$dG = 2000\pi RL\delta dR \quad \text{kg}$$

式中　$L$——球磨机的长度，m；

$R$——在所取位置处介质层距圆心的距离，m；

$\delta$——球的堆密度，$\text{t/m}^3$。

而其质量为

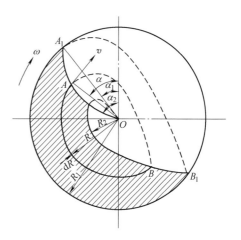

图 4-4-5　球磨机的抛落式工作状态

$$dm = \frac{dG}{g} = \frac{2000\pi L\delta R dR}{g} \qquad (4\text{-}4\text{-}17)$$

抛落式工作状态下，磨矿机所消耗的有用功率，应该等于抛落下来的球在单位时间内所做的功。

介质从抛物线轨迹落到圆轨迹的动能，由式（4-3-31）可知是

$$E = \frac{mv^2}{2}(9 - 8\cos^2\alpha)$$

该介质层落下的动能为

$$dE = \frac{2000\pi RL\delta v^2(9 - 8\cos^2\alpha_i)dR}{2g} \quad \text{kg·m} \qquad (4\text{-}4\text{-}18)$$

根据公式（4-3-1），代入 $v^2 = Rg\cos\alpha_i$ 得

$$dE = 1000\pi R^2 L\delta v^2 (9\cos\alpha_i - 8\cos^3\alpha_i)dR \quad kg \cdot m \tag{4-4-19}$$

把 $\cos\alpha_i = \dfrac{R}{a}$（参看图 4-3-4）代入上式，使上式变为只有一个变量的方程式，即

$$dE = \frac{1000\pi\delta L}{a}\left(9R^3 - \frac{8}{a^2}R^5\right)dR \quad kg \cdot m \tag{4-4-20}$$

在最内球层 $R_2$ 和最外球层 $R_1$ 之间积分上式，就可以得到在磨机转一周时，整个抛落球荷所作之功 $A$ 为

$$A = \frac{1000\pi\delta L}{a}\left[9\int_{R_2}^{R_1}R^3 dR - \frac{8}{a^2}\int_{R_2}^{R_1}R^5 dR\right]$$

$$= \frac{1000\pi\delta L}{4a}\left[9(R_1^4 - R_2^4) - \frac{16}{3a^2}(R_1^6 - R_2^6)\right]$$

代入 $R_2 = KR_1$ 和 $a = \dfrac{R_1}{\psi^2}$，则得

$$A = \frac{1000\pi\delta L R_1^3 \psi^2}{4}\left[9(1 - K^4) - \frac{16\psi^4}{3}(1 - K^6)\right] \quad kg \cdot m \tag{4-4-21}$$

磨矿机消耗的有用功率 $N$ 为

$$N = \frac{An}{60 \times 102} \quad kW$$

将公式（4-4-21）中的 $A$ 值代入，并使

$$n = \psi\frac{30\sqrt{2}}{\sqrt{D}}, \quad R_1 = \frac{D}{2}$$

则

$$N = \frac{1000\pi\delta L R_1^3 \psi^2}{4 \times 60 \times 102}\left[9(1 - K^4) - \frac{16\psi^4}{3}(1 - K^6)\right]\psi\frac{30\sqrt{2}}{\sqrt{D}}$$

$$= 0.678D^{2.5}L\delta\psi^3\left[9(1 - K^4) - \frac{16\psi^4}{3}(1 - K^6)\right] \quad kW \tag{4-4-22}$$

根据公式（4-4-7），$\dfrac{G}{\varphi} = \dfrac{\pi D^2}{4}L\delta$，则上式可写成

$$N = 0.864\frac{G}{\varphi}\sqrt{D}\psi^3\left[9(1 - K^4) - \frac{16\psi^4}{3}(1 - K^6)\right] \quad kW \tag{4-4-23}$$

应用上式计算抛落式工作状态时的有用功率，由于 $K$ 值是随不同的 $\psi$ 值和 $\varphi$ 值而变化的，故可从 4.3 节已算好的附表 1 中查找。

根据式（4-4-23），算出磨机在不同转速率和装球率下做抛落式工作所消耗的有用功率，从而绘出理论曲线如图 4-4-6 所示。此图说明：

（1）随着转速率 $\psi$ 的增加，到一定程度，钢球即由泻落状态转变为抛落状态，但转变点随装球率不同而异。线 $AB$ 即泻落与抛落的界限，当转速率 $\psi$ 超过 $AB$ 线的横坐标时，钢球的运动即进入抛落状态。

（2）随着转速率 $\psi$ 和装球率 $\varphi$ 的增加，有用功率也逐渐增加，到一定转速率时，有用功率达到最大值。装球率越多，达到有用功率极大值所需的转速率也越高。

（3）当转速率为临界转速的 78%～84% 时，有用功率开始下降，当所有的球都离心化时，磨矿机的有用功率就等于零。

式（4-4-22）在转速率和装球率一定时，参数 $K$ 是常数，因而该式括号内的各项为常数，即有用功率与 $D^{2.5}L$ 成比例。

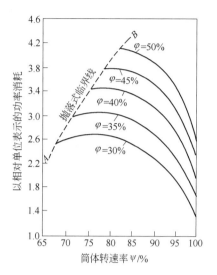

图 4-4-6　在不同筒体转速率和不同装球率下磨矿机所需的有用功率

为便于计算，令式（4-4-23）中的堆密度 $\delta = 1\mathrm{t/m^3}$，筒体 $D = 1\mathrm{m}$ 和容积 $V = 1\mathrm{m^3}$，则磨矿机所消耗的功率 $N_o$ 为

$$N_o = 0.864\psi^3\left[9(1-K^4) - \frac{16\psi^4}{3}(1-K^6)\right] \quad \mathrm{kW} \tag{4-4-24}$$

表 4-4-3 列出了在不同的 $\varphi$ 和 $\psi$ 值时按上式算出的功率 $N_o$ 值。

**表 4-4-3　磨矿机所消耗的有用功率**（$D = 1\mathrm{m}$，$V = 1\mathrm{m^3}$，$\delta = 1\mathrm{t/m^3}$）

| $\varphi/\%$ | $\psi/\%$ | | | | | | |
|---|---|---|---|---|---|---|---|
| | 70 | 75 | 80 | 85 | 90 | 95 | 100 |
| 30 | 1.89 | 1.96 | 1.96 | 1.89 | 1.17 | 1.42 | 0.98 |
| 35 | — | 2.23 | 2.26 | 2.20 | 2.01 | 1.71 | 1.22 |
| 40 | — | 2.47 | 2.54 | 2.48 | 2.31 | 1.99 | 1.47 |
| 45 | — | — | 2.78 | 2.76 | 2.60 | 2.27 | 1.73 |
| 50 | — | — | — | 3.01 | 2.88 | 2.54 | 1.99 |

已知 $N_o$ 后，则式（4-4-23）可写成

$$N = \frac{G}{\varphi}\sqrt{D}N_o \quad \mathrm{kW} \tag{4-4-25}$$

式（4-4-23）的推导前提是假定球荷下落时，其全部动能 $\frac{mv_p^2}{2}$ 都用在了物料的磨细上，但实际上球落下时并非如此，只是其中的一部分能量用于磨细矿石，而另一部分能量仍"传给"磨机筒体的回转运动，故式（4-4-23）计算出的磨矿机所需的有用功率是偏高的。

球荷落下时，在抛物线末端的切线方向的速度 $v_t$ 所产生的动能没有冲击矿石，而是返

回给筒体。返回筒体的动能会使磨机功率下降，生产率下降。该部分动能的求法如下：

单元介质层落下冲击矿石时，切线速度 $v_t$ 产生的动能为

$$dE_t = \frac{dm}{2}v_t^2$$

将式(4-4-17)和式(4-3-25)代入上式后，可得

$$dE_t = \frac{2000\pi RL\delta}{2g}(v_i + 4v_i\sin^2\alpha_i\cos2\alpha_i)^2 dR \qquad (4\text{-}4\text{-}26)$$

因 $\qquad v_i^2 = Rg\cos\alpha_i, \quad \cos\alpha_i = \frac{R}{a}, \quad \sin\alpha_i = \sqrt{1 - \left(\frac{R}{a}\right)^2}$

故 $\qquad dE_t = 1000\pi R^2 L\delta\frac{R}{a}\left[1 + 4\left(1 - \frac{R^2}{a^2}\right)\left(2\frac{R^2}{a^2} - 1\right)\right]^2 dR$

$$= 1000\pi R^2 L\delta\frac{R}{a}\left[12\frac{R^2}{a^2} - 8\frac{R^4}{a^4} - 3\right]^2 dR$$

$$= 1000\pi L\delta\left[64\frac{R^{11}}{a^9} - 192\frac{R^9}{a^7} + 192\frac{R^7}{a^5} - 72\frac{R^5}{a^3} + 9\frac{R^3}{a}\right]dR \qquad (4\text{-}4\text{-}27)$$

在 $R_2$ 及 $R_1$ 范围内积分上式，便可求得磨机转一周时，所有各层介质落下的切线速度 $v_t$ 所产生的总动能为

$$A_t = 1000\pi L\delta\int_{R_2}^{R_1}\left[64\frac{R^{11}}{a^9} - 192\frac{R^9}{a^7} + 192\frac{R^7}{a^5} - 72\frac{R^5}{a^3} + 9\frac{R^3}{a}\right]dR$$

$$= 1000\pi L\delta\left[\frac{64}{12a^9}(R_1^{12} - R_2^{12}) - \frac{192}{10a^7}(R_1^{10} - R_2^{12}) + \frac{192}{8a^5}(R_1^8 - R_2^8) - \right.$$

$$\left. \frac{72}{6a^3}(R_1^6 - R_2^6) + \frac{9}{4a}(R_1^4 - R_2^4)\right]$$

因 $\qquad\qquad R_2 = KR_1 \quad 及 \quad a = \frac{R_1}{\psi^2}$

则 $\qquad A_t = 1000\pi L\delta R^3\psi^2\left[\frac{16}{3}\psi^{16}(1 - K^{12}) - 19.2\psi^{12}(1 - K^{10}) + \right.$

$$\left. 24\psi^8(1 - K^8) - 12\psi^4(1 - K^6) + \frac{9}{4}(1 - K^4)\right] \qquad (4\text{-}4\text{-}28)$$

动能 $A_t$ 转化成功率 $N_t$，有

$$N_t = \frac{A_t n}{60 \times 102} \quad kW \qquad (4\text{-}4\text{-}29)$$

将 $n = \psi\dfrac{42.4}{\sqrt{D}}$ 和 $A_t$ 值代入上式，得

$$N_t = \frac{1000\pi L\delta \times \dfrac{D^3}{8}\psi^3 \times \dfrac{42.4}{\sqrt{D}}}{60 \times 102}\left[\frac{16}{3}\psi^{16}(1-K^{12}) - 19.2\psi^{12}(1-K^{10}) + \right.$$

$$\left. 24\psi^8(1-K^8) - 12\psi^4(1-K^6) + \frac{9}{4}(1-K^4)\right]$$

$$= 2.72D^{2.5}L\delta\psi^3\left[\frac{16}{3}\psi^{16}(1-K^{12}) - 19.2\psi^{12}(1-K^{10}) + \right.$$

$$\left. 24\psi^8(1-K^8) - 12\psi^4(1-K^6) + \frac{9}{4}(1-K^4)\right] \quad kW \quad (4\text{-}4\text{-}30)$$

将 $\dfrac{G}{\varphi} = \dfrac{\pi D^2}{4}L\delta$ 代入上式，则得

$$N_t = 3.47\frac{G}{\varphi}\sqrt{D}\psi^3\left[\frac{16}{3}\psi^{16}(1-K^{12}) - 19.2\psi^{12}(1-K^{10}) + \right.$$

$$\left. 24\psi^8(1-K^8) - 12\psi^4(1-K^6) + \frac{9}{4}(1-K^4)\right] \quad kW \quad (4\text{-}4\text{-}31)$$

通过对泻落式及抛落式工作状态下有用功率的分析研究可知：（1）泻落式下功率较低，抛落式下功率较高，因此，泻落式下生产率低，抛落式下生产率较高；（2）泻落式下提高转速时功率增加的幅度大于转速增加幅度，因此生产率增加幅度较大；（3）抛落式下提高转速时功率变化不大，因均在高功率水平上运行，搞不好提高转速反使功率下降，因此，当磨机转速已经较高时，提高转速应十分谨慎。若干生产厂矿提高转速的实践结果已验证了上述分析。

# 4.5 磨矿分级循环

## 4.5.1 开路磨矿与闭路磨矿

### 4.5.1.1 开路磨矿

磨矿作业中，矿料给入磨机经一次磨矿后排出，称为开路磨矿。由于球磨机自身没有控制粒度的能力，所以球磨机排矿中既有合格的细粒，也有不合格的粗粒甚至粗块。因此，球磨机不适宜作开路磨矿。棒磨机则有所不同，棒荷之间存在的粗块将优先受到破碎，向上运动的棒荷像若干个格条筛一样，会漏下细粒级而夹碎其间的粗粒级。因此，棒磨机具有一定的控制粒度的能力，故其可以开路磨矿。

### 4.5.1.2 闭路磨矿

由于球磨机自身没有控制粒度能力，故只有借助磨机以外的分级机来控制粒度。磨机排矿给入分级机，合格的细粒级排出磨矿分级循环，不合格的粗粒或粗块返回磨机再次磨碎，称为闭路磨矿。因此，闭路磨矿不合格的粗粒不只通过磨机一次，而是必须一直磨到合格被分级排出为止。几乎所有的球磨机都必须闭路磨矿，而棒磨机可以开路磨矿，也可以闭路磨矿。

### 4.5.1.3　开路磨矿与闭路磨矿的比较

磨矿机的工作分为开路和闭路两种。而闭路工作情况，又分为全闭路和半闭路（或局部闭路）。如图 4-5-1 中的（a），称为开路磨矿，这种情况下被磨物料只通过磨矿机一次。图 4-5-1 中的（b）~（e），称为全闭路磨矿，此时磨机排矿经分级机分为细的溢流和粗的返砂，其中返砂全部送入原来的磨机再磨细。图 4-5-1 中的（f），分级机 1 的返砂只一部分返回原来的磨机再磨细，而另一部分则送往下一段的磨机，因此是局部闭路。分级机在磨矿循环中的作用有三种：图 4-5-1（d）里的分级机 1，起的是预先分级作用；图 4-5-1（b）里的分级机、（e）里的分级机 1 和（f）里的分级机 1 和 2，起的都是检查分级作用；（c）里的分级机，既作预先分级，又起检查分级的作用；（e）里的分级机 2 起着溢流控制分级的作用，它把分级机 1 的溢流再分级，分出其中的粗粒，从而得到更细和更匀的成品。

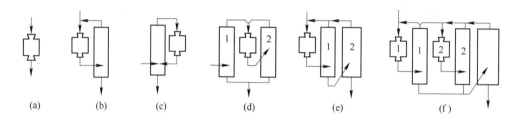

图 4-5-1　开路和闭路磨矿流程

由于闭路磨矿时，返回磨机内的物料大都是接近合格粒度的粒子，稍经再磨，即可成为合格产物，且磨机内物料增多，故通过磨机较快，被磨时间较短。因此，闭路磨矿的生产率较大，过粉碎较轻，产品较细，粒度特性也较均匀。开路磨矿大都只见于两段磨矿中的第一段棒磨，将 20~25mm 的矿石磨碎到 3mm 左右，然后再用球磨机磨细。这样，第一段棒磨的破碎比不大，生产能力高，且流程简单。

### 4.5.1.4　返砂量和返砂比

闭路磨矿时，分级机送入磨机的返砂量开始是逐渐增多，经过一段时间之后，它才趋于稳定不变。稳定的返砂质量叫做循环负荷。它可以用绝对值（t/h）表示，也可以用它和新给矿量的比值表示。设新给矿量为 $Q$（t/h），用绝对值表示的循环负荷（或返砂量）为 $S$，用相对值表示的循环负荷（称为返砂比）为 $C$，则有

$$C = \frac{S}{Q} \tag{4-5-1}$$

总给矿量为新给矿与循环负荷之和，即

$$Q + S = Q + CQ = Q(1 + C)$$

循环负荷的数量可能比新给矿量大几倍。它通常不低于 200%，有时会超过 1000%，但不应大到它与新给矿量之和超过磨机的通过能力，否则磨机会被堵塞。

测定返砂比是闭路磨矿时经常要做的工作，其测定方法和所根据的原理如下。

测定返砂量的原理是，进入磨机分级循环和从它排出的物料必须平衡。根据所考虑的物料，其测定方法有两种。其一是测定进入分级机的矿流（或磨机排矿），分级机溢流和

分级机返砂中某一指定粒级的含量，配合上磨机的新给矿量，根据物料平衡原理，推算出返砂量。其二是测定进入分级机的矿流（或磨机排矿），分级机溢流和分级机返砂中的含水量，配合上磨机的新给矿量，按物料平衡原理，推算出返砂量。磨矿流程虽然多种多样，但只要注意必须测定的项目和物料平衡原理，就可以正确地推出计算返砂量的公式。下面引几种情况为例以作说明。

如图 4-5-2 所示，闭路磨矿时，在磨机排矿（即分级机的给矿）、分级机溢流和分级机返砂三处取样做筛分分析，找出指定级别的矿料在它们中的含量分别为 $\alpha\%$、$\beta\%$ 和 $\theta\%$。根据进入分级机的物料必须等于从它排出的物料，可以列出

$$(Q + S)\alpha = Q\beta + S\theta$$

从而得到

$$S = \frac{\beta - \alpha}{\alpha - \theta}Q \tag{4-5-2}$$

和

$$C = \frac{S}{Q} = \frac{\beta - \alpha}{\alpha - \theta} \times 100\% \tag{4-5-3}$$

如图 4-5-3 所示，半闭路磨矿时，在第一段磨机排矿（即分级机 1 的给矿）、分级机溢流和分级机返砂等处取样做筛分分析，找出指定级别在它们中的含量分别为 $\alpha\%$、$\beta\%$ 和 $\theta\%$。根据物料平衡原理，可以列出

$$(Q + nS)\alpha = [Q - (1 - n)S]\beta + S\theta$$

从而求得

$$S = \frac{\beta - \alpha}{(\beta - \theta) - n(\beta - \alpha)}Q \tag{4-5-4}$$

及

$$C = \frac{nS}{Q - (1 - n)S}$$

将式（4-5-4）代入并简化后，得到

$$C = \frac{n(\beta - \alpha)}{\alpha - \theta} \times 100\% \tag{4-5-5}$$

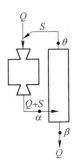

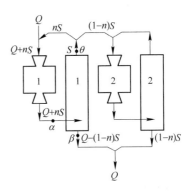

图 4-5-2   闭路磨矿循环的产物分配        图 4-5-3   半闭路磨矿循环的产物分配

如图 4-5-4 所示,在预先分级和检查分级时的闭路磨矿中,在给入分级机的原物料(磨矿排矿)、分级机溢流和分级机返砂等处取样做筛分分析,测出指定粒级在它们中的含量分别为 $\alpha\%$、$\delta\%$、$\beta\%$ 和 $\theta\%$。根据物料平衡原理,可以列出

$$Q\alpha + S\delta = Q\beta + S\theta$$

从而求出

$$S = \frac{\beta - \alpha}{\delta - \theta}Q \qquad (4\text{-}5\text{-}6)$$

图 4-5-4 中的 $S$,既包含新给矿经分级作用后送入磨机的粗砂,又包含磨机排矿经分级作用后返回磨机的粗砂,如果不将它们区别,而笼统地用 $\frac{S}{Q}$ 作为返砂比,就是错误的,因为前项实际上是磨机的新给矿,后者才是真正的返砂。为了区别它们,可把图 4-5-4 中预先分级与检查分级合一的流程,展开成图 4-5-5 中的预先分级与检查分级分开的流程。由图中明显地看出:

$$S = S_1 + S_2$$
$$Q = Q_1 + Q_2$$
$$Q_2 = S_1$$

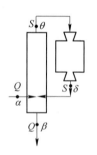

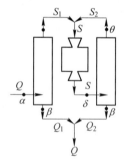

图 4-5-4   预先分级和检查分级合一时闭路      图 4-5-5   预先分级和检查分级分开时的
          磨矿循环中的产物分配                           产物分配

设预先分级和检测分级的溢流及返砂中的指定级别含量和图 4-5-5 中的一样,仍然是 $\beta\%$ 及 $\theta\%$,可列出检查分级的物料平衡关系式

$$S\delta = (S_1 + S_2)\delta = Q_2\beta + S_2\theta = S_1\beta + S_2\theta$$

从而可得

$$S_2 = \frac{\beta - \delta}{\delta - \theta}S_1$$

返砂比为

$$C = \frac{S_2}{Q_2} = \frac{S_2}{S_1} = \frac{\beta - \delta}{\delta - \theta} \times 100\% \qquad (4\text{-}5\text{-}7)$$

应用筛分分析资料计算返砂比,最好选几个不同级别来测定和计算,它们的结果应该是相近的。如果个别结果与一般的相差很大,则可能是筛子或取样的误差。将这种与一般

相差很大的结果抛弃，用其余的求算术平均值，即得较准确的返砂比。

如果用分级产物中的水量平衡来计算，其原理和上面的相似。测定时要测出液固比 $D$（一定数量矿浆中的液体质量与固体质量之比），用它和分级机给矿和产物中的固体质量来列水量平衡关系式。例如图 4-5-2 所示的流程，设 $D_f$、$D_e$ 和 $D_t$ 为分级机的给矿、溢流和返砂的液固比，则水量平衡关系式为

$$(Q + S)D_f = QD_e + SD_t$$

从而

$$S = \frac{D_e - D_f}{D_f - D_t}Q \tag{4-5-8}$$

$$C = \frac{S}{Q} = \frac{D_e - D_f}{D_f - D_t} \times 100\% \tag{4-5-9}$$

#### 4.5.1.5 分级效率

按颗粒在流体中沉降速度的不同而进行的粒度分离由于受颗粒尺寸、密度、形状等因素的影响，因此颗粒不能严格按尺寸大小分离。这样一来，溢流和沉砂中都将产生粗、细颗粒相互混杂现象。为此出现了不少评价分级效率的标准。

A 量效率

分级量效率的意义是指某粒级在分级溢流或沉砂中的回收率。

分级溢流的量效率 $\varepsilon_c$ 等于：

$$\varepsilon_{c-x} = \frac{Q_4\alpha_{c-x}}{Q_3\alpha_{F-x}} = \gamma'_4 \frac{\alpha_{c-x}}{\alpha_{F-x}} \tag{4-5-10}$$

$$\gamma'_4 = \frac{Q_4}{Q_3}$$

式中 $Q_3$，$Q_4$——图 4-5-6 中相应各产物固体流量，t/h；

$\alpha_{F-x}$，$\alpha_{c-x}$——给料、溢流中粒度小于 $x$ 的产率。

由上可得溢流中小于 $x$ 粒级的量效率（回收率）为

$$\varepsilon_{c-x} = \frac{\alpha_{c-x}(\alpha_{F-x} - \alpha_{h-x})}{\alpha_{F-x}(\alpha_{c-x} - \alpha_{h-x})} \tag{4-5-11}$$

式中 $\alpha_{h-x}$——沉砂中小于 $x$ 粒级的产率。

沉砂中大于 $x$ 粒级的量效率（回收率）为

$$\varepsilon_{h+x} = \frac{\alpha_{h+x}(\alpha_{F+x} - \alpha_{c+x})}{\alpha_{F+x}(\alpha_{h+x} - \alpha_{c+x})} \tag{4-5-12}$$

式中 $\alpha_{F+x}$，$\alpha_{c+x}$，$\alpha_{h+x}$——给料、溢流、沉砂中大于 $x$ 粒级的产率。

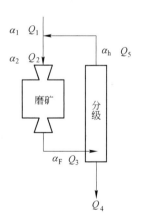

图 4-5-6 闭路磨矿流

B 质效率 $E$

磨矿理想的情况是溢流中不含粗颗粒，沉砂中不含细颗粒。因此，评价溢流或沉砂的质量时应采用质效率，即应考虑粗、细颗粒在分级产品中的混杂情况。质效率的定义为：

溢流质效率 $\qquad\qquad E_{c质} = \varepsilon_{c-x} - \varepsilon_{c+x} \tag{4-5-13}$

沉砂质效率 $\qquad\qquad E_{h质} = \varepsilon_{h+x} - \varepsilon_{h-x} \tag{4-5-14}$

式中　$\varepsilon_{c+x}$，$\varepsilon_{h-x}$——溢流中粗颗粒、沉砂中细颗粒的回收率。

实际工作中 $\varepsilon_{c+x}$、$\varepsilon_{h-x}$ 愈小愈好，即愈小时溢流（或沉砂）质效率愈高。

因为
$$\varepsilon_{h-x} = 1 - \varepsilon_{c-x} \tag{4-5-15}$$

$$\varepsilon_{h+x} = 1 - \varepsilon_{c+x} \tag{4-5-16}$$

将以上两式分别代入式（4-5-13）或式（4-5-14）得

$$E_{h质} = (1 + \varepsilon_{c+x}) - (1 - \varepsilon_{c-x}) = \varepsilon_{c-x} - \varepsilon_{c+x} = E_{c质} \tag{4-5-17}$$

由式（4-5-17）知，溢流和沉砂的质效率是等价的，故统一以 $E_{质}$ 表示。如上所述，分级质效率较量效率更能确切反映分级工作状况。

$E_{质}$ 有不同的数学表达式，它们之间可以相互转化。例如：

$$E_{质} = \varepsilon_{c-x} - \varepsilon_{c+x} = \gamma'_4 \frac{\alpha_{c-x}}{\alpha_{F-x}} - \gamma'_4 \frac{\alpha_{c+x}}{\alpha_{F+x}} = \gamma'_4 \frac{\alpha_{c-x} - \alpha_{F-x}}{\alpha_{F-x}(1 - \alpha_{F-x})} \tag{4-5-18}$$

又由式（4-5-10）可得

$$E_{质} = \gamma'_4 \frac{\alpha_{c-x}}{\alpha_{F-x}(1 - \alpha_{F-x})} - \gamma'_4 \frac{\alpha_{F-x}}{\alpha_{F-x}(1 - \alpha_{F-x})}$$

$$= \frac{\varepsilon_{c-x}}{1 - \alpha_{F-x}} - \frac{\gamma'_4}{1 - \alpha_{F-x}} = \frac{\varepsilon_{c-x} - \gamma'_4}{1 - \alpha_{F-x}} \tag{4-5-19}$$

又因为
$$\gamma'_4 = \frac{\alpha_{F-x} - \alpha_{h-x}}{\alpha_{c-x} - \alpha_{h-x}} \tag{4-5-20}$$

将式（4-5-20）代入式（4-5-18）得

$$E_{质} = \frac{(\alpha_{F-x} - \alpha_{h-x})(\alpha_{c-x} - \alpha_{F-x})}{\alpha_{F-x}(\alpha_{c-x} - \alpha_{h-x})(1 - \alpha_{F-x})} \tag{4-5-21}$$

式（4-5-21）即为通常的分级质效率表达式，式中所有产率均为小数值，$E_{质}$ 也为小数值。

C　总效率 $\varepsilon_{总}$

粒级中大于 $x$ 的回收率为

$$\varepsilon_{c+x} = 1 - \varepsilon_{h+x} \tag{4-5-22}$$

将式（4-5-22）代入式（4-5-17）得

$$E_{c质} = \varepsilon_{c-x} - (1 - \varepsilon_{h+x}) = \varepsilon_{c-x} + \varepsilon_{h+x} - 1 \tag{4-5-23}$$

定义
$$\varepsilon_{总} = \varepsilon_{c-x} + \varepsilon_{h+x} \tag{4-5-24}$$

则式（4-5-24）的意义为：分级总效率 $\varepsilon_{总}$ 为溢流量效率 $\varepsilon_{c-x}$ 和返砂量效率 $\varepsilon_{h+x}$ 之和。因此分级总效率更能确切反映分级机工作状况。

### 4.5.2　闭路磨矿中常用的分级设备

与磨矿机闭路工作的分级设备有两个作用：（1）控制磨矿的粒度粗细；（2）形成闭路磨矿的返砂，而返砂可以改善磨矿过程，提高磨矿机生产率及提高磨矿效率。

与磨矿机闭路磨矿中常用的分级设备有：螺旋分级机、水力旋流器、筛子等。分级设备可进行预先分级、检查分级、溢流控制分级。

#### 4.5.2.1 螺旋分级机

**A 螺旋分级机结构和应用范围**

螺旋分级机是最常用的分级机,与磨机闭路时能自流联结,工作平稳,耗电少,缺点是分级效率低,通常低于60%。螺旋分级机分高堰式、低堰式及沉没式三种,按螺旋数目又可分单螺旋及双螺旋两种。图4-5-7是高堰式双螺旋分级机的结构图,图4-5-8是沉没式螺旋分级机结构图。

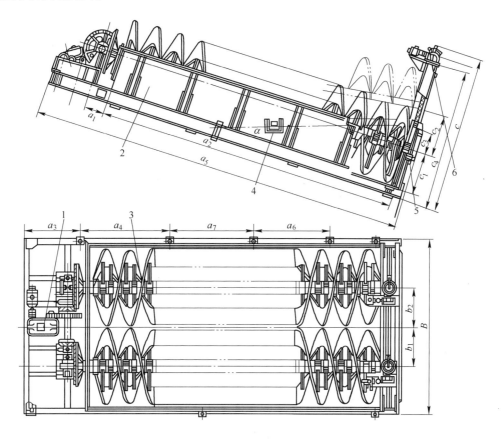

图4-5-7 高堰式双螺旋分级机

1—传动装置;2—水槽;3—左、右螺旋轴;4—进料口;5—放水阀;6—提升机构

半圆柱形倾斜水槽口中装有两个螺旋轴3,它的作用是搅拌矿浆并把矿砂运向槽的上端。螺旋叶片与空心轴相连。空心轴支承在上、下两段的轴承内。传动装置安在槽子的上端,电动机经伞齿轮传动螺旋轴。下端轴承装在提升机构6的底部,转动提升机构使它上升或下降。提升机构由电动机经减速器和一对伞齿轮带动螺杆,使螺旋下端升降。当停车时,可将螺旋提起,以免沉砂压住螺旋,使开车时不至于过负荷。开车时慢慢放下螺旋轴。

高堰式螺旋分级机的溢流堰比下端轴承高,但低于下端螺旋的上边缘。它适合分离0.15~0.20mm的粒级,通常用在第一段磨矿,与磨矿机相配合。沉没式的下端螺旋有四至五圈全部浸在矿浆中,分级面积大,利于分出比0.15mm细的粒级,常用在第二段磨矿

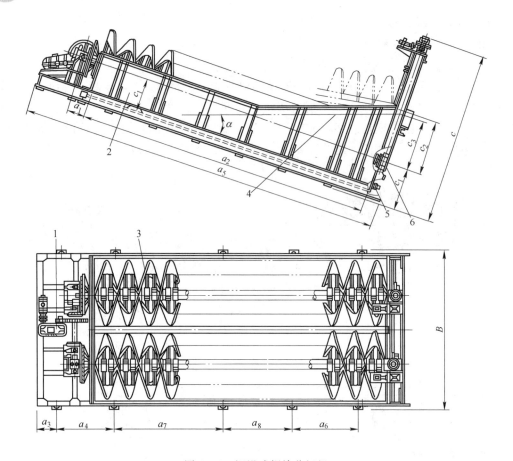

图 4-5-8  沉没式螺旋分级机

1—传动装置；2—水槽；3—左、右螺旋器；4—进料口；5—下部支座；6—提升机构

与磨机构成机组。低堰式的溢流堰低于下端轴承的中心，分级面积小，只能用以洗矿或脱水，现已不用其来分级。

螺旋分级机比其他分级机优越，因为它构造简单，工作平稳和可靠，操作方便，返砂含水量低，易于与磨机自流联结，因此常被采用。螺旋分级机最大缺点是生产中溢流粒度的调节仅靠补加水量改变矿浆的浓度来实现，而其他可变因素甚少，像螺旋转数、溢流堰高度、分级槽倾角等因素并不能随时、随意调节。由于溢流粒度受浓度的制约，因此二者有时就会发生矛盾，例如，当要求溢流粒度很细时，则溢流浓度就会很稀，有时就满足不了下步选别作业的要求（例如浮选），这就需要加入脱水作业而使流程复杂化，而且下端轴承易磨损和占地面积大等，因此有被水力旋流器取代的趋势。但是从另外一方面看，螺旋分级机由于其可变因素少，且容积滞后大，故生产中指标较为稳定，对于非自动调节的磨矿分级机组来说，其对稳定选别指标是很有利的。因此，不少人工操作的选矿厂仍采用它作为分级设备。

B  螺旋分级机作业指标的计算

螺旋分级机的处理量主要按经验公式计算。

（1）按溢流计算的处理量。对于高堰式螺旋分级机按下式计算：

$$Q_高 = \frac{m}{24}k_1k_2k_3k_4(94D^2 + 16D) \quad t/h \qquad (4-5-25)$$

式中 $m$——螺旋个数;

$k_1$——矿石密度修正系数, $k_1 = 0.5\delta - 0.35$, $\delta$ 为矿石密度(t/m³);

$k_2$——分级粒度修正系数, $k_2 = 2.72\exp\left(-\frac{0.14}{d}\right)$, $d$ 为分级溢流中最大粒度(按 95% 过筛计算, mm);

$k_3$——分级槽坡度修正系数, $k_3 = 1 - 0.02\alpha$, $\alpha$ 为分级槽坡度,(°);

$k_4$——螺旋直径修正系数, 其值按表4-5-1中数据选取。

表 4-5-1 螺旋分级机螺旋直径修正系数值

| $D/m$ | <1.5 | 2.00 | 2.40 | 3.00 |
|---|---|---|---|---|
| $k_4$ | 1.0 | 1.05 | 1.10 | 1.15 |
| $k'_4$ | 1.0 | 0.93 | 0.86 | 0.86 |

对于沉没式螺旋分级机按下式计算:

$$Q_沉 = \frac{m}{24}k_1k'_2k_3k'_4(75D^2 + 10D) \quad t/h \qquad (4-5-26)$$

式中, $k_1$、$k_3$ 计算同上; $k'_2$ 按式(4-5-27)或式(4-5-28)计算; $k'_4$ 为螺旋直径修正系数, 按表4-5-1选取。

当溢流粒度 $d \leqslant 0.074mm$ 时, 粒度修正系数按下式计算:

$$k'_2 = 21.34d - 0.58 \qquad (4-5-27)$$

当溢流粒度 $d > 0.074mm$ 时, 粒度修正系数按下式计算:

$$k'_2 = 15.41d - 0.041 \qquad (4-5-28)$$

(2) 按返砂计算的处理量:

$$Q_返 = \frac{(130 \sim 150)}{24}mnk_3D^3 \quad t/h \qquad (4-5-29)$$

式中 $n$——螺旋每分钟转数。

#### 4.5.2.2 水力旋流器

水力旋流器的上部呈圆筒形, 下部呈圆锥形, 如图 4-5-9 所示。矿浆在 0.04 ~ 0.35MPa 压力下从给矿管沿切线方向送入, 在旋流器内部高速旋转, 因而产生了很大的离心力。在离心力和重力的作用下, 较粗的颗粒被抛向器壁, 做螺旋向下运动, 最后由排砂嘴排出; 较细的颗粒及大部分水分, 形成旋流, 沿中心向上升起, 至溢流管流出。水力旋流器分为分级用的和脱泥用的两种, 前者用来分出 800 ~ 74(或 43)μm 的粒级, 后者用来脱除 74(或 43) ~ 5μm 的细泥。分级用的旋流器的给矿浓度较高, 给矿压力较大, 圆筒直径较粗; 脱泥用的旋流器的情况则和前者相反。水力旋流器的优点是: 构造简单, 占地面积小, 生产率高。缺点是: 易磨损, 特别是排砂嘴磨损快, 工作不够稳定, 使生产指标波动, 但这些缺点已可从采用耐磨材料逐渐加以克服。

水力旋流器的作业指标主要为: 处理量、分级效率、分离粒度等。影响作业指标的因

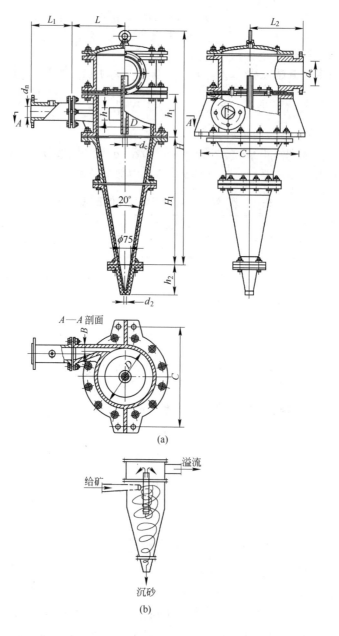

图 4-5-9　水力旋流器

（a）水力旋流器构造；（b）水力旋流器工作原理

素很多，但基本可以分为两大类：

（1）设计（或结构）变量，如旋流器直径、给料口尺寸及形状、溢流口及沉砂口尺寸、锥角、溢流管插入深度（溢流管下口至沉砂口的距离）等。

（2）操作变量，如给料量、压力、浓度、给料粒度分布、密度、颗粒形状等。

旋流器用于磨矿回路的分级有两种情况：一为开路，一为闭路。闭路又分为预先分级和检查分级（或控制分级）。它的分级粒度范围一般为 40～400μm，有时可扩展为 5～

$1000\mu m$。由于它们的分级粒度范围可以很宽，因此可用于一段磨矿、二度磨矿或再磨矿回路分级。

在磨矿回路中，闭路工作的旋流器与开路工作的不一样。在前一种情况下，水力旋流器与磨机构成一个机组，在给定的处理量下要求粒度合格，并要求适合磨矿作业的返砂量和返砂浓度，这样一来，旋流器的给料粒度和浓度不仅与磨机的工作状况有关，而且也与旋流器本身的工作状况有关。旋流器在同样条件下，闭路工作的溢流粒度大于开路工作的溢流粒度。

### 4.5.3 磨矿动力学原理

用不连续磨矿机做可磨性试验时，可以看到一种现象：开始磨矿的初期，粗粒的含量减少很快，随着磨矿时间的延长，粗粒含量的减少又逐渐变慢。图 4-5-10 中的曲线表明了这种现象。

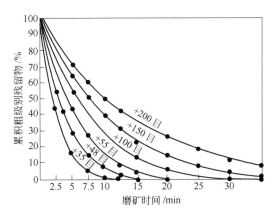

图 4-5-10　粗级别残留物含量与磨矿时间的关系

造成这种现象的原因有两个：一是磨矿开始时，磨机中粗级别含量高，故粗级别磨碎的概率高，粗级别减少速度便快。二是粗级别矿粒存在较多裂纹，矿粒越细，它上面的裂纹越少，磨细它也就困难，越粗的矿粒（+35 目）这种现象越明显，越细的矿粒（+200 目）这种现象越不明显。况且，同是粗级别的矿粒，有裂纹多的粗矿粒，也有裂纹少而强度高的粗矿粒，磨矿开始时强度低的优先选择性粉碎，而强度高的则粉碎慢。

因此，在最简单的情况下，可以假定磨矿速度（即粗级别质量减少的速度）与该瞬间磨机中未磨好的粗级别质量成正比。根据这个假设可以列出下列关系：

$$\frac{\mathrm{d}R}{\mathrm{d}t} = -kR \tag{4-5-30}$$

式中　$R$——经过时间 $t$ 后粗级别残留物的质量；

　　　$t$——磨矿时间；

　　　$k$——比例系数，决定于磨矿条件，负号“−”表示粗级别减少。

用分离变量法求解式（4-5-30）微分方程式，得到

$$\int \frac{\mathrm{d}R}{R} = -k \int \mathrm{d}t + C$$

$$\ln R = -kt + C$$

设 $R_0$ 为被磨物料中粗级别的原始含量，在磨矿开始时，$t = 0$，$R = R_0$，从而 $C = \ln R_0$。将 $C$ 值代入上式得到

$$\ln R = -kt + \ln R_0$$

或　　　　　　　　　　　　　$$R = R_0 \mathrm{e}^{-kt} \tag{4-5-31}$$

这就是磨矿动力学方程式。

用试验验证的结果指出，更符合实际的方程式是

$$R = R_0 e^{-kt^m} \quad 或 \quad \frac{R_0}{R} = e^{kt^m} \tag{4-5-32}$$

此方程式不能满足一个边界条件，因为在方程式中，只有 $t = \infty$ 时，粗级别残留物才会等于零。尽管如此，在粗级别残留物为 5% ~ 100% 的范围内，这个方程式还是适用的。

磨矿动力学如用上式表示，则磨矿速度将为

$$\frac{dR}{dt} = R_0 e^{-kt^m}(-kmt^{m-1}) = -kmt^{m-1}R \tag{4-5-33}$$

将式（4-5-32）取两次对数，得到

$$\lg\left(\lg\frac{R_0}{R}\right) = m\lg t + \lg(k\lg e) \tag{4-5-34}$$

因此，在 $\left[\lg t, \lg\left(\lg\frac{R_0}{R}\right)\right]$ 坐标系统中，$t$ 和 $\lg\frac{R_0}{R}$ 的关系是一直线，它的斜率为 $m$，截距为 $k\lg e$，如图 4-5-11 所示。

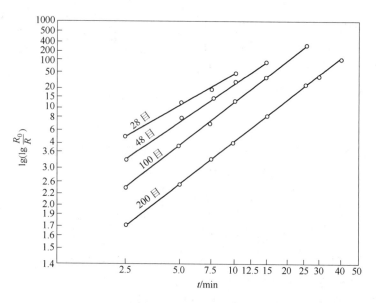

图 4-5-11　在 $\left[\lg t, \lg\left(\lg\frac{R_0}{R}\right)\right]$ 坐标系中 $\lg\frac{R_0}{R}$ 与 $t$ 的关系

应用解析几何的方法，在直线上选取点 1 和 2，不难找出

$$m = \frac{\lg\left(\lg\frac{R_0}{R_2}\right) - \lg\left(\lg\frac{R_0}{R_1}\right)}{\lg t_2 - \lg t_1} \tag{4-5-35}$$

及

$$\lg\frac{R_0}{R} = kt^m\lg e$$

或
$$k = \frac{\lg \dfrac{R_0}{R}}{t^m \lg e} = \frac{\ln \dfrac{R_0}{R}}{t^m} \tag{4-5-36}$$

从式（4-5-35）和式（4-5-36）可以看出，参数 $m$ 既与时间的单位无关，也与对数的种类无关。参数 $k$ 与时间的单位有关，但与对数的种类无关。

参数 $m$ 和 $k$ 决定于被磨物料的性质和磨矿条件。$m$ 值主要取决于被磨物料的均匀性和强度以及球荷粒度特性。$k$ 值主要由磨矿粒度决定：磨得愈细，$k$ 值愈小。式（4-5-36）还表明，$m$ 值越大，$k$ 值愈小。

磨矿动力学的应用很广泛，可以计算磨机生产率，并对循环负荷的影响和实际磨矿过程的情况等作出理论上的分析和判断。凡涉及磨机的给矿粒度、磨细度和生产率等的关系的问题，都可以用磨矿动力学来分析。后面就要用它来说明开路磨矿，并把它和物料平衡原理相结合，来阐述闭路磨矿的一些情形。

### 4.5.4 磨矿动力学原理的应用

#### 4.5.4.1 用磨矿动力学原理分析开路磨矿

下面是开路磨矿磨细石灰石的试验数据，可用磨矿动力学对其加以分析和判断。

对于指定的磨矿机，在其他磨矿条件相同时，标志通过能力的给矿量 $Q$ 与磨矿时间 $t$ 近似地成反比。即给矿愈多，矿料通过磨机愈快，被磨时间愈短，可表示为

$$t = \beta \times \frac{1}{Q} \tag{4-5-37}$$

式中，$\beta$ 是比例系数，对指定的磨机和除给矿量外其他磨矿条件不变时，可以认为是个常数。

将表 4-5-2 中的 $Q$ 和 $\dfrac{R_0}{R_i}$ 的值在 $\left[\lg Q, \lg\left(\lg \dfrac{R_0}{R}\right)\right]$ 坐标系中作图，如图 4-5-12 所示，它们近似成一直线，因此试验数据符合磨矿动力学所表示的规律。

**表 4-5-2 在开路磨机中磨细 9.5mm 石灰石的结果**

（假定给矿全为大于 65 目的粗级别，即 $R_0 = 100\%$）

| 试验号次 | 给矿量 Q | | 磨矿机排料 | | | | | 粗级别质量与合格产物质量之比 | 比功耗 /kW·h·t⁻¹（<65 目） |
|---|---|---|---|---|---|---|---|---|---|
| | kg/h | 相对值 | 合格产物（<65 目） | | 粗级别（>65 目） | | | | |
| | | | kg/h | % | kg/h | % | $R_0/R_i$ | | |
| 1 | 500 | 1 | 300 | 60.0 | 200 | 40.0 | $\dfrac{100}{40}=2.5$ | 0.67 | 13.0 |
| 2 | 1000 | 2 | 485 | 48.5 | 515 | 51.5 | 1.94 | 1.06 | 8.0 |
| 3 | 1500 | 3 | 600 | 40.0 | 900 | 60.0 | 1.67 | 1.50 | 6.5 |
| 4 | 2000 | 4 | 700 | 35.0 | 1300 | 65.0 | 1.54 | 1.86 | 5.6 |
| 5 | 2500 | 5 | 825 | 33.0 | 1675 | 67.0 | 1.49 | 2.03 | 4.8 |

表 4-5-2 中的数据指出：随生产率的增加，矿料通过磨机的速度变快，被磨时间缩短，磨机排矿中合格产物的含量减少，但合格产物的数量却增加甚多，因而按每吨合格产物计

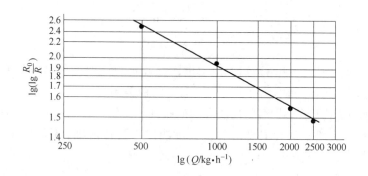

图 4-5-12　在 $\left[\,\lg Q,\ \lg\left(\lg\dfrac{R_0}{R}\right)\right]$ 坐标系中 $Q$ 和 $\lg\dfrac{R_0}{R}$ 的关系

的功耗也大为降低。例如，当给矿从 500kg/h 增加到 2500kg/h 时，生产率增加 4 倍，合格产物数量增加 $1.75\left(=\dfrac{825-300}{300}\right)$ 倍，功耗降低 $0.65\left(=\dfrac{13-4.8}{13}\right)$ 倍，而磨机排矿中合格粒级的含量只减少 $0.45\left(=\dfrac{60-33}{60}\right)$ 倍，即磨机效率显著提高。在开路磨矿中，如果总生产量很大，磨矿机产生合格产物的工作效率就很高，近代大型选厂的两段磨矿流程，第一段常用高生产率的开路棒磨，理由就在于此。在开路磨矿时，如要使产品细度高，势必要少给矿，磨矿效率就会很低，这是十分不划算的。

### 4.5.4.2　用磨矿动力学原理分析闭路磨矿

如图 4-5-13 所示的闭路磨矿循环，新给矿 $Q$ 中含有 $\gamma_1\%$ 待磨的不合格粗粒，返砂量 $S$ 中含有 $\gamma_3\%$ 待磨的不合格粗粒，磨机排矿 $(Q+S)$ 中含有不合格粗粒 $\gamma_2\%$。根据物料平衡原理，分级机的溢流中的固体量也应当是 $Q$，其中粗粒含量为 $\gamma_4\%$。设分级效率为 $E$。分析循环负荷的形成如下所述。

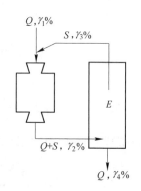

在返砂开始进入磨机与新给矿一起经过磨机并送入分级机的瞬间，返砂量和新给矿量都在随时间而不断地增加，设它们的无限小增量分布为 $\mathrm{d}S$ 和 $\mathrm{d}Q$。由于分级机的返砂是总给矿中的粗级别经分级作用形成的，因而可以列出

$$(\,\mathrm{d}Q + \mathrm{d}S)\gamma_2 E = \gamma_3\mathrm{d}S \tag{4-5-38}$$

图 4-5-13　闭路磨矿循环中的物料分配

经过一段时间之后，返砂量从零逐渐增至稳定值 $S$，新给矿也就从零增到 $Q$。于是用下面的定积分可以求出返砂量的稳定值（循环负荷）为

$$\int_0^Q \gamma_2 E\mathrm{d}Q = \int_0^S (\gamma_3 - \gamma_2 E)\,\mathrm{d}S \tag{4-5-39}$$

即

$$S = \frac{\gamma_2 E}{\gamma_3 - \gamma_2 E}Q \tag{4-5-40}$$

或

$$C = \frac{S}{Q} = \frac{\gamma_2 E}{\gamma_3 - \gamma_2 E} \tag{4-5-41}$$

此式指出，返砂比决定于分级机的给料中的粗粒含量和分级效率。

如图 4-5-13 所示，在一般情况下，新给矿和返砂中都含有少量的合格粒级，溢流中也含有少量的粗粒，按照图中标注的符号意义和磨矿动力学公式，可以列出

$$e^{-kt} = \frac{R}{R_0} = \frac{(Q + S)\gamma_2}{Q\gamma_1 + S\gamma_3} \tag{4-5-42}$$

倘若情况是理想的，新给矿不含合格细粒，按返砂计的分级效率为 1，所有粗级别都进入返砂，即上式中的 $\gamma_1$ 为 1，$\gamma_3$ 也是 1，从而

$$e^{-kt} = \gamma_2 \tag{4-5-43}$$

式中　$t$——总给矿通过磨机的时间。

注：关于分级效率的详细内容，由重力选矿介绍，此处仅作简单地说明。分级效率表示磨机排矿中的合格粒级，经分级作用后，在分级机溢流中的采收率。也就是，溢流中合格粒级的数量和磨矿排矿中合格粒级的数量之比（用百分率表示）。如果考虑的是返砂，它就是返砂中不合格粒级的数量与磨机排矿中不合格粒级的数量之比（用百分率表示）。

将式（4-5-43）代入式（4-5-41）中，得到

$$C = \frac{S}{Q} = \frac{e^{-kt}}{1 - e^{-kt}} \tag{4-5-44}$$

或　　　　　　　　　　$$e^{-kt} = \frac{C}{1 + C} \tag{4-5-45}$$

此三式指出，返砂比取决于磨机排料中的粗级别含量与合格产物含量之比，而它们又与磨矿动力学公式中的参数 $k$ 及被磨时间 $t$ 有关。当返砂比已测知时，可以由它算出 $e^{-kt}$ 的值。

在一般的情况下，溢流中的粗粒量为 $\gamma_4 Q$，细粒量为 $Q(1 - \gamma_4)$。按溢流计的分级效率为 $E$，则磨机排矿中的细粒量应当为 $\dfrac{Q(1 - \gamma_4)}{E}$，磨机排矿中的粗粒量为 $\left[(1 + C)Q - \dfrac{Q(1 - \gamma_4)}{E}\right]$。分级机返砂中的粗粒量为 $CQ\gamma_3$，即 $\left[(1 + C)Q - \dfrac{Q(1 - \gamma_4)}{E} - Q\gamma_4\right]$。于是，式（4-5-42）转变为

$$e^{-kt} = \frac{(1 + C)Q - \dfrac{Q(1 - \gamma_4)}{E}}{Q\gamma_1 + (1 + C)Q - \dfrac{Q(1 - \gamma_4)}{E} - Q\gamma_4} \tag{4-5-46}$$

新给矿中虽含有合格细粒，但数量很少，可令 $\gamma_1 = 1$。分级机溢流中虽有不合格粗粒，但数量也很少，可令 $\gamma_4 = 0$。在这样的假定下，上式可简化为

$$e^{-kt} = \frac{1 + C - \dfrac{1}{E}}{2 + C - \dfrac{1}{E}} \tag{4-5-47}$$

此式指出，$e^{-kt}$ 的值与返砂比和按溢流计的分级效率有关。

此时的循环负荷，显然包含两部分。第一部分是磨机排矿中的粗级别全部进入返砂形成的，根据式 (4-5-44)，它的数量为 $\dfrac{e^{-kt}}{1-e^{-kt}}$。第二部分是因分级效率不高，磨矿排矿中的合格细粒进入返砂形成的，它的数量是 $\left(\dfrac{1}{E}-1\right)$。这两部分组成的循环负荷为

$$C = \frac{e^{-kt}}{1-e^{-kt}} + \left(\frac{1}{E}-1\right) \tag{4-5-48}$$

由于磨机排矿中的粗级别含量是 $\left(1+C-\dfrac{1}{E}\right)$，当它全部进入返砂时，应等于上式中的第一项，故

$$C = \left(1+C-\frac{1}{E}\right) + \left(\frac{1}{E}-1\right) \tag{4-5-49}$$

此式右边两项之比，即循环负荷中粗级别含量与细粒级别含量之比。它指出：当分级效率相同时，返砂比愈大，其中所含合格细粒的比例愈小。若分级效率为 $E$，循环负荷不应减到小于 $\left(\dfrac{1}{E}-1\right)$，因为这时它只由合格产物组成。

根据以上说明，可把各物料流中的粗级别和细级别标注为如图 4-5-14 所示。用磨矿动力学原理分析闭路磨矿后说明，提高分级效率及采用大的返砂比有利于闭路磨矿，返砂比不应减小到小于 $\left(\dfrac{1}{E}-1\right)$ 的程度，返砂比过小与开路磨矿差不多，生产率低，磨矿效率低。所以，在大的返砂比下才有高的磨矿效率。放粗磨矿排矿及提高分级效率可以使返砂比加大。

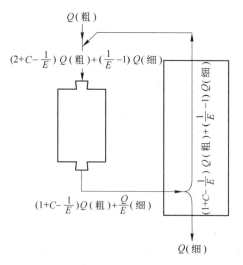

图 4-5-14　闭路循环各股矿浆中的粗级别
与合格产品的数量比例

4.5.4.3　用磨矿动力学原理分析磨机生产率与循环负荷及分级效率的关系

在前节讲的分级效率、返砂比和磨矿动力学关系的基础上，联系磨机生产力与磨矿时间大致成反比的情况，可以进一步分析磨机生产率、返砂比和分级效率的关系。

因

$$e^{-kt} = \frac{1+C-\dfrac{1}{E}}{2+C-\dfrac{1}{E}}$$

故

$$t = \frac{1}{k}\ln\frac{2+C-\dfrac{1}{E}}{1+C-\dfrac{1}{E}}$$

因磨矿机的总生产率是与矿料通过磨机被磨细的时间成反比的，所以当参数 $k$ 不变时，不同的两种循环负荷及分级效率引起的磨矿时间变化及磨机生产率变化的关系为

$$\frac{(1 + C_2) Q_2}{(1 + C_1) Q_1} = \frac{t_1}{t_2} = \frac{\ln \dfrac{2 + C_1 - \dfrac{1}{E_1}}{1 + C_1 - \dfrac{1}{E_1}}}{\ln \dfrac{2 + C_2 - \dfrac{1}{E_2}}{1 + C_2 - \dfrac{1}{E_2}}}$$

或

$$\frac{Q_2}{Q_1} = \frac{(1 + C_1) \ln \dfrac{2 + C_1 - \dfrac{1}{E_1}}{1 + C_1 - \dfrac{1}{E_1}}}{(1 + C_2) \ln \dfrac{2 + C_2 - \dfrac{1}{E_2}}{1 + C_2 - \dfrac{1}{E_2}}} \tag{4-5-50}$$

假定在磨机生产率为 $Q_1$ 与 $Q_2$ 时的循环负荷都是 $C$，生产率为 $Q_1$ 时的分级效率为 1，生产率为 $Q_2$ 时的分级效率为 $E_2$，可将上式简化为

$$\frac{Q_2}{Q_1} = \frac{\lg \dfrac{1 + C}{C}}{\lg \dfrac{2 + C - \dfrac{1}{E_2}}{1 + C - \dfrac{1}{E_2}}} \tag{4-5-51}$$

根据此式作计算并绘成图 4-5-15 中所示的曲线，它说明：分级效率相同时，返砂比愈高，磨机生产率愈大；返砂比相同时，分级效率愈高，磨机生产率也愈大。分级效率低时，磨机生产率的下降幅度，比分级效率高时的大。循环负荷低（如 $C = 1$ 或 $C = 2$）时与循环负荷高（$C > 5$）时相比较，这种现象尤为显著。

虽然说在闭路磨矿时，分级效率愈高和返砂比愈大都愈有利于提高磨机生产率，但返砂比过高也未必有显著效果。因为根据式（4-5-50），令 $E_1 = E_2 = 1$，并以 $C_1 = 1$ 时的磨机生产率为比较基础，得到

$$\frac{Q_2}{Q_1} = \frac{2\ln 2}{(1 + C) \ln \dfrac{1 + C}{C}}$$

$$= \frac{0.602}{(1 + C) \lg \dfrac{1 + C}{C}} \tag{4-5-52}$$

由式（4-5-32）可以看出，当 $C \rightarrow \infty$ 时

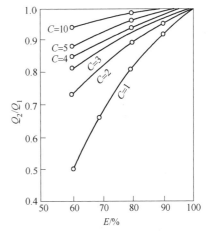

图 4-5-15 不同 $C$ 值和 $E$ 值时磨矿机的
相对生产率

$$\lim_{C \to \infty} (1 + C) \lg \frac{1 + C}{C} = \infty \cdot 0$$

或
$$\lim_{C \to \infty} \frac{\lg \dfrac{1 + C}{C}}{\dfrac{1}{1 + C}} = \frac{0}{0}$$

因此
$$\lim_{C \to \infty} \frac{\left[ \lg \dfrac{1 + C}{C} \right]'}{\left[ \dfrac{1}{1 + C} \right]'} = \lim_{C \to \infty} \frac{(1 + C) \lg e}{C} = 0.4343$$

从而当 $C \to \infty$ 时
$$\frac{Q_2}{Q_1} = \frac{0.602}{0.4343} = 1.386 \tag{4-5-53}$$

对式（4-5-52）作计算并绘成曲线如图 4-5-16 所示。曲线表明，最初时磨机相对生产率随返砂比增加而迅速增加，到了后来，尽管返砂比增加很多，磨机的相对生产率却增加甚微。因此，过高的返砂比并无好处，只是徒然增加传运返砂的费用。

用磨矿动力学原理分析生产率与循环负荷及分级效率的关系后说明，分级效率高及返砂比大有利于提高生产率，但返砂

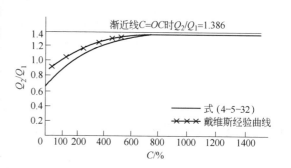

图 4-5-16　返砂比与相对生产率的关系

比过高也无多大作用，若太大还会超过磨机的通过能力，使磨机堵塞。其原因是：较粗的返砂大量返回磨机后，加大了待磨料的粗级别含量，提高了磨矿效率，并且使磨机全长粗级别含量增加，使整个磨机长度上均能实现高效率破碎。但当返砂量大到磨机全长上粗级别含量已够高且均匀时，再继续增加返砂比无什么作用，过大了反会使磨机堵塞。因为一定结构的形成及一定特性下的给矿，磨机会有通过能力的限制。

## 4.6　影响磨矿过程的因素分析

任何一个生产过程，其影响因素不外三大类：（1）进入过程的原料性质及特性；（2）过程在设备上实现，设备的性能及特性对过程存在影响；（3）过程是靠人来操作的，操作因素无疑影响过程。磨矿过程也一样，也会受这三类因素影响，下面对其逐一分析。

### 4.6.1　入磨原料的影响

进入磨机的矿料特性极大地影响着磨矿过程，这种影响包括多个方面。

4.6.1.1　矿料性质

影响磨矿过程的矿料性质主要是矿石的力学性质，包括硬度、韧性、解理及结构缺陷。矿石硬度大则难磨，硬度小则易磨。硬度由矿石中的矿物结晶粗细及相互间的键合力强弱决定。一般的矿物及矿石的力学特性均是硬而脆，所以矿料的磨碎电耗很大。韧性大

的矿石也难磨碎，其冲击破碎的效果不好，剪切磨剥的效果较好。矿石中存在解理现象的矿石其硬度降低，容易磨碎。矿石中有结构缺陷的，无论是宏观的还是微观的裂纹均会降低矿石的强度，有利于磨碎。矿石中含泥量大，特别是含胶性泥多的矿石，易使矿浆黏性太大，较难流动及排出磨机，影响磨机生产率。矿石中一些片状及纤维状矿物的大量存在也影响磨矿，它们易碎成片状或纤维状而难磨细。还有，诸如煤及滑石一类，硬度很低，但在磨矿中由于滑而不易被咬住，故也难磨细，它们的功指数可能大大超过硬矿石的。此外，矿石中的各种矿物中其可磨性也不同，有的易磨碎，如锡石、黑钨矿、方铅矿等，有的难磨细，如石英等，即有显著的选择性磨细现象，对此应及时把磨细的锡石等排除，免遭过粉碎。总之，矿石的力学性质是各种各样的，要针对矿石的力学特性来选择与之相适应的磨矿条件才会有好的磨矿效果。宏观上说，可用可磨性系数来综合表示矿石性质对磨矿过程的影响，相对可磨性系数愈大者愈好磨细。

矿石的力学性质对磨矿有极大影响，没有理由忽视它，而且也不能仅满足于知道矿石的可磨性系数及普氏硬度系数。笔者多年的科研经验证实，准确地确定矿石的抗破碎性能参数是合理选择钢球尺寸的前提条件，这就是磨矿的针对性所在，只有针对矿石的力学性质来科学地选择磨矿条件，也才能有好的磨矿效果。根据矿石的抗压强度来选择钢球尺寸能使钢球尺寸精确，根据矿石的脆性（由矿石泊松比判断）则可以确定介质尺寸乃至形状如何确定。

### 4.6.1.2 给矿粒度

给矿愈粗，将它磨到规定细度需要的磨矿时间愈长，功耗也愈多。给矿粒度的改变对磨机生产率的影响与矿石性质和产品细度有关。由表 4-6-1 及表 4-6-2 可以看出，磨机按新形成的 −0.074mm 级别计算的相对生产率，通常是随给矿粒度的降低而增加的，但其增加幅度随产品的变细而减少。粗磨时增加的幅度较细磨时要大些，非均质矿石较均质矿石更为明显。例如给矿粒度从 40mm 缩至 5mm，在产品细度为 0.3mm（合48% −0.074mm）时，磨机的相对生产率分别提高39.5%（非均质矿石）和32.0%（均质矿石）；在同样条件下，如产品粒度为 0.075mm（合95% −0.074mm）时，磨机的相对生产率只提高了 8.97%（非均质矿石）和17.7%（均质矿石）。当给矿粒度缩小至 5mm 以下，生产率变化很小，甚至无变化。因此，当要求提高磨机生产能力时，在一定范围内，降低给矿粒度有重大作用。

**表 4-6-1 处理不均匀矿石，在不同给矿和最终产品粒度时按新形成的**
**−0.074mm 级别计算的相对生产能力**

| 给矿粒度/mm | 在最终产品中，小于0.074mm级别的不同含量（%）时的相对生产能力 | | | | | |
|---|---|---|---|---|---|---|
| | 40 | 48 | 60 | 72 | 85 | 95 |
| −40 +0 | 0.77 | 0.81 | 0.83 | 0.81 | 0.80 | 0.78 |
| −30 +0 | 0.83 | 0.86 | 0.87 | 0.85 | 0.83 | 0.80 |
| −20 +0 | 0.89 | 0.92 | 0.92 | 0.88 | 0.86 | 0.82 |
| −10 +0 | 1.02 | 1.03 | 1.00 | 0.93 | 0.90 | 0.85 |
| −5 +0 | 1.15 | 1.13 | 1.05 | 0.95 | 0.91 | 0.85 |
| −3 +0 | 1.19 | 1.16 | 1.06 | 0.95 | 0.91 | 0.85 |

表 4-6-2　处理均质矿石，在不同给矿和最终产品粒度时按新形成的
－0.074mm 级别计算的相对生产能力

| 给矿粒度/mm | 在最终产品中，小于0.074mm级别的不同含量（%）时的相对生产能力 | | | | | |
| --- | --- | --- | --- | --- | --- | --- |
| | 40 | 48 | 60 | 72 | 85 | 95 |
| －40＋0 | 0.75 | 0.79 | 0.83 | 0.86 | 0.88 | 0.90 |
| －20＋0 | 0.86 | 0.89 | 0.92 | 0.95 | 0.96 | 0.96 |
| －10＋0 | 0.97 | 0.99 | 1.00 | 1.01 | 1.02 | 1.02 |
| －5＋0 | 1.04 | 1.05 | 1.05 | 1.05 | 1.05 | 1.05 |
| －3＋0 | 1.06 | 1.06 | 1.06 | 1.06 | 1.06 | 1.06 |

我国某些厂矿生产实践多次指出，适当地缩小碎矿最终产品粒度是提高磨矿机生产率的一种有效措施。例如我国某选矿厂的 3200mm×3100mm 格子型球磨机的给矿粒度与磨机处理能力的关系为：

$$给矿粒度 +18mm/\% \quad\quad 14.4 \quad\quad 5.79 \quad\quad 2.25 \quad\quad 1.49$$

$$磨机生产率/t \cdot h^{-1} \quad\quad 50.06 \quad\quad 53.87 \quad\quad 60.40 \quad\quad 64.25$$

在碎矿磨矿领域，当今最时尚的方案是多碎少磨及以碎代磨，磨矿机最适宜的给矿粒度，则根据技术经济计算的结果决定。因为磨机给矿粒度细，碎矿车间的费用就高；磨机给矿粒度粗，碎矿车间的费用虽低，但磨矿费用就高。如果把碎矿与磨矿费用合并考虑，在某一粒度时，总费用最低。此粒度即磨机最适宜的给矿粒度，这通常由经验决定，但最好进行方案计算及比较后确定。

### 4.6.1.3　产品细度

磨矿产品粒度直接影响着选别指标。磨矿产品粒度过粗，有用矿物和脉石没有获得充分解离，太细了又会引起较严重的过粉碎，两种情况都会使选别指标降低。如将磨矿粒度改为较细后，能量消耗和钢耗增加，生产率降低，每磨矿 1t 矿石的费用比磨矿较粗时要高。因此，确定磨矿粒度必须按技术经济条件综合考虑。

磨矿产品的粒度，通常是用磨至大于某筛级的筛上量百分数或用 －0.074mm 的含量表示，表 4-6-3 是浮选厂对于磨矿粒度的表示法，可作为参考。

表 4-6-3　磨矿粒度表示法

| 磨矿粒度 | 0.5 | 0.4 | 0.3 | 0.2 | 0.15 | 0.1 | 0.074 |
| --- | --- | --- | --- | --- | --- | --- | --- |
| 网　目 | 32 | 35 | 48 | 65 | 100 | 150 | 200 |
| －0.074mm含量/% | | 35~45 | 45~55 | 55~65 | 70~80 | 80~90 | 95 |

磨矿产品粒度对于生产能力的影响，决定于两个相互矛盾的因素。一方面，磨粗粒原矿至规定细度时，随磨矿时间的增长，被磨物料的平均粒度皆愈来愈小，磨矿机的生产能力因而愈到后期愈高；另一方面，由于磨矿的选择作用，易磨部分已被磨细，剩下的都是难磨部分，因而磨矿机的生产能力愈到后期愈低。由于这两种情况相反的因素影响，磨矿产物粒度与磨机处理能力的关系，可能是上升的、下降的或先上升后下降，以及实际上没有变化等情况，具体则随这两个矛盾因素的对比所决定。大体上说，对于均质矿石，磨矿机的相对生产能力随磨矿细度的增加而增加，表示这两种情况的数据列于表 4-6-1 和

表4-6-2。

总之，矿石愈硬，给矿愈粗，产物愈细，磨矿机的生产率愈小，按 kW·h/t 计算的磨矿效率指标愈高。操作工首先要根据矿石的性质、给矿粗细、给矿量和产品细度来决定操作条件，就是为了力求得到较好的磨矿指标。

给矿粒度及产品细度对磨机生产率的影响程度，以产品细度影响为大。

### 4.6.2 磨机结构及转速和装球率的影响

#### 4.6.2.1 磨机的类型

各类磨机的性能，已在4.2章中做过分析。总的来讲，棒磨机的生产率比同规格格子型球磨机的小15%，比溢流型球磨机的小5%左右，但当棒磨机用于粗磨（磨矿产品细度 1~3mm）时，生产能力却大于同规格球磨机。溢流型球磨机的生产率较同规格格子型球磨机的小10%~15%，有时甚至小到25%。

#### 4.6.2.2 磨机的直径和长度

同一类型的磨机，它的功率、生产率和磨矿效果都与磨机的直径和长度有关。

根据第4.4节中的理论分析和试验证明，磨矿机所需的有用功率与直径和长度的关系为

$$N = K_1 D^{2.5~2.6} L \quad kW \tag{4-6-1}$$

它的生产能力与直径和长度的关系为：

$$Q = K_2 D^{2.5~2.6} L \tag{4-6-2}$$

式中 $K_1$，$K_2$——比例系数。

磨机长度主要影响到磨矿时间，进而影响到磨矿细度。用规格为 $D \times L = 1830mm \times 6170mm$ 的球磨机磨细滑石的试验说明：在距给矿端的长度等于直径处，所完成的磨矿工作量为总的85%；在距给矿端的长度为直径的1.3倍处，完成的磨矿工作量是总的90%，这是和磨矿动力学的原理相符合的。由此可知，过短的磨矿机不能完成规定的磨矿细度，过长了又会增加动力消耗，并产生过粉碎。目前，国产的球磨机长度与直径之比在0.78~2范围，棒磨机的长度一般是直径的1.5~2倍。

近年来，随着选矿厂日处理量的增加，大型选矿厂不断出现，球磨机和棒磨机的规格也日渐增大。大型磨矿机的好处是：比生产率（利用系数）高，筒体质量与磨矿介质质量之比小，克服摩擦阻力所耗之功也因而较小；用一台大型磨矿机比用几台小型磨矿机看管方便，所占面积小，按处理1t矿石计的成本也较低。但实践证明，直径大于4m时由于装球减少及转速降低，比生产率反而下降，比生产率最大的是直径2.7~3.6m的磨机。因此，大型球磨机虽有降低成本的优势，但直径大于4m，磨矿效率下降的负面影响也应考虑。

关于磨矿机转速率的问题，总的说来，有在临界转速以下工作和超临界转速运转两种不同的情况。在第4.3节中已分别对二者作了详细论述，并指出磨矿机的转速与装球率紧密相关，不能将它们分开孤立地研究。第4.4节中图4-4-6概括了在临界转速内工作的磨矿机的有用功率与转速率和装球率的关系，说明了在装球率保持一定时，有用功率是随转速率不同而变化的，当转速率为某一适宜值时，有用功率可达最大值。既然有用功率是指

发生磨矿作用所消耗的功率，则与有用功率相对应的生产率，它与转速率的关系，基本上和有用功率与转速率的关系类似。只是 $\varphi = 30\%$ 时，因为滑动厉害，二者相差很大。但当装球率达到50%时，摩擦力大到足以克服滑动，二者即变为一致。

用610mm×610mm的小型球磨机，在装球率为40%，磨燧石和白云石时，随转速率不同而得到的主要指标，表示在图4-6-1中。

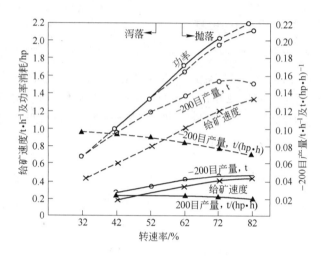

图4-6-1　泻落和抛落时的指标比较

——燧石；－－－白云石

由图可知，泻落式转变为抛落式时的转速率约为52%～62%。随着转速率由42%提高到72%，白云石和燧石的生产率（按原矿的−200目计）都是不断增加的，而较硬的燧石的生产率在转速率达82%时仍然是继续增长的。其增加的幅度随转速率的提高而减少，即最初增加很迅速，以后则变慢。

目前制造厂规定的磨矿机转速率大致在66%～85%，多数在80%以下，转速稍偏低，就很难达到高的生产率。近几年来我国某些厂矿生产实践证明，适当地提高磨矿机的现有转速，是提高选矿厂处理能力措施之一。例如某选矿厂将3200mm×3100mm格子型球磨机转速率由74%提高到88%，磨机的处理能力约提高10%～15%；另一个重选厂，将1500mm×3000mm棒磨机的转速率由84%提高到97.4%，生产率提高了25%，效果较为显著。但棒磨机转速率不宜过高，因为转速过高时容易乱棒。但应当注意，随着转速率提高后，钢球和衬板的磨耗量也有所增加，磨机的振动也较厉害，故必须加强设备管理和维修工作，并采取合理的措施，适当地降低装球率，相应的调整磨矿浓度和提高分级机的效率。同时，还应考虑传动部件的强度和电动机的负荷情况。

直到目前为止，绝大多数的磨矿机仍然是在临界转速以下工作，超临界转速磨矿机仅是个别情况，但在这方面，国外已进行过很多研究工作。试验和生产实践都说明，超临界转速磨矿尽管有提高磨机生产率等某些优点，但仍存在一些问题，有待进一步研究解决。

### 4.6.2.3　衬板类型

用平滑衬板的磨机的生产率，常比不用平滑衬板磨机的小。使用过厚的衬板，将减少磨机的有效容积，生产率也就会降低。衬板磨损后，磨机内直径将加大，这时钢球的装球率会显得偏低，使生产率减少，所以此时应适当地增加装球量。

### 4.6.3 操作因素的影响

关于这方面的因素，包括装球制度、磨矿浓度和给矿速度等项。

#### 4.6.3.1 装球和补球

（1）磨矿介质的形状和密度。很早以前，就有人用圆锥体、立方体、圆盘形、短柱形和月牙形等作为磨矿介质，但实验证明它们的效果都不如长圆棒形的好。

在其他条件不变时，磨矿介质的密度愈大，磨机的功率消耗和生产率就相对越高。一般都用钢或铸铁作磨矿介质，各种材质的磨矿介质的密度如下：

| 材质 | 密度/t·m⁻³ | 堆密度/t·m⁻³ |
|---|---|---|
| 锻钢 | 7.8 | 4.85 |
| 铸钢 | 7.5 | 4.65 |
| 铸铁 | 7.1 | 4.4 |
| 稀土中锰球墨铸铁 | 7.0 | 4.35 |

（2）装球量或装球率。由第4.3节做过的理论分析可知，不同转速有不同的极限装球率。在临界转速以内操作时，装球率通常是40%～50%。磨矿机的生产率 $Q$ 和装球质量 $G$ 的关系，可以用下面经验公式表示：

$$Q = (1.45 \sim 4.48)G^{0.6} \quad \text{t/h} \tag{4-6-3}$$

磨矿机消耗的功率 $N$ 和装球质量 $G$ 的关系，也可以用下面的经验公式表示：

$$N = 0.735CG\sqrt{D} \quad \text{kW} \tag{4-6-4}$$

式中   $D$——磨机内直径，m；

$G$——装球质量，t；

$C$——与装球率和磨矿介质种类有关的系数。

这些经验指出，当装入的钢球都能有效工作时，装球愈多，生产率愈大，功率消耗也愈大，但装球过多，由于转速的限制，靠近磨机中心的那部分球就只是蠕动，从而不能有效工作。通常装球率不超过50%。超临界转速工作，装球量要减少到能保证不发生离心运转，但也不可以少到削弱生产能力的程度。

一般认为棒磨机的装棒率应比同直径的球磨机的约低10%，大致为35%～45%。

在选矿厂生产上，测定磨机的装球率 $\varphi$，通常是采用测量静止磨机球荷表面到磨机筒体的最高点距离 $a$ 的大小来估算球率，具体测定和计算如下：

图4-6-2为磨机横截面，影线部分表示磨机静止时球荷所占的面积，$D$ 为磨机内直径，测定球荷表面 $CBE$ 到磨机筒体的最高顶点 $A$ 的距离为 $a$ 毫米，则球荷表面到磨机中心的距离 $b$ 由图看出为

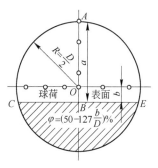

图4-6-2  装球率测量示意图

$$b = a - R = a - \frac{D}{2}$$

在已知 $b$ 值后，可按经验公式求得磨机的装球率 $\varphi$ 为

$$\varphi = \left(50 - 127\frac{b}{D}\right)\% \qquad (4\text{-}6\text{-}5)$$

（3）装球种类。一定质量的球，直径小的个数多，每落下一批的打击次数也较多。直径大的球，个数虽小，每批落下的打击次数少，但每次的打击力量却较大。矿料中有粗粒也有细粒，粗粒宜用大球打，细粒宜用小球磨。因此，实践证明，最初开车时只装一种球，它的效果没有装几种球的好。

最初配好的钢球为初装球，一经启动磨矿后，钢球就开始磨损，如果不补给球，球的大小和质量就会不符合需要，磨矿机的生产率和磨矿效率便都会降低。球的磨损和矿石的硬度、矿块或矿粒的粗细、磨矿的细度、磨机的转速率和装球以及钢球的材质等因素有关，钢球的磨损情况大致是（kg/t 矿）：

| 钢球材质 | 粗磨到 0.2mm | 中磨到 0.15mm | 细磨到 0.074mm |
| --- | --- | --- | --- |
| 铬钢 | 0.50 | 0.75 | 1.00 |
| 碳素钢 | 0.75 | 1.00 | 1.25 |
| 铸铁 | 1.00 | 1.25 | 1.50 |

生产中的补球通常是按昨日的处理量及钢球的单耗指标（kg/t 矿）算出补球总量，再按不同规格比例分摊补加量，通常以 3~5 种混合球补入，使其在总量上及比例上保持初装球的状态，从而保持磨矿效果的稳定。有些选矿厂由于某种原因而 3~5 天，或一个星期乃至半月补球一次，磨矿效果就差，而且磨矿效果波动也大。

#### 4.6.3.2  装球的尺寸

装球量决定着磨机功率的大小，极大地影响着磨机的生产率，但装球的尺寸对磨机生产率的影响也甚大。装球的尺寸决定着有用功转化的效率高低。而且，选矿前的磨矿均属解离性磨矿，要求矿物的单体解离度高，也就是要求矿石破碎中选择性解离的概率高，这就要求钢球尺寸精确。精确的钢球尺寸具有精确的破碎力，在精确的破碎力下，矿石中矿物的解离才易沿弱的矿物相界面发生。因此，选矿前的磨矿要求钢球尺寸精确是由磨矿的性质决定的。

但是，由于影响磨矿的因素是众多且错综复杂的，使得人们很难找到精确决定钢球尺寸的办法，为此也曾经历漫长的岁月。

最初，人们是从最简单的方法上考虑，企图寻找钢球尺寸与磨机给矿粒之间的单一比例关系，提出的经验公式为

$$D_{\mathrm{b}} = kd \qquad (4\text{-}6\text{-}6)$$

式中    $D_{\mathrm{b}}$——所需的钢球尺寸；

　　　　$d$——磨机给矿粒度；

　　　　$k$——比例系数。

对 50 多台磨机的工作调查结果表明，比例系数 $k$ 的范围宽达 2.5~130。因此，式

(4-6-6) 根本无实用价值。之所以如此，是因为：（1）钢球直径 $D_b$ 受众多因素影响，只抓住一个给矿粒度而丢开各种因素的做法本身就是不科学的，这为大范围的误差打开了通道。（2）钢球直径 $D_b$ 与各种影响因素之间关系错综复杂，没有任何根据可以说明钢球直径与给矿粒度之间存在直接的及单一的比例关系。因此，式（4-6-6）产生大的误差也是必然的。

后来，人们在总结前面教训的基础上前进了一步，不再去找直接的比例关系，而是认为 $D_b$ 与 $d$ 的某次方根成比例，而且考虑的因素有所增加，并把没有考虑的因素包括在比例系数中。由于各个研究者考虑问题的出发点不同，并且各人的经验也不同，故提出的球径经验公式较多，下面只列选矿界经常用的几个经验公式。

（1）拉苏莫夫公式。

$$D_b = i d^n \qquad (4-6-7)$$

式中　$i$——球径导数；

$n$——矿料性质参数；

$d$——给矿最大粒度，即 95% 的过筛粒度，mm。

式（4-6-7）不能直接使用，必须针对特定矿石先做两组试验，列出两个方程组成一组，再从方程组求解出 $i$ 及 $n$ 才能得出特定的球径方程式，方可应用。为了方便应用，K. A. 拉苏莫夫提出，对中硬矿石可以直接使用下面的简便计算式计算 $D_b$：

$$D_b = 28 \sqrt[3]{d} \qquad (4-6-8)$$

（2）奥列夫斯基公式。

$$D_b = b(\lg d_k) \sqrt{d} \qquad (4-6-9)$$

式中　$d_k$——磨矿的产品粒度，μm。

（3）戴维斯公式。

$$D_b = k \sqrt{d} \qquad (4-6-10)$$

式中　$d$——80% 过筛的给矿粒度，mm；

$k$——经验修正系数，对不同硬度矿石取不同数值，硬矿石，$k$ 值取 35；软矿石，$k$ 取 30。

（4）邦德简便经验公式。

$$D_b = 25.4 \sqrt{d} \qquad (4-6-11)$$

式中　$d$——80% 过筛的给矿粒度，mm。

尽管如此，上述经验公式也还是存在较大误差，原因在于：一是考虑的因素太少，也就是考虑 1~2 个影响因素；二是一个经验系数难把其余因素均包括进去。笔者通过试验证明，奥列夫斯基公式计算的结果普遍偏小得多；戴维斯公式计算的结果又普遍偏大；拉苏莫夫简便计算式计算粗级别需用球径时结果偏小太多，计算细级别球径基本可行，但仍略偏大；邦德简便计算公式也有拉苏莫夫公式类似的缺陷。虽然如此，这些公式比式（4-6-1）还是管用的，只不过误差较大，如果知道它们的缺陷，修正一下还是可用的。

由于经验公式计算结果误差大，球径还可以通过试验确定。细磨机的钢球尺寸用试验确定时较简单，粗磨机的钢球尺寸用试验确定就很困难，而且误差也仍然大。因此，人们总是在试图寻找更精确的经验公式。近年来，欧美各国广泛使用的是包括多个影响因素的经验公式，最为典型是如下两经验公式：

（1）阿里斯·查尔默斯公司公式。

$$D_{\mathrm{b}} = \left(\frac{F}{k_{\mathrm{m}}}\right)^{\frac{1}{2}} \cdot \left(\frac{S_{\mathrm{s}} \cdot W_{\mathrm{i}}}{C_{\mathrm{s}} \cdot \sqrt{D}}\right)^{\frac{1}{3}} \tag{4-6-12}$$

（2）诺克斯洛德公司公式。

$$D_{\mathrm{b}} = \sqrt{\frac{FW_{\mathrm{i}}}{C_{\mathrm{s}}k_{\mathrm{m}}} \cdot \sqrt{\frac{S_{\mathrm{s}}}{\sqrt{D}}}} \tag{4-6-13}$$

式中　$D_{\mathrm{b}}$——所需钢球尺寸，in；

　　　$F$——80% 过筛的给矿粒度，$\mu$m；

　　　$S_{\mathrm{s}}$——矿石密度，$t/m^3$；

　　　$W_{\mathrm{i}}$——待磨矿石功指数，$kW \cdot h/t$；

　　　$D$——磨机内径，ft；

　　　$C_{\mathrm{s}}$——磨机转速率，%；

　　　$k_{\mathrm{m}}$——经验修正系数，按表 4-6-4 选取。

表 4-6-4　公式（4-6-12）及公式（4-6-13）中的修正系数 $k_{\mathrm{m}}$ 的值

| 公式（4-6-12） | | 公式（4-6-13） | |
| --- | --- | --- | --- |
| 磨机类型 | $k_{\mathrm{m}}$ 值 | 磨机类型 | $k_{\mathrm{m}}$ 值 |
| 球磨机 | 200 | 球磨机 | 350 |
| 棒磨机 | 300 | 棒磨机 | 330 |
| 砾磨机 | 100 | 砾磨机 | 335 |

公式（4-6-12）及公式（4-6-13）考虑的因素多达 5 个，加上经验修正系数 $k_{\mathrm{m}}$ 表示其他未考虑的因素，因此，它们考虑了影响球径的主要因素，比前面的公式（4-6-6）~ 公式（4-6-11）要精确得多。目前这两个公式欧美地区广泛使用。

但是，上述两个球径公式在我国厂矿中应用却不方便。一是它们式子中均含有功指数 $W_{\mathrm{i}}$，而我国厂矿普遍只有普氏硬度系数 $f$；二是它们的给矿粒度 $F$ 用的是 80% 过筛粒度，单位为 $\mu$m，而我国长期使用的是 95% 过筛粒度，单位是 cm 或 mm；三是它的经验系数是在国外磨机规格大的情况下总结出来的，由于直径大的磨机中钢球的位能大，故可以弥补球径较小的不足，而我国磨机直径普遍较小，需要的球径较大，因此国外总结出的经验系数未必适用。鉴于上述情况，笔者从我国国情出发，用破碎力学原理和戴维斯等人的理论推导出球径半理论公式：

$$D_{\mathrm{b}} = K_{\mathrm{c}} \frac{0.5224}{\psi^2 - \psi^6} \sqrt[3]{\frac{\sigma_{\mathrm{压}}}{10\rho_{\mathrm{e}}D_0}} d \quad \mathrm{cm} \tag{4-6-14}$$

式中　$D_{\mathrm{b}}$——特定磨矿条件下给矿粒度 $d$ 所需的精确球径，cm；

　　　$K_{\mathrm{c}}$——综合经验修正系数，按表 4-6-5 选取；

　　　$\psi$——磨机转速率，%；

　　　$\sigma_{\mathrm{压}}$——岩矿单轴抗压强度，$kg/cm^2$；

$\rho_e$——钢球在矿浆中的有效密度，g/cm³，其关系式为：

$$\rho_e = \rho - \rho_n, \quad \rho_n = \frac{\rho_t}{R_d + \rho_t(1 - R_d)}$$

$\rho$——钢材密度，7.8g/cm³；

$\rho_n$——矿浆密度，g/cm³；

$\rho_t$——矿石密度，g/cm³；

$R_d$——磨机内磨矿浓度，%；

$D_0$——磨内钢球"中间缩聚层"直径，$D_0 = 2R_0$，$R_0$由公式4-6-15求取；

$d$——磨机给矿95%过筛粒度，cm。

表 4-6-5　综合经验修正系数 $K_c$

| 粒度 d/mm | 50 | 40 | 30 | 25 | 20 | 15 | 12 | 10 |
|---|---|---|---|---|---|---|---|---|
| $K_c$ | 0.57 | 0.66 | 0.78 | 0.81 | 0.91 | 1.00 | 1.12 | 1.19 |
| 粒度 d/mm | 5 | 3 | 2 | 1.2 | 1.0 | 0.6 | 0.3 | 0.15 |
| $K_c$ | 1.41 | 1.82 | 2.25 | 3.18 | 3.44 | 4.02 | 5.46 | 8.00 |

$$R_0 = \sqrt{\frac{R_1^2 + R_2^2}{2}} = \sqrt{\frac{R_1^2 + (kR_1)^2}{2}} \qquad (4\text{-}6\text{-}15)$$

式中，$k = \dfrac{R_2}{R_1}$，$k$与转速率 $\psi$ 及装球率 $\varphi$ 有关，可直接由表4-6-6求取。

表 4-6-6　各种装球率 $\varphi$ 及转速率 $\psi$ 时参数 $k$ 值

| $\varphi$/% ＼ $\psi$/% | 65 | 70 | 75 | 80 | 85 | 90 | 95 | 100 |
|---|---|---|---|---|---|---|---|---|
| 30 | 0.527 | 0.635 | 0.700 | 0.746 | 0.777 | 0.802 | 0.819 | 0.831 |
| 35 | — | 0.511 | 0.618 | 0.683 | 0.726 | 0.759 | 0.781 | 0.797 |
| 40 | — | 0.237 | 0.508 | 0.606 | 0.669 | 0.711 | 0.740 | 0.760 |
| 45 | — | — | 0.288 | 0.506 | 0.600 | 0.656 | 0.694 | 0.721 |
| 50 | — | — | — | 0.332 | 0.508 | 0.502 | 0.644 | 0.676 |

前面讲的钢球尺寸精确，通常是指各级别矿粒需要的精确尺寸或磨机需要的最大钢球尺寸，至于磨内整体球荷尺寸的精确则要靠装球来解决，靠补球来维持。因此，球磨机的科学装补球问题十分重要。

#### 4.6.3.3　磨矿浓度

磨矿浓度通常是用磨矿机中矿石的质量占整个矿浆质量的百分数表示。矿浆愈浓，它的黏性愈大，流动性愈小，通过磨机也愈慢。在浓矿浆中，钢球受到浮力较大，它的有效密度就较小，打击效果也较差。但浓矿浆中含的固体矿粒较多，被钢球打着的物料也较多。稀矿浆的情况恰好相反。矿浆太浓，它里面的粗粒沉落较慢。使用溢流型磨机，容易跑出粗砂；使用格子型磨机，因有格子挡着，太粗的砂不易跑出。矿浆太稀，细的矿粒也容易沉下，这时，如果是溢流型磨机，产物就比较细，过粉碎较大；如果是格子型球磨机，稀矿浆就便于把细的或稍粗的矿粒冲出格子，过粉碎较小。矿浆浓度随矿石性质而定，给矿粗和处理硬度大及密度大的矿石，应当用浓矿浆。图 4-6-3 说明矿浆浓度与磨矿效果的关系，由图中看到，只有磨矿浓度适当时，产出率才会最高，它随被磨物料性质及工艺条件而定。就中等转速的磨机来说，粗磨矿（产品细度在 0.15mm 以上）或磨密度大的矿石时，磨矿浓度应当较大，为 75%～82%（固）。细磨矿（产品细度在 0.10～0.075mm）或磨密度较小的矿石时，磨矿浓度应低些，通常为 65%～75%（固）。转速较高时，磨矿浓度应稍低一点。某厂的棒磨机的磨矿浓度以 78%～

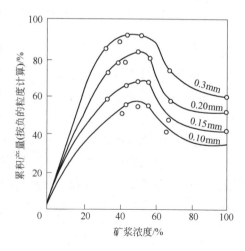

图 4-6-3　矿浆浓度和生产率的关系

80%（固）为最好，这时产出的 +0.25mm 的较少，−0.074mm 较多。另一个矿的球磨机，第一段磨的磨矿浓度以 72%～75%（固）较好，第二段以 69%～72%（固）较好。这是矿石性质不同的结果，影响这种结果的矿石性质主要是矿石硬度、相对密度及含泥量因素。

### 4.6.3.4　给矿速度

给矿速度就是单位时间内通过磨矿机的矿石量，磨矿机内矿量小时不但生产率低，而且易形成空打的现象，从而使磨损和过粉碎都较严重。为了使磨矿机有效地工作，应当维持充分高的给矿速度，以便在磨矿机中保持多量的待磨矿石。随着给矿速度的提高，由磨矿动力学可知，排矿产物中合格粒级的含量就会减小，而产出的合格粒级数量却会增加，比功耗将降低，磨矿效率显著提高。如果给矿速度超过磨矿机在特定操作制度下的某额定值时，磨矿机将发生过负荷，出现排出钢球，吐出大块矿石及涌出矿浆等情况，甚至被堵塞。因此，给矿必须连续均匀，不要时多时少，以免使以后的选别受到不好影响，所以各厂磨矿机的给矿量都不许存在太大的波动。

分析了操作条件的影响后不难看出，在上面许多的因素中，首先要认清矿石性质和要求达到的细度，无论影响磨矿效果的因素是怎样地复杂，但打击效果必然是最重要的。只要能够针对矿石的性质正确地决定转速、装球量、给矿速度和磨矿浓度，就可以得到好的打击效果。由于转速一般不变，所以决定装球量及装球尺寸至关重要。当然，对其他因素也应注意，综合考虑才会有好的磨矿效果。要做到这些，就非作系统的周密的调查研究不可，只有情况清楚才能措施得当。

## 4.6.4　装补球方法的影响

### 4.6.4.1　磨内介质的重要参数

磨机的磨矿任务是由磨内装的钢球来完成的，因此，磨内的钢球是破碎力的主体，是磨矿能量的载体，故磨矿效果的好坏是由磨内的钢球来实现的，即磨机生产率的高低及磨矿产品特性的好坏均由磨内的介质来决定。

磨内介质最重要的参数是：

（1）装球量，在转速一定时决定磨机功率的高低，即决定磨矿能量的多少。装球量目前还难以用理论方法算出，即使最成熟的钢球抛落运动理论也难以准确求出磨机最佳的装球量，而只能算出范围或者算出的球量并非最佳球量。最佳球量还只能通过试验确定。

（2）尺寸球比，它们决定着磨矿能量转化的效率高低及产品粒度组成优劣。各级别尺寸及整体尺寸要求精确，这是选矿前的解离性磨矿的性质所要求的。只有选用好的方法才能实现钢球尺寸的精确。上一节介绍了多个球径公式，究竟何者算出的结果最精确，这里可以作一个模拟计算，取磨机为 3.2m×3.1m 球磨机，$\psi$ 取 80%，$\varphi$ 取 45%，$\rho$ 取 7.8g/cm$^3$，$R_d$ 取 75%，$\sigma_压$ 取 1200kg/cm$^2$，分别用上节介绍的几个公式进行计算，结果列入表 4-6-7 中进行比较。另外，在表 4-6-7 中还分别列入试验球径，其中 5mm 以上的给矿为最近一些年一些厂矿降低球径的生产试验结果，3mm 以下给矿的球径为笔者的试验研究值。这些研究值可用于与计算结果进行比较。同时，在表中还列入我国一些厂矿多年来的一些经验值。

**表 4-6-7　笔者的球径半理论公式与其他经验公式的计算结果比较**　　　（mm）

| 给矿粒度 | 50 | 40 | 30 | 25 | 20 | 15 | 12 |
|---|---|---|---|---|---|---|---|
| （1）$D_b = 28\sqrt[3]{d}$ | 103 | 96 | 87 | 82 | 76 | 69 | 64 |
| （2）$D_b = 6(\lg d_k)\sqrt{d}$ | 105 | 94 | 81 | 74 | 66 | 58 | 51 |
| （3）$D_b = 25.4\sqrt{d}$ | 150 | 134 | 116 | 106 | 95 | 82 | 74 |
| （4）$D_b = k\sqrt{d}$ | 192 | 172 | 148 | 136 | 122 | 105 | 94 |
| （5）$D_b$（半理论公式） | 173 | 160 | 142 | 123 | 111 | 91 | 82 |
| （6）$D_b$（试验球径） | | | | ←——120～100——→ | | ←——100～80——→ | |
| （7）$D_b$（生产中球径） | | ←——140～120——→ | | | | | |

| 给矿粒度 | 10 | 5 | 3 | 2 | 1.2 | 1.0 | 0.6 | 0.3 | 0.15 |
|---|---|---|---|---|---|---|---|---|---|
| （1）$D_b = 28\sqrt[3]{d}$ | 60 | 48 | 40 | 35 | 30 | 28 | 24 | 19 | 15 |
| （2）$D_b = 6(\lg d_k)\sqrt{d}$ | 47 | 33 | 21 | 17 | 13 | 12 | 9.3 | 6.6 | 4.6 |
| （3）$D_b = 25.4\sqrt{d}$ | 67 | 46 | 37 | 30 | 22 | 20 | 16 | 11 | 7.6 |
| （4）$D_b = k\sqrt{d}$ | 80 | 59 | 45 | 37 | 29 | 26 | 20 | 14 | 10 |
| （5）$D_b$（半理论公式） | 72 | 43 | 33 | 28 | 23 | 21 | 15 | 10 | 7.3 |
| （6）$D_b$（试验球径） | ←——80～50——→ | | 35 | 30 | 28 | 25 | 15 | 10 | 8 |
| （7）$D_b$（生产中球径） | ←——90～80——→ | | ←——70～60——→ | | ←——50——→ | | ←——40——→ | | |

表 4-6-7 中列出的各个经验公式［（1）～（4）］的优缺点前面已经论述过，表中的比较结果也有体现，但数笔者的球径半理论公式计算结果最为精确；对 3mm 以下的给矿，球径半理论公式的计算结果与试验球径几乎完全一致，对粗磨下的给矿，最近几年笔者组织的工业试验证实，其结算结果与试验结果也完全一致，从而解决了各厂球径不精确的问题。因此认为，球径半理论公式是实现球径精确的最佳公式，可用它的计算结果实现磨内球径的精确化。

磨内球荷整体尺寸的精确化主要依靠科学的装球来解决，即各种尺寸球占的比例，这个比例应该根据磨矿的要求用破碎统计力学原理指导配球。

（3）对细磨而言，介质的形状也是一个重要参数，因为球形介质并不是细磨的最佳介质形式，笔者在国内首先倡导并在数百个选厂的实践经验证实，短柱形介质用于细磨，不仅细磨效率高，而且产品过粉碎轻，选别的精矿品位及回收率均高于球的，而且还可降低磨矿介质成本。

**4.6.4.2 球磨机的装补球方法**

球磨机的装补球主要解决三个问题：（1）初装球量的确定；（2）初装球比的确定；（3）补加球制度的确定。

**A 初装球量的确定**

磨机最初装多少球要根据磨机的类型、段别、磨机转速率高低以及衬板的形状等因素综合考虑后决定。一般来说，格子型球磨机因有格子板挡住，可以多装一些球，溢流型球磨机装球多了则容易被矿浆冲出来。一段粗磨机需要大的冲击力，可以多装球，二段及以后的细磨机主要靠研磨作用，装球不宜过多。装球率 $\varphi$ 还要与转速率 $\psi$ 相适应，一定的转速率对应有最佳的装球率。衬板除保护筒体不受磨损外，还能影响钢球的运动状态，如过大的提升力会使钢球提升过高，打在空白区的衬板上，对磨矿也是有害的。

最初装球量 $G_0$ 可按下式确定：

$$G_0 = V\varphi\delta_{球} \qquad (4\text{-}6\text{-}16)$$

式中 $G_0$——磨机最初装球量，t；

$V$——磨机有效工作容积，$m^3$；

$\varphi$——磨内钢球的充填率或称装球率，%；

$\delta_{球}$——钢球的堆密度，$t/m^3$。

实际上，装球率多半凭经验确定，粗磨机 $\varphi = 40\% \sim 50\%$，细磨机 $\varphi = 30\% \sim 40\%$，精确值只有通过试验确定。钢球堆密度则依球的成分材质、生产方法等因素而异，锻钢球 $\delta_{球}$ 可达 $4.85t/m^3$，铸钢球则低一些，铸铁球的最低，$\delta_{球}$ 就只有 $4.2 \sim 4.3t/m^3$。

**B 初装球比的确定**

球比的确定是初装球的核心问题，过去确定初装球的比例不外两种方法：一种方法是根据矿石的硬度、给矿粒度、磨矿细度等条件凭经验确定初装球比，表4-6-8 及表4-6-9 即是一例。

**表4-6-8 把物料磨到 0.2 ~ 0.3mm 时的原始球荷**

| 球径/mm | 硬 矿 石 | | | 软 矿 石 | | |
|---|---|---|---|---|---|---|
| | 原矿粒度/mm | | | | | |
| | 13 | 20 | 40 | 20 | 40 | 75 |
| | 球的质量百分数/% | | | | | |
| 125 | — | — | 32 | — | — | — |
| 110 | — | 30 | — | — | — | 30 |
| 100 | — | 26 | 26 | — | 21 | 26 |
| 90 | 32 | 23 | 23 | — | 27 | 23 |
| 75 | 27 | 21 | 19 | 40 | 22 | 21 |
| 65 | 23 | — | — | 33 | 19 | — |
| 50 | 18 | — | — | 27 | — | — |

表 4-6-9　棒磨机初装原始棒荷

| 棒的直径/mm | 棒的质量百分数/% | |
|---|---|---|
| | 粗原料，磨到 6.7 ~ 3.3mm | 细原料，磨到 0.6 ~ 0.4mm |
| 100 | 12.5 | — |
| 75 | 25.0 | — |
| 50 | 62.5 | 50 |
| 40 | — | 50 |

另一种办法是对待磨矿料进行筛析分级，按矿料的粒度组成确定球比。前苏联及我国 20 世纪 60 年代曾风行一时的"合理平衡装球法"在确定初装球时用的就是这种方法。按待磨矿料的粒度组成来配球是科学的。具体做法是把待磨矿料（包括新给矿及返砂）筛析后分成粒度级别窄的若干组，再分别求出各组粒度需要的球径。各组球的比例与适合它磨细的那组矿粒的比例相当。

C　补加球制度的确定

初装球一经磨矿后就会出现磨损，总球量减少，原有的球比发生变化。为了保持最佳的球量及球比，要不断补球来维持。补球总量容易确定，根据前一天处理的矿石总量 $Q$ 及每吨矿石的钢球单耗 $W_A(kg/t)$ 就可算出前一天当中消耗掉的钢球 $G_A$：

$$G_A = QW_A \qquad (4-6-17)$$

式中　$G_A$——前一天消耗掉的钢球量，kg；

　　　$Q$——前一天处理的矿量，t；

　　　$W_A$——处理 1t 矿石的钢球单耗，kg/t。

前一天消耗掉的钢球量，就是今天应补入的钢球量。如此不断地补入钢球，就能维持磨机内球量的稳定及平衡。

补球的种类及比例却比较麻烦，因为它要保持磨内球比的最佳化。过去的办法，或者凭经验以固定的几种球定时补入，或者根据钢球磨损规律计算补球的球比，让其磨损后也能保持原来的最佳球比，原来的最佳球比就是补球计算的依据。前面提到的"合理平衡装球法"的补球计算就是用的这套方法。但这套补球计算工作十分繁重及耗时，具体做法是，初装球进入运转后，通过不断改变补加比例的调试，使球磨机磨矿效果达到最佳；此时停下磨机清球，认为磨矿效果最佳时的球比就是最佳的球比，称为平衡的球比，把此球比作为补球计算的依据；按钢球的磨损规律及平衡的球比计算出合理的补加球比。这套办法至少要经两次清球及长时间的补球调试，既耗时又耗力，因此，难于在生产中坚持下去。

不少厂矿采用简单的办法，即装球时装几种球，补球时只补一种大尺寸球。补球很简单，但补加单一尺寸球必然形成磨内大球过多，磨矿效果差，球耗及衬板耗也大。而合理平衡装球法的补球计算太繁琐，无厂矿愿用。这里笔者提出一种作图法补加球的办法，方法简单，便于现场使用。

4.6.4.3　精确化装补球新方法

由于装补球中涉及的问题多而复杂，所以至今世界范围内没有见到一种原理科学、方法简单、便于操作及效果显著的装补球方法。国内外各厂家各行其是，采用着五花八门的经验装补球方法。笔者在找到能精确计算球径的球径半理论公式及提出破碎统计力学原理之后，在此基础上带领研究生们开发出一种精确化装补球新方法。经若干厂矿的生产实践证实，此种方法效果十分显著，针对我国选矿厂的磨矿现状，采用此方法后生产率能提高15%～20%以上，由于产品特性的改善，使回收率及精矿品位双双提高，杂质含量降低，而且球耗及电耗的下降均在10%以上，磨机工作噪声也下降了3～5dB。可以说，精确化装补球方法的应用全面改善了磨矿及选矿过程。

精确化装补球方法的原理及步骤如下：

（1）针对待磨矿石开展矿石抗破碎性能的力学研究，测定矿石单轴抗压强度、弹性模量及泊松比，为精确化装补球提供力学依据，加强磨矿的针对性。

（2）对待磨矿料（包括新给矿及返砂）进行筛析，确定待磨矿料的粒度组成，并将其进行分组。

（3）用球径半理论公式精确计算最大球径及各组矿料所需的球径。

（4）用破碎统计力学原理指导配球，根据概率论原理，某个粒级的破碎概率与能破碎该粒级的钢球产率成正比，由此，可根据待磨矿料的粒度组成而定出钢球的球荷组成，简单的方法就是，每种钢球的产率与适合它磨碎的矿粒组产率大致相当。另外，还要根据磨矿的目的，对需要加强磨碎的级别应在装球时增加其破碎概率，对不需要磨碎的级别减小其破碎概率。

（5）为了保险起见，前面配出的初装球应该用扩大试验进行验证，以证明确定的初装球方案是最好的方案。

（6）补球可以采用磨损计算法，也可以采用作图法确定补加球。

## 4.7　磨矿机生产率计算方法

由前节可知，影响磨矿机生产率的因素很多，变化也较大，因此，目前还很难用可靠的理论公式来计算磨矿机的生产率。一般都采用模拟方法确定，即选定实际生产中的磨矿机在较佳条件下工作时的资料作标准，把要计算的磨矿机的工作条件和它比较并加以校正，从而求得近似的结果。在这些工作条件中，没有包括转速，因为他们都是按照产品目录表中规定的，也没有包括装球量、球的配比和矿浆浓度等，这里认为这些条件可以调整到合适的情况。国内设计部门计算的方法是单位容积生产率计算法，它又分按比生产率法和按磨矿效率法两种。这两种方法只能得到粗略的结果，具体还要用一些实际资料来校核。国外欧美广泛应用功率指数计算法，这里也将进行介绍。

### 4.7.1　单位容积生产率计算法

#### 4.7.1.1　按比生产率法

前苏联及我国曾有人建议采用七八个修正系数，但计算更繁琐，结果也说不上更精确，故没有得到广泛承认及应用，这里仍介绍设计部门广泛采用的计算方法。

磨矿机的生产能力，一般是按新生成 $-0.074\text{mm}$ 级别计算，计算公式如下：

$$q = q_0 K_1 K_2 K_3 K_4 \tag{4-7-1}$$

及
$$Q = qV = K_1 K_2 K_3 K_4 q_0 V \tag{4-7-2}$$

式中 $q_0$——作为比较标准的磨矿机的单位生产率，$t/(m^3 \cdot h)$；

$q$——要计算的磨矿机的单位生产率，$t/(m^3 \cdot h)$；

$V$——要计算的磨矿机的有效容积，$m^3$；

$Q$——要计算的磨矿机的生产率，$t/h$；

$K_1$——可磨性系数，一般根据试验测定，无实测资料时可取表 4-7-1 的数值；

$K_2$——磨矿机类型校正系数，由表 4-7-2 查取；

$K_3$——磨矿机直径校正系数，计算式为 $K_3 = \left(\dfrac{D - b}{D_0 - b_0}\right)^{0.5}$，式中 $D$ 和 $D_0$ 为要计算的和选作标准的磨矿机直径，$b$ 和 $b_0$ 为磨矿机衬板的厚度，按此式算出的结果列于表 4-7-3 中；

$K_4$——磨矿机给矿粒度和产品粒度系数，其计算式为：

$$K_4 = \frac{m_1}{m_2}$$

$m_1$，$m_2$——要计算的和选作标准的给矿和产品粒度按新形成（$-0.074$ mm）级别计算的相对生产能力，其值由表 4-6-1 或表 4-6-2 中选取。

**表 4-7-1 矿石可磨性系数 $K_1$ 值**

| 矿石种类 | 普氏系数 | $K_1$ 值 |
|---|---|---|
| 很 软 | <2 | 2.00 |
| 软 | 2～4 | 1.50 |
| 中 硬 | 4～8 | 1.00 |
| 硬 | 8～10 | 0.75 |
| 很 硬 | >10 | 0.5 |

**表 4-7-2 磨矿机类型校正系数 $K_2$ 值**

| 磨矿机类型 | 格子型球磨机 | 溢流型球磨机 | 棒磨机 |
|---|---|---|---|
| $K_2$ | 1.0 | 0.90 | 1.0～0.85 |

注：棒磨机 $K_2$ 值当磨矿细度大于 0.3mm 时取大值，细磨时取小值。

**表 4-7-3 磨机直径校正系数 $K_3$ 值**

| 选作标准的 $D_0$/mm ＼ 要计算的 $D$/mm | 900 | 1200 | 1500 | 2100 | 2700 | 3200 | 3600 |
|---|---|---|---|---|---|---|---|
| 900 | 1.00 | 1.19 | 1.34 | 1.66 | 1.85 | 2.07 | 2.10 |
| 1200 | 0.84 | 1.00 | 1.14 | 1.40 | 1.63 | 1.74 | 1.76 |
| 1500 | 0.74 | 0.87 | 1.00 | 1.22 | 1.46 | 1.52 | 1.55 |
| 2100 | 0.60 | 0.71 | 0.81 | 1.00 | 1.17 | 1.25 | 1.30 |
| 2700 | 0.51 | 0.61 | 0.70 | 0.85 | 1.00 | 1.09 | 1.17 |
| 3200 | 0.47 | 0.57 | 0.64 | 0.80 | 0.92 | 1.00 | 1.07 |
| 3600 | 0.46 | 0.55 | 0.62 | 0.76 | 0.86 | 0.94 | 1.00 |

要计算的磨矿机按原矿计算生产率 $Q$ 为

$$Q = \frac{qV}{\beta_{排} - \beta_{给}} \tag{4-7-3}$$

式中　$\beta_{排}$——磨矿产物中 $-0.074$mm 级别的含量，%，查图 4-7-1；

　　　$\beta_{给}$——给矿破碎产物中 $-0.074$mm 级别的含量，%，查图 4-7-2。

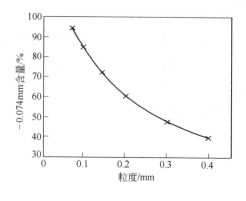

图 4-7-1　磨矿产物粒度

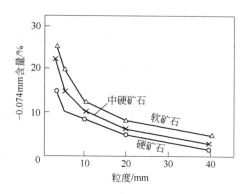

图 4-7-2　破碎产物粒度

### 4.7.1.2　按磨矿效率计算法

根据 4.1.2 节讲的磨矿效率的定义，对要计算的磨矿机，按 $-0.074$mm 计算的磨矿效率为

$$e = \frac{qV}{N} = \frac{q_0 K_1 K_2 \left(\dfrac{D-b}{D_0-b_0}\right)^{0.5} K_4 V}{N} \quad \text{t}/(\text{kW} \cdot \text{h}) \tag{4-7-4}$$

式中　$N$——要计算的磨矿机所消耗的功率，kW；

　　　其余各符号的意义及数值同前。

令 $N'$ 为所要计算的磨矿机单位容积的比功率，则

$$N = N'V$$

若已知选作标准的生产用磨矿机的比功率 $N'_0$，则可用式（4-4-14）求得在相同工作条件下，另一类型和尺寸的磨矿机所消耗的比功率 $N'$ 为

$$N' = N'_0 \left(\frac{D-b}{D_0-b_0}\right)^{0.5} K_2 \quad \text{kW/m}^3 \tag{4-7-5}$$

因此

$$N = N'_0 \left(\frac{D-b}{D_0-b_0}\right)^{0.5} K_2 V \quad \text{kW} \tag{4-7-6}$$

将式（4-7-6）代入式（4-7-4）中，可以得到

$$e = \frac{q_0 K_1 K_2 \left(\dfrac{D-b}{D_0-b_0}\right)^{0.5} K_4 V}{N'_0 \left(\dfrac{D-b}{D_0-b_0}\right)^{0.5} K_2 V} = \frac{q_0 K_1 K_4}{N'_0} \quad \text{t}/(\text{kW} \cdot \text{h}) \tag{4-7-7}$$

分母和分子同乘以选作标准的生产用的磨矿机的有效容积 $V_0$，于是得

$$e = \frac{q_0 V_0}{N'_0 V_0} K_1 K_4 \quad t/(kW \cdot h)$$

因为
$$N'_0 V_0 = N_0 \quad 和 \quad e_0 = \frac{q_0 V_0}{N_0}$$

所以
$$e = e_0 K_1 K_4 \quad t/(kW \cdot h) \tag{4-7-8}$$

式中　$e_0$——选作比较标准的生产用磨矿机的磨矿效率。

在已知磨矿机的消耗功率 $N$（约为安装功率 $N_安$ 的 0.85 倍）时，则可按此式粗略计算磨矿机生产率

$$Q = Ne = 0.85 N_安 e_0 K_1 K_4 \tag{4-7-9}$$

因此，按原矿计算的生产率为

$$Q = \frac{eN}{\beta_排 - \beta_给} \quad t/h \tag{4-7-10}$$

**例 4-7-1**　试求 2700mm × 3600mm 格子型球磨机的生产率，球磨机电动机的安装功率为 400kW，给矿粒度为 10 ~ 0mm，其中 – 0.074mm 级别占 10%，磨矿细度为 67% – 0.074mm。与选作比较标准用的生产用磨矿机的矿石相比较，可磨性系数 $K_1$ 等于 0.99。

作为比较标准用的生产磨矿机的规格为 2100mm × 3000mm 溢流型磨矿机，给矿粒度为 20 ~ 0mm，其中 – 0.074mm 级别占 6%，磨矿产物中 – 0.074mm 级别的含量为 62%。功率消耗为 150kW，按原矿计算的生产率 $Q_0 = 15t/h$。

（1）按比生产率进行计算。

1）为了求得磨矿机的比生产率，首先求出方程式（4-7-1）中各项的值。

选作比较标准的现场生产磨矿机，按 – 0.074mm 级别计算的比生产率 $q_0$ 为

$$q_0 = \frac{Q_0(\beta_排 - \beta_给)}{V_0} = \frac{15 \times (0.62 - 0.06)}{8.95} = 0.94 \quad t/(m^3 \cdot h)$$

根据表 4-6-1 的资料，确定按新生成 – 0.074mm 级别计算的相对比生产率 $m_1$ 和 $m_2$。在表 4-6-1 中给矿粒度为 – 10 + 0mm，磨矿产物中 – 0.074mm 含量 $\beta = 60\%$ 时，比生产率 $m = 1.00$；$\beta = 72\%$ 时，$m = 0.93$。对于 – 20 + 0mm 的给矿，$\beta = 60\%$ 时，$m = 0.92$；$\beta = 72\%$ 时，$m = 0.88$。

用插入法求符合所给条件的数值 $m_1$ 和 $m_2$：

$$m_1 = 1.00 - \frac{1.00 - 0.93}{72 - 60} \times (67 - 60) = 0.959$$

$$m_2 = 0.92 - \frac{0.92 - 0.88}{72 - 60} \times (62 - 60) = 0.913$$

因此，粒度系数为

$$K_4 = \frac{m_1}{m_2} = \frac{0.959}{0.913} = 1.05$$

磨矿机直径校正系数为

$$K_3 = \left( \frac{D - b}{D_0 - b_0} \right)^{0.5} = \left( \frac{2.7 - 0.15}{2.1 - 0.15} \right)^{0.5} = 1.17$$

磨矿机类型校正系数 $K_2$，由溢流型改为格子型磨矿机时，$K_2 = 1.11$。

2）将所求得的各系数代入式（4-7-1）中，则可求出要计算的磨矿机的比生产率为

$$q = q_0 K_1 K_2 K_3 K_4 = 0.94 \times 0.99 \times 1.11 \times 1.17 \times 1.05$$
$$= 1.271 \quad \text{t/(m}^3 \cdot \text{h)}$$

3）求出要计算的磨矿机按原矿计算的生产率，根据式（4-7-3）有

$$Q = \frac{qV}{\beta_\text{排} - \beta_\text{给}} = \frac{1.271}{0.67 - 0.10} \times \frac{\pi(2.7 - 0.15)^2 \times 3.6}{4}$$
$$= \frac{1.271 \times 17.7}{0.57} = 39.5 \quad \text{t/h}$$

（2）按磨矿效率进行计算。

1）为了确定要计算的磨矿机按 $-0.074\text{mm}$ 级别计算的磨矿效率，先要求出式（4-7-8）中的各项为

$$e_0 = \frac{q_0 V_0}{N_0} = \frac{Q_0(\beta_\text{排} - \beta_\text{给})}{N_0} = \frac{15 \times (0.62 - 0.06)}{150} = 0.056 \quad \text{t/(kW} \cdot \text{h)}$$

由前可知　　　　　　　　$K_1 = 0.99$，　$K_4 = 1.05$

2）根据式（4-7-8）确定要计算的磨矿机按新生成 $-0.074\text{mm}$ 级别计算的磨矿效率 $e$ 为

$$e = e_0 K_1 K_4 = 0.056 \times 0.99 \times 1.05 = 0.058 \quad \text{t/(kW} \cdot \text{h)}$$

3）确定要计算的磨矿机所消耗的功率 $N$，这个功率假定等于安装功率的 85%，即

$$N = 400 \times 0.85 = 340 \quad \text{kW}$$

4）根据式（4-7-10）求得要计算的磨矿机按原矿计算的生产率为

$$Q = \frac{eN}{\beta_\text{排} - \beta_\text{给}} = \frac{0.058 \times 340}{0.67 - 0.10} = 34.59 \quad \text{t/h}$$

### 4.7.2　磨机生产率的功指数计算法

这是测定及类推的办法，即实测矿石的功耗指标，然后计算磨机的单位功耗指标及由待处理矿量推算出总功耗，最后从功率上计算磨机的相关参数指标。此类办法中用功指数表示功耗指标，所以又叫功指数计算法，此法为美国 F. C. 邦德所首创，在欧洲、美国得到广泛应用。尽管各国或各公司使用的计算法有些不同，但大同小异，实质都是一样的。模拟计算法在 4.7.1 节中已做过介绍，这里不再赘述，仅介绍功指数计算法。

功指数计算法，一般包括如下步骤：（1）进行矿石可磨性试验，求出矿石的功指数 $W_i$；（2）应用邦德公式引入相应的效率校正系数，求出磨矿的单位功耗 $W_c$；（3）由磨矿单位功耗 $W_c$ 及总处理量 $Q$ 求出磨矿所需的总功率 $W_\text{总} = Q \times W_c$；（4）根据总功率及制造厂给出的磨机小齿轮轴功率计算磨机数量及规格；（5）根据磨机小齿轮轴输入功率算出电动机功率并按电动机系列选电动机。

邦德公式为经验公式，使用它时必须严格注意使用条件。用邦德可磨性试验获得的功指数计算出的磨矿机功率仅适合于下列三个特定条件：（1）棒磨机衬板内径 2.44m（8ft）的湿式开路磨矿；（2）球磨机衬板内径 2.44m（8ft）的湿式闭路磨矿；（3）计算出的功率是磨机小齿轮轴所需要的功率，它包括磨机轴承和传动齿轮的损失，但不包括电动机和

其他运转部分（如减速器和联轴器）的损失。这样，当用功指数法计算磨机功耗时，如果磨机条件不一致，必须引入相应的效率修正系数。根据邦德的论述，C. A. RowLand 整理出 8 个效率修正系数。

（1）干式磨矿系数 $EF_1$ 干磨时介质表面粘有一层薄的干矿层，在磨矿过程中其被压实，从而使功率提高。湿磨时 $EF_1 = 1.00$，干磨时 $EF_1 = 1.30$。

（2）开路球磨系数 $EF_2$。开路磨矿下产品细度控制困难，磨矿功率将比闭路时增加，其系数是产品控制粒度的函数，见表 4-7-4。

表 4-7-4　开路球磨系数 $EF_2$

| 控制产品粒度通过的百分数/% | 50 | 60 | 70 | 80 | 90 | 92 | 95 | 98 |
|---|---|---|---|---|---|---|---|---|
| 系数 $EF_2$ | 1.035 | 1.05 | 1.10 | 1.20 | 1.40 | 1.46 | 1.51 | 1.70 |

（3）直径系数 $EF_3$。邦德公式计算的功耗适用于 2.44m（8ft）直径的磨机，直径增大时磨矿效率提高，功耗成比例下降，按公式 $EF_3 = \left(\dfrac{2.44}{D}\right)^{0.2}$ 或 $EF_3 = \left(\dfrac{8}{D}\right)^{0.2}$ 计算的结果列于表 4-7-5。

表 4-7-5　直径效率修正系数 $EF_3$

| 磨机筒体内径 | | 磨机衬板内径 | | 磨机直径效率修正系数 |
|---|---|---|---|---|
| ft | m | ft | m | $EF_3$ |
| 3.0 | 0.914 | 2.6 | 0.79 | 1.25 |
| 3.281 | 1.00 | 2.88 | 0.88 | 1.23 |
| 4.0 | 1.22 | 3.6 | 1.10 | 1.17 |
| 5.0 | 1.52 | 4.6 | 1.40 | 1.12 |
| 6.0 | 1.83 | 5.6 | 1.71 | 1.075 |
| 6.562 | 2.0 | 5.96 | 1.82 | 1.06 |
| 7.0 | 2.13 | 6.5 | 1.98 | 1.042 |
| 8.0 | 2.44 | 7.5 | 2.29 | 1.014 |
| 8.5 | 2.59 | 8.0 | 2.44 | 1.00 基准 |
| 9.0 | 2.74 | 8.5 | 2.59 | 0.992 |
| 9.5 | 2.90 | 9.0 | 2.74 | 0.977 |
| 9.843 | 3.0 | 9.34 | 2.85 | 0.970 |
| 10 | 3.05 | 9.5 | 2.90 | 0.966 |
| 10.5 | 3.20 | 10.0 | 3.05 | 0.956 |
| 11.0 | 3.35 | 10.5 | 3.20 | 0.948 |
| 11.5 | 3.51 | 11.0 | 3.35 | 0.939 |
| 12.0 | 3.66 | 11.5 | 3.51 | 0.931 |
| 12.5 | 3.81 | 12.0 | 3.66 | 0.923 |
| 13.0 | 3.96 | 12.5 | 3.81 | 0.914 |
| 13.124 | 4.00 | 12.62 | 3.85 | 0.914 |

（4）给矿过大颗粒系数 $EF_4$。给矿中粒度过大的颗粒不易磨碎，磨碎它们需要耗费大的能量。当给矿粒度 $F$ 大于最佳给矿粒度 $F_0(\mu m)$ 时引入。

对棒磨机：
$$F_0 = 16000 \sqrt{\frac{13}{W_i}}$$

对球磨机：
$$F_0 = 4000 \sqrt{\frac{13}{W_i}}$$

$$EF_4 = \frac{R + (W_i - 7)\left(\dfrac{F_{80} - F_0}{F_0}\right)}{R}$$

式中，$R$ 为破碎比，$R = \dfrac{F}{P}$。

（5）磨矿细度系数 $EF_5$。该系数只在细磨下使用，通常用于磨矿产品 80% 通过 200 目或更细的情况。邦德根据试验得出 $EF_5$ 的计算式为：$EF_5 = \dfrac{P_{80} + 10.3}{1.145 P_{80}}$。它适用于磨到 $P_{80}$ 为 1.5 $\mu m$ 或小于 1.5 $\mu m$ 的情况，对湿式细磨 $EF_5$ 最大值为 5。

（6）棒磨机破碎比修正系数 $EF_6$。棒磨机的破碎比过大或过小均会增大功耗，棒磨机的最佳破碎比为：$R_{r0} = 8 + 5\dfrac{L}{D}$，破碎比 $R_r = \dfrac{F}{P}$，$R_r = R_{r0}$ 时 $EF_6 = 1$，功耗最低。$L$ 及 $D$ 为磨机长度及直径。当 $|R_r - R_{r0}| > 2$ 时就需引入 $EF_6$：

$$EF_6 = \frac{1 + (R_r - R_{r0})^2}{150}$$

（7）球磨机破碎比修正系数 $EF_7$。球磨机对破碎比的变化敏感性要比棒磨机小，但当 $R_b$ 小于 6 时应引入此修正系数。若 $R_b$ 为球磨机破碎比，$R_b = \dfrac{F}{P}$，则 $EF_7 = \dfrac{2(R_b - 1.35) + 0.26}{2(R_b - 1.35)}$。

（8）棒磨机修正系数 $EF_8$。单一棒磨回路下，棒磨给矿是开路破碎的产品时 $EF_8 = 1.4$，是闭路破碎的产品时 $EF_8 = 1.2$。棒磨-球磨回路下，棒磨给矿是开路破碎的产品时 $EF_8 = 1.2$。因此，修正后的邦德功耗计算式为：

$$W_C = W_i \left(\frac{10}{\sqrt{P_{80}}} - \frac{10}{\sqrt{F_{80}}}\right) \cdot EF_1 \cdot EF_2 \cdots EF_7 \cdot EF_8 \qquad (4\text{-}7\text{-}11)$$

当然，对一个具体的磨矿条件，需要修正的条件可能只是其中几个，有的系数有，有的系数无，是否需要这些系数得由具体条件决定。

**例 4-7-2**  已知某选厂处理量为 90000t/d（3750t/h），给矿粒度为闭路破碎产品，$F_{80} = 18000\mu m$，产品 $P_{80} = 2000\mu m$，破碎比 $P_r = 18000 \div 2000 = 9$，$W_i = 13.2 kW \cdot h/shton$，试计算棒磨-球磨回路中的棒磨机相关参数指标。

（1）计算磨矿单位功耗：
$$W_u = 10 W_i \left(\frac{10}{\sqrt{P_{80}}} - \frac{10}{\sqrt{F_{80}}}\right)$$
$$= 10 \times 13.2 \times \left(\frac{1}{\sqrt{2000}} - \frac{1}{\sqrt{18000}}\right)$$

$$= 1.9668 \quad kW \cdot h/shton$$

效率系数 $EF_1$、$EF_2$、$EF_5$、$EF_7$、$EF_8$ 均无。初步选中 $\phi 14' \times 20'$ 棒磨机，则 $EF_3 =$ 0.914，又因 $R_r = 9$，$F_0 = 16000$，$\sqrt{\dfrac{13}{13.2}} = 15878$，所以 $F > F_0$，于是

$$EF_4 = \frac{9 + (13.2 - 7) \times \left( \dfrac{18000 - 15878}{15878} \right)}{9} = 1.092$$

而 $\qquad R_{r0} = 8 + 5 \dfrac{L}{D} = 8 + 5 \times \dfrac{19.5}{13.35} = 15.3$，$|R_r - R_{r0}| = 6.3 > 2$

则 $\qquad\qquad EF_6 = \dfrac{1 + (9 - 15.3)^2}{150} = 1.265$

所以，经效率修正后的磨矿单位功耗：

$$W_C = 1.9668 \times 0.914 \times 1.092 \times 1.265 = 2.48 \quad kW \cdot h/shton$$

（2）计算磨矿所需总功耗：

$$W_总 = Q \times W_C = 3750 \times 2.48 \times 1.102 \times 1.341 = 13743 \quad 马力$$

注：前述式中，1.102 为短吨换算为吨时的系数，1.341 为 $kW \cdot h$ 换算为马力时的系数。

（3）计算磨机数量。按 Allis-Chalmens 公司资料，当 $\phi 14' \times 20'$ 棒磨机的转速率为 64.9% 及棒荷容积为 45% 时，磨机功率为 1783 马力，则所需台数为

$$n = 13743 \div 1783 = 7.7 \text{（台）}, \text{取 8 台}$$

（4）计算电动机功率。设传动损失为 6%，由需用功率 1783 马力可得安装功率为 $1783 \times 1.06 = 1890$ 马力，按电动机产品系列选 1900 马力电动机。

国内外所述两种算法表明，它们各有特点。模拟法试验工作量小，计算简便，但要确定选作比较标准的生产磨机何时处于较佳情况，比较困难。因而计算结果与生产实际可能有些出入，故计算结果尚需用一些实际资料来校核。国内广泛应用此方法几十年，其还是可靠的，目前也得到广泛应用。功指数法试验工作量较大，但它对计算的矿石进行实际的功耗测定，而且从能耗上计算磨机，结果较为可靠，但也有误差，国外一些厂矿的实践说明，功指数计算法算出的磨机容积是偏小的。这种方法计算结果也应用实践资料校核。但要采用功指数法计算磨机时，要具备一些必要条件，要解决功指数计算问题，设备制造厂应提供准确的磨机小齿轮的轴功率资料；要增加磨机的规格品种，缩小尺寸间隔，并且长度能根据需要变更；电动机功率递增间隔也应缩小，等等。没有这些条件，采用功指数计算磨机也是有困难的，要解决这些问题，今后还应做不少工作。

[附]  功指数的测定

邦德公式具有较广泛的应用价值，目前常见的应用有如下几个方面：

（1）在测定出功指数 $W_i$ 的情况下可以计算各种粒度范围内的破碎、磨碎功耗。

（2）用于选择破碎、磨碎机械。测出矿石的功指数 $W_i$ 后可以计算设计条件下需要的功率，从需用功率的容量上选择碎磨机械。

（3）可以比较不同碎磨设备的工作效率，如两台磨机消耗的功率相同，但产品粒度不同，分别算出两台磨机的操作功指数就可以看出哪一台磨机的效率高。可见，邦德学说的实际应用中关键是测出功指数 $W_i$。功指数的测定及计算方法也不止一种，邦德提出在实

验室中通过测定矿石可碎性及可磨度而计算功指数的几种方法为:

1）用 F. C. 邦德设计的专用双摆锤式冲击试验机测出矿石的冲击破碎强度 $C$（ft·bf/in），再测出矿石的真密度 $Sg$，由下式计算矿石的破碎功指数 $W_i$:

$$W_i = 2.59C/Sg \tag{1}$$

2）用 $D \times L$ 为 305mm ×610mm 的邦德棒磨机测出它每转一转新生成的试验筛孔 $P$ 以下粒级物料质量 $G_{rp}(g)$，也即棒磨可磨度，再测出给矿及产品中试验筛孔 80% 以下的粒度 $F_{80}$ 及 $P_{80}$（均为 μm），则可由下式计算棒磨机功指数 $W_{iR}$:

$$W_{iR} = \frac{62}{(P)^{0.23}(G_{rp})^{0.625}\left(\dfrac{10}{\sqrt{P_{80}}} - \dfrac{10}{\sqrt{F_{80}}}\right)} \tag{2}$$

3）用 $D \times L$ 为 305mm ×305mm 的邦德球磨机测出球磨可磨度 $G_{bp}$，即球磨机每转一转新产生的试验筛孔 $P_b$ 以下粒级的物料量，由下式计算球磨机功指数 $W_{ib}$:

$$W_{ib} = \frac{44.5}{(P_b)^{0.23}(G_{bp})^{0.82}\left(\dfrac{10}{\sqrt{P_{80}}} - \dfrac{10}{\sqrt{F_{80}}}\right)} \tag{3}$$

上述实验室中测得的功指数称为实验室功指数，按式（2）计算的功指数与内径 2.44m(8ft) 的普通溢流型棒磨机开路湿式磨矿的棒磨功指数一致。按式（3）计算的功指数与内径 2.44m(8ft) 的溢流型球磨机湿式闭路磨矿的球磨机功指数相一致。如果磨机的工作条件不一致，应对计算的功指数加以修正。

另外，还可以由工厂的数据按下式计算磨矿机的操作功指数:

$$W_i = \frac{W}{\dfrac{10}{\sqrt{P}} - \dfrac{10}{\sqrt{F}}} \tag{4}$$

棒磨机的可磨度试验:

给料破碎到 $-\frac{1}{2}$in，取 1250cm³ 装在量筒中并称重，筛析，闭路干磨矿，在内衬 12in ×24in($D \times L$) 波形衬板的棒磨机中进行，循环负荷为 100%，磨机转速为 46r/min，存入转数器记录。磨矿介质是 6 根直径 1.25in 和 2 根直径 1.75in 的钢棒，棒长 21in。

为了使磨机两端分配相等，每一完整的磨矿周期需水平旋转 8 次，然后向上倾斜 45°旋转一次，向下倾斜 5°旋转一次，再回到水平位置继续转 8 次。

试验的粒度全部是 4 ~ 65 目。每一磨矿周期结束时，磨机向下倾斜 45°，旋转 30 次，排料，再放在试验粒度的筛子上筛分。筛下产品称重，新的未磨过的给料与筛上物合并，使给料的总质量等于开始装入磨机的量（1250cm³）。返回磨机并在一定转速下磨矿，此磨矿转数的计算要使循环负荷等于所给料的质量。磨矿周期循环一直继续到每转的筛下产品达到平衡及颠倒其增减方向为止。然后，筛下产品和循环负荷进行筛分试验，最后 3 个每转的净重克数（$G_{rp}$）即是棒磨机的可磨度。

球磨机的可磨度试验:

用阶段破碎全部通过 6 网目筛孔的矿石作为标准给料。给料先经筛析，震动装入

1000mL 的量筒中，称取 700mL 质量放到球磨机中，在 250% 循环负荷下干磨。球磨机为 305mm×305mm，带圆滑角，光滑衬板；装有一转数计算器，以 70r/min 运转。磨机装球 285 个，每个重 20.125g，其中，1.45in 球 43 个，1.17in 球 67 个，1in 球 10 个，0.75in 球 71 个，0.61in 球 94 个，球的表面积为 842in$^2$。

试验用的筛孔在 28 网目以下。第一阶段 100 转以后，倾倒球磨机，筛出铁球，对 700mL 物料用试验套筛进行筛析试验，必要时可用较粗的保护筛。筛下物称重，然后倒入装有铁球的磨机中，以得到 250% 的循环负荷的计算转数并运转后，倒出并再筛分。所需的转数是根据上一周期产生的筛下物的结果等于球磨机总负荷量的 1/35 来计算的。

磨矿周期循环继续到每转产生的筛下产品的净重克数达到平衡及颠倒其增减方向为止，然后，筛下物和循环负荷进行筛分试验。最后 3 个每转净重克数（$G_{bp}$）的平均数就是球磨机的可磨度。

# 4.8　磨　矿　流　程

## 4.8.1　磨矿流程的选择及确定

### 4.8.1.1　磨矿流程的选择

不同矿石性质的差异与其成因和结构、构造有关。火成岩和某些变质岩的矿物或岩石的结晶之间往往彼此直接联系着，没有夹带其他物质，因而矿块强度大，坚硬而难粉碎；沉积岩中的矿物和岩石颗粒的形状及大小不一，两者胶粘在一起，颗粒之间常含有各种胶结物质，如硅质、石灰质或黏土质、白垩等，质软易碎，造岩矿物颗粒之间的接触边缘光滑平整，结合松弛或节理发育的矿石易碎易磨，如条带状粗粒浸染矿石一般容易解离。如果矿物的接触边缘呈锯齿状或呈细小连生体紧密结合或互相穿插，或形成包裹结构、乳浊状结构、交代残余结构、微细粒结构，或形成同心环带的鲕状结构时，采用一般磨矿使矿物解离较困难；矿石的层理和裂隙发育情况会影响其破碎产品的粒度均匀性和解离度；对于中等硬度的粗粒而均匀嵌布的铁矿石，可以采用一段磨矿流程；对于硬度高、有用矿物嵌布粒度细、解理不发育、韧性强的难磨矿石，宜采用多段磨矿流程。

矿石的泥化程度、物质组成及其中有益或有害元素的赋存状态对磨矿流程的选择也有较大的影响。当原矿含泥多或含较多的可溶性盐类而影响浮选过程时，需要在磨矿作业前设置预先分级，除去矿泥。矿石中的有益和有害元素如以类质同象状态结合在一起，则磨矿细度宜适可而止，进一步细磨对降低精矿中有害元素的含量作用不大。

矿石性质对磨矿的影响一般通过其可磨度反映出来。坚硬的矿石一般较难破碎，但不一定难磨，有时较软而易碎的矿石却往往难磨。

如果要求磨矿细度 −200 目占 70%~80%，或者粗磨后需进行选别，则可采用两段一闭路磨矿流程；如要求磨矿细度为 −200 目占 80%~85% 以上，则可用两段全闭路磨矿流程。如果矿石为细粒不均匀嵌布，要求最终磨矿产品粒度极细，需达到较高的解离度，则可采用多段磨矿流程。例如，选矿厂生产供造球用的铁精矿时，往往要求得到很细的磨矿产品，有时甚至需将精矿磨至 −325 目占 85%~90%。

大型选厂为了取得更好的经济技术效果，可以通过多方案的比较来确定最佳的磨矿流程，必要时，两段或多段磨矿流程都有可能采用。小型选矿厂在处理细粒或粗粒不均匀嵌布的矿石时，有时从经济角度考虑，常常采用简单的一段磨矿流程，以便简化操作和管理，从而降低基建投资和生产成本。

对于有用矿物成粗细不均匀嵌布或细粒嵌布的矿石，大型选矿厂常常采用预选，即在粗磨作业之前或之后进行粗粒抛尾，因而可采用阶段磨矿流程。例如，美国伊里选矿厂从棒磨排矿中磁选抛除的尾矿占原矿量的47%，我国金山店铁矿选矿厂从80~10mm的自磨机的排矿中抛除尾矿5%~6%。对于有用矿物呈细粒嵌布的铁矿石，除仍可用预选抛除粗粒废石外，还可采用细筛再磨流程，适当放粗前段磨矿产品的粒度，粗精矿经细筛再磨之后，精矿品位可大幅度提高，同时也可提高磨矿机的产量。我国南芬、程潮、弓长岭等铁矿选矿厂采用该类流程均已取得明显的经济效益。

磨矿试验资料是选择磨矿流程的重要依据。对于常规磨矿流程的结构、性能以及介质的类型和作用，人们已经有了较清楚的认识。但对于不同矿石用不同的磨矿设备，磨矿的效果、生产能力、能耗和钢耗等均无确切的现成规律可循，尤其是在采用自磨流程时，必须事先摸清矿石对自磨的适应情况，自磨介质的适应性基准值越大，则矿石对自磨的适应性越强。如果该值小于1，则矿石不适于自磨；如果矿石的功指数比率值太小，则说明介质不足。在试验室测定的有关参数并进行多方面的综合比较的基础上，进行半工业自磨试验，是合理选择自磨流程的必要途径。

为了保证选矿厂顺利建设，在进行磨矿流程选择时，还应了解建厂地区的技术、经济和交通地理条件、运输条件、磨矿介质、衬板和电能的来源及价格。此外，选用磨矿流程应兼顾到设备操作管理方面，确保其运转可靠，便于维修检查，并尽量降低粉尘、噪声及电磁波等因素对环境的污染。

总之，影响磨矿过程因素较多，相互之间的关系较复杂，故通过常规的研究手段一般很难全面掌握。针对不同矿石性质采用不同的磨矿流程及设备就增强了磨矿的针对性，从而也会有好的磨矿效果。由于碎矿过程数学模型的建立，电子计算机的应用和发展，国内外正在逐步积累这方面经验。

根据各种矿石的磨矿分级技术指标，以及磨矿流程和操作过程的技术参数，可建立电算程序。在应用时，只需将矿石的最基本的磨矿技术数据送入电子计算机内，通过数字模拟可以较准确地评价和选择磨矿流程。

事实上，磨矿流程最常用的也就是一段及二段磨矿流程，三段磨矿较少用。因此，它的选择余地是很小的，对于矿石性质的种种要求也只能在磨矿工艺条件上进行调整来满足。

### 4.8.1.2 磨矿段数的确定

磨矿机通常和分级机结合组成磨矿分级机组进行工作。磨矿机将被处理物料磨碎，分级机则将磨碎产物分为合格产物和不合格产物。不合格产物返回磨矿机再磨，以改善磨矿过程。分级机作业及分级返砂所进入的磨矿作业组成一个磨矿段。分级作业可以是预先分级、检查分级、控制分级或同时包括两种分级作业。两段磨矿时第一段使用棒磨的磨矿段也可以不带分级作业，因为棒磨机本身具有一定的控制粒度的能力。

影响确定磨矿段数的主要因素是：矿石的可磨性和矿物的嵌布特性，磨矿机的给料粒度、磨碎产物的要求粒度、选矿厂的生产规模、分别处理矿砂和矿泥的必要性，以及进行阶段选别的必要性等。实践证明：采用一段或两段磨矿流程，已可以经济地把矿石磨到选别所要求的任何粒度，因而不必采用更多的磨矿段数。磨矿段数增加到两段以上，通常是由进行阶段选别的要求决定的。

一段磨矿流程与两段磨矿流程相比较，一段磨矿流程的主要优点是：分级机的数目较少，投资较低；生产操作容易，调节简单；没有段与段之间的中间产物运输，多系列的磨矿机可以摆在同一水平上，因而设备的配置较简单；不会因一段磨矿机或分级机的停工而影响另一磨矿段的工作，停工损失小；各系列均可以安装较大型的设备。一段磨矿流程的缺点是：磨矿机的给矿粒度范围很宽，合理装球困难，磨矿效率低；一段磨矿流程中的分级溢流细度一般为 -200 目占 60% 以下，不易得到较细的最终产物。还有，磨矿产品粒度组成不太好，不利于选别。

根据上述特点，凡是要求最终磨碎产物粒度大于 0.2 ~ 0.15mm（-200 目占 60% ~ 72%）时，一般都应该采用一段磨矿流程。在小型选矿厂中，为了简化磨矿流程和设备配置，当磨矿细度要求 -200 目占 80% 时，一般都应该采用一段磨矿流程。

两段磨矿流程的突出优点是可以在不同的磨矿段分别进行矿石的粗磨和细磨。两个磨矿段又可分别采用不同磨矿条件：粗磨时，装入较大的钢球并采用较高的转速，有利于提高磨矿效率；细磨时，装入较小的钢球和采用较低的转速，同样能提高磨矿效率。

两段磨矿流程的另一个显著优点是适于阶段选别。在处理不均匀嵌布矿石及含有大密度矿物的矿石时，在磨矿循环中采用选别作业，可以及时地将已单体解离的矿物分选出来，防止产生过粉碎现象，有利于提高选矿的质量指标；同时可以减少重金属矿物在分级返砂中的聚集，并能提高分级机的分级效率。

因此中型和大型选矿厂，当要求磨矿细度小于 0.15mm 时，采用两段磨矿较经济。此时，磨碎每吨矿石的电能消耗较少；磨矿产物的粒度组成比较均匀，过粉碎现象少，能提高选别指标。两段磨矿的缺点是两段负荷不易平衡，操作较复杂。

### 4.8.2　一段磨矿流程

采用一段磨矿流程时，磨矿机开路工作容易产生过粉碎现象。通常，磨矿机都是与分级机构成闭路循环，常用流程有三种，如图 4-8-1 所示。

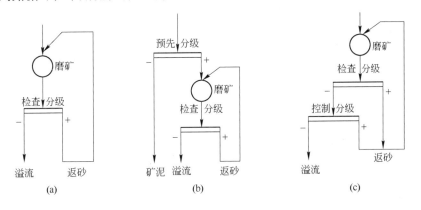

图 4-8-1　一段磨矿流程

(a) 带检查分级；(b) 带预先和检查分级；(c) 带控制分级

　　带检查分级的一段磨矿流程是应用最广泛的一段磨矿流程。矿石直接给入磨矿机，给矿最适宜的粒度一般为6～20mm。磨矿后的产物进入检查分级分出大部分合格的粒级，不合格的粒级返回磨矿机构成循环负荷。检查分级机与磨矿机闭路工作，一方面可以控制合格产物中的最大粒度；另一方面由于循环负荷的存在，能增加单位时间通过磨机的矿石数量，缩短矿石通过磨机的时间，从而可以减少过粉碎现象，并且能提高磨矿效率。

　　当处理量含有大量（15%）合格产物的细粒矿石以及有必要将原生矿泥和矿石中所含可溶性盐类预先单独处理时，可采用带预先分级和检查分级的一段磨矿流程。预先分级的目的在于除去磨矿机给矿中粒度合格的产物，从而增加磨矿机的生产能力；或者分出矿泥，以便单独处理。预先分级一般在机械分级机中进行，为了防止机械过分磨损，给矿粒度的上限不应超过6～7mm。为了合理地进行预先分级，给矿中合格粒级的含量不应小于14%～15%。利用预先分级分出来的原生矿泥和可溶性盐类，如果和磨碎产物的性质相差较大，则单独处理能提高选别指标。若无单独处理的必要，则流程中的预先分级作业和检查分级作业可以合并成一个作业。

　　当要在一段磨矿的条件下得到较细的产物，或者必须利用一段磨矿流程进行阶段选别时，可采用带控制分级的一段磨矿流程。在进行机械分级时，总有一些在粒度上不合格的颗粒不可避免的混入溢流中，采用控制分级可以获得较细的粒级。但是，这种流程中，检查分级溢流的矿量大于原给矿量，需要较大的分级面；同时造成磨矿机的给矿粒度不均匀，合理装球困难，并使磨矿效率降低；由于被分出的溢流量变动大，致使分级机工作也不稳定。这些原因限制了控制分级的应用。这种流程和适于细磨与进行阶段选别的两段流程相比较，唯一的优点是可以利用一台磨矿机代替两段流程中所安装的两台磨矿机，但这个优点只在小型选矿厂才有意义。在大型或中型选矿厂总要安装几台磨矿机，因此，在大型或中型选矿厂采用带控制分级的一段磨矿流程是不合理的。

### 4.8.3　两段磨矿流程

　　为了得到较细的磨矿产物以及需要进行阶段选别时，经常采用两段磨矿流程。进行阶段选别时，第一磨矿段的产物进入第一段选别，选得精矿，其尾矿或中矿（有时可能是混合精矿或粗精矿）经第二段磨矿后，再进入第二段选别。

　　根据第一段磨矿机与分级机的连接方式的不同，两段磨矿流程可分为三种类型：第一段开路；第一段完全闭路；第一段局部闭路。第二段磨矿机总是闭路工作。第二段前的预先分级在各组流程中都是必要的，因为第一段磨矿后一定会产生大量粒度合格的产物。第一段磨矿前是否使用预先分级，和一段磨矿流程相同，取决于原矿中细级别的含量。

#### 4.8.3.1　第一段开路的两段磨矿流程

　　第一段开路的两段磨矿流程中，应用较广的几种形式如图4-8-2所示。

　　该流程的主要优点是：没有溢流的再分级，每个矿粒只通过分级机溢流堰一次，需要的分级面较小；负荷是经过第一段磨矿的排矿直接传给第二段，调节比较简单，能在两段磨矿时得到粒级较细的磨矿最终产物。第一段开路工作的磨矿机以选择棒磨机最为有利，在大型选厂中采用这种流程，可使破碎流程在开路情况下有效地工作。

　　该流程的缺点是：为了使开路的磨矿机能有效的工作，必须使第二段磨矿机的容积大大超过第一段磨矿机的容积。由于开路工作磨矿机的排矿粒度较粗，且浓度大，必须用较

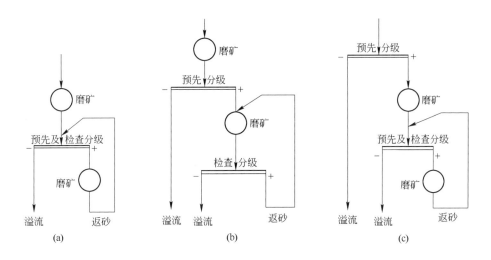

图 4-8-2　第一段开路的两段磨矿流程

陡的自流运输溜槽，或专门的机械运输装置，才能将第一段磨矿机的排矿传递给第二段磨矿，配置较复杂，管理也不方便。因此，这种流程只有在大型厂中才有条件采用。

图 4-8-2 中（a）流程和（b）流程的区别在于，前者的预先分级和检查分级是合一的，后者是分开的。采用后者有可能分出原生矿泥、原矿中所含可溶性盐类，以及第一段磨矿时的易碎部分，它们在单独的循环中选别，可以改善选别效果。但是，由于原生矿泥和易碎部分已从第一段分级机中分出，第二段分级机只处理颗粒物料，这种情况在磨矿产生次生矿泥较少的结晶状矿石时，将会恶化检查分级机的工作。流程（c）先进行预先分级，只有在含原生矿泥较多并有分出单独处理的必要时，才予采用。

由于这类流程没有溢流的再分级，因而不易得到较细的产物，产物中 −200 目粒级的平均含量只能达到65%左右。需要得到更细的磨矿产物时，应采用第一段全闭路的两段磨矿流程。

### 4.8.3.2　第一段完全闭路的两段磨矿流程

第一段完全闭路的两段磨矿流程是常用的两段磨矿流程。常见的流程形式如图 4-8-3 所示。

这种流程常用于处理硬度较大，嵌布粒度较细的矿石，以及在要求磨矿细度达 0.15mm 以下的大型和中型选矿厂中采用。采用这种流程时，磨矿细度能达 −200 目占 80% ~85% 。

正确地分配第一段和第二段磨矿机的负荷，是使磨矿机达到高产的重要条件。如果第一段分出过细的产物，则第二段磨矿机将出现负荷不足，使磨矿机的总生产能力降低。如果在第一段分出过粗的产物，将使第一段负荷不足，第二段负荷过多，同样会降低磨矿机的总生产能力。两段磨矿段间负荷的合理分配，可由适当控制第一段分级机的溢流细度来达到，实际上溢流细度的改变是借助溢流浓度来进行调节的。

该类流程的缺点是：两段之间的负荷调节困难；不能得到大于 0.2mm 的最终产物，因为要是在第一段分级机中得到粗粒溢流，会使该分级机不能有效地工作；由于全部矿石需两次才能通过溢流堰，故所需的总分级面大，设备投资较高。

该类流程的优点是：可能达到的磨矿细度比其他流程均高，可以实现细磨；设备的配置比第一段开路简单，因为第一段闭路时的负荷是通过分级的溢流传递给第二段的，可用

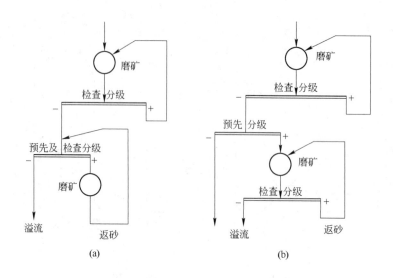

图 4-8-3　第一段完全闭路的两段磨矿流程

较小坡度溜槽来输送溢流，因此两段的磨矿机可以安装在同一水平上。

图 4-8-3 中流程（a）和流程（b）的区别仅在于第二段的分级，前者的预先分级和的检查分级是合并的，后者是分开的。采用流程（b）时，原生矿泥和矿石中的易碎部分不再进入第二段的检查分级机，对于产生次生矿泥的矿石，第二段分级机的工作可能不稳定，因而会降低分级效率。采用流程（a）时，当破碎车间的最终产物粒度减小时，磨矿机的生产能力会有所增加，这时分级机可能成为磨矿车间的薄弱环节。在这种情况下，可以改用流程（b），或安装补充的中间分级机。

**4.8.3.3　第一段局部闭路的两段磨矿流程**

局部闭路的常见流程形式如图 4-8-4 所示。

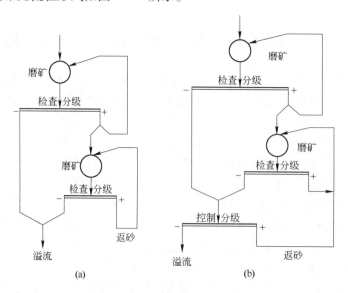

图 4-8-4　第一段局部闭路的两段磨矿流程

局部闭路流程的优点是：各磨矿段的负荷调整比较简单；各段均可得到任何数量的循环负荷；可得到比两段闭路磨矿流程产物较粗的最终产物，可以避免贵重金属聚集于磨矿的循环中。

局部闭路流程的缺点是：返砂从第一段运输到第二段，需要用坡度大的溜槽或采用运输机械；第二段磨矿的检查分级，在处理产生少量的次生矿泥的矿石时，会引起分级机工作的困难。

图4-8-4中，流程（a）的每一矿粒只通过分级溢流堰一次，需要的分级面不大，但却难以得到较细的最终产物。流程（b）中溢流经过了控制分级，能得到较细的最终产物，但需要安装大量的分级机。

由于多段磨矿流程配置复杂，调整困难。只有当处理嵌布非常复杂的矿石，为了避免由于矿物的大量泥化，必须在其解离后立即选出来时，亦即需要多段选别时，方予以采用。

### 4.8.4 自磨流程

#### 4.8.4.1 自磨流程的分类

按矿石自磨的磨矿段数、工艺调整方法或强化手段的不同，可将其分为如下几类。

A 全自磨流程

（1）一段全自磨。它是将开采出来的矿石，从原矿或经过粗碎后，直接给入自磨机，利用给入矿石本身作为磨碎介质，一次磨到选别要求的合格粒级。

（2）两段全自磨。矿石经过第一段自磨后，再给入第二段砾磨机进行细磨，直至达到合格的粒级。

B 半自磨流程

（1）一段半自磨。为了强化磨碎过程，在一段自磨中添加一定量钢球介质。

（2）两段半自磨。在两段磨矿中，第一段采用自磨，第二段采用球磨。或者，第一段采用半自磨，第二段采用球磨。

C 中间自磨流程

原矿经粗碎以后，从中筛出部分粗粒级，作为自磨的磨碎介质。其余粗碎产物继续进行中、细碎，破碎到相当于一般球磨机的给矿粒度后，给入自磨机进行自磨。

另外，根据自磨回路中有无粒度控制设施，或粒度控制设施的形式不同，又可将每段自磨流程分为开路、闭路、半闭路三种方式。

#### 4.8.4.2 一段自磨流程

当磨碎中硬以下矿石，磨碎产品粒度要求较粗，−200目占60%左右时，可采用一段闭路自磨流程。

为了控制自磨产品的粒度，一段自磨均成闭路，且除了设有检查分级外，一般还设有控制分级的设备，用于检查分级的设备有圆筒筛、振动筛、弧形筛、螺旋分级机等。作为控制分级的设备，除个别采用螺旋分级机外，多数为水力旋流器。

一段自磨流程的特点是，工艺流程简单，配置简单，能充分发挥自磨技术。

**例4-8-1** 我国某磁选厂一段闭路全自磨流程，如图4-8-5

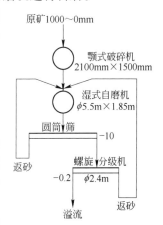

图4-8-5 某磁选厂一段闭路
全自磨流程

所示。该矿区为产于辉石鞍山岩中的汽化高温热液矿，属大型贫磁铁矿。矿石相对密度 2.8～2.9，岩石相对密度 2.6。矿石硬度平均为 $f=8～16$，岩石很硬，两者平均相差一倍，并有 15.5% 的易磨矿石。

原矿经颚式破碎机粗碎后，给入自磨机自磨，自磨机的排矿由自磨机本身所带的圆筒筛先进行粗粒级分级，+10mm 物料由自返装置返回自磨机，-10mm 物料进入螺旋分级机分级，螺旋分级机返砂亦返回自磨机，分级溢流细度为 -200 目占 60% 左右，进行脱泥与磁选。

因采至深部，矿石变硬；以致难磨粒级积累，"胀肚"频繁。为解决此种问题，现改为第一段半闭路自磨流程，如图 4-8-6 所示。

在自磨机的排矿格子板上开设 80mm×80mm 的砾石窗，排出的物料经圆筒筛筛分后，筛上物破碎至 20～0mm，消除了难磨粒级。在分级溢流粒度与全闭路流程相似的情况下，自磨机的处理能力可提高 50% 以上，按 0.2～0mm 粒级计的利用系数由 0.64t/（h·m³），提高了 30%，大大减少"胀肚"所耗费的时间，操作较为稳定。

**例 4-8-2**　加拿大希米尔卡敏铜矿一段闭路自磨流程，如图 4-8-7 所示。处理矿石属斑岩铜矿，含铜品位 0.53%，设计日处理量 15000t，原矿经旋回破碎机粗碎后，粒度为 300～0mm，其中有 15% 为 +230mm 粒级，粗碎产物运至露天堆矿场堆存，然后用板式给矿机给至带式运输机再运入自磨机磨碎。自磨机排矿格子板上设有砾石窗，自磨机排矿经自磨本身所带圆筒筛筛分后，筛上产物用短头圆锥破碎机破碎，再返回自磨机，或作为粗精矿再磨的砾介。筛下产物进螺旋分级机和水力旋流器分级，返砂合并返回自磨机。溢流进浮选，最终铜精矿品位为 28%，回收率可达 90%。

在处理矿床上部的矿石时，因矿石偏软，大块矿石不足，曾往磨机中添加一定钢球，

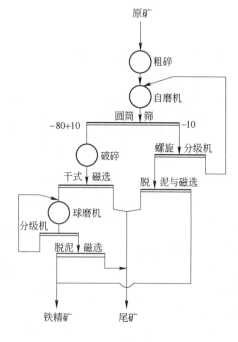

图 4-8-6　一段半闭路自磨流程

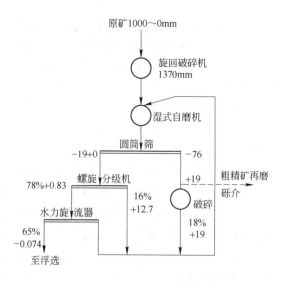

图 4-8-7　希米尔卡敏铜矿一段闭路自磨流程

采用半自磨。处理矿床下部的矿石时，则用全自磨。

该流程的特点是，将自磨机内的难磨粒级引出破碎，消除它在循环负荷中的聚集，调整了自然磨矿介质的粒度组成，大大提高了自磨循环的生产能力和降低了电耗。对于硬矿石和黏性矿石的自磨，在消除难磨粒级方面，这种方法比加钢球更为有效。因补加钢球时，自磨机的衬板磨损加剧，增加了钢球消耗。处理碎钢球比较简单的办法是将其完全磨光而不使之排出，这就使磨矿作业回路失去了灵活性。

### 4.8.4.3 两段自磨流程

当要求磨矿产物细度为 -200 目占 70% 以上时，应采用两段自磨流程。两段自磨时，第一段自磨机可在闭路条件下工作，也可开路工作。第二段磨矿可采用球磨，亦可采用砾磨，但两者一般都在闭路条件下工作。

**例 4-8-3** 某磁铁矿两段半自磨流程，如图 4-8-8 所示。该铁矿是我国目前最大的采用湿式自磨工艺的选矿厂。矿石堆密度为 $3.4 t/m^3$，矿石普氏系数 $f = 12 \sim 16$，岩石普氏系数 $f = 10$，矿岩松散系数为 1.5 左右。要求磨矿细度为 85% -200 目。

生产初期采用两段全闭路半自磨流程，如图 4-8-8（a）所示。原矿粗碎至 350～0mm，给入湿式自磨机磨碎，自磨机与高堰式螺旋分级机由泥勺机提升组成闭路。自磨机排矿经圆筒筛过筛后，+10mm 物料返回自磨机，筛下物料进螺旋分级机分级，返砂也返回自磨机，分级溢流细度为 50% -200 目左右。分级溢流经一段磁力脱水槽脱泥、脱水，并弃除部分尾矿后，进入第二段磨矿。第二段磨矿为溢流型球磨机与螺旋分级机组成的预检分级磨矿回路，分级溢流细度为 85% -200 目，合格溢流进磁选选别。两段闭路自磨流程的主要问题是，两段磨矿的负荷不平衡，往往第一段负荷高，第二段负荷不足，而且难以调节；同时，自磨机中易形成难磨粒级的聚集，致使自磨机的产量难以提高，若加大给矿量，则自磨机易造成"胀肚"。

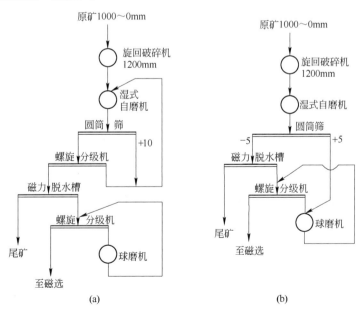

图 4-8-8 某铁矿两段半自磨流程
（a）两段全闭路；（b）两段一开路

针对上述存在的问题，将原流程改为两段一开路，如图4-8-8（b）所示。第一段自磨机开路工作，圆筒筛筛孔改为5mm，取消了螺旋分级机，筛上产物不再返回自磨机，而给入第二段球磨机磨碎，筛下产物直接进磁力脱水槽和第二段磨矿段。自磨机开路工作后提高了处理能力，第二段磨矿的负荷也得到提高，两段磨矿的负荷趋于平衡。

**例4-8-4** 某铁矿两段半闭路半自磨流程，如图4-8-9所示。该铁矿系磁铁矿，原矿含铁44.80%，矿石相对密度3.6，矿石普氏系数 $f = 8 \sim 12$。生产实践中发现，湿式自磨的难磨粒级中有相当一部分是密度小、品位低的岩石。因此，当难磨粒级从自磨机中排出后，可利用重介质选矿，或矿石有磁性时可利用磁滑轮等选矿方法抛除一部分大块脉石，而这部分脉石往往是较难磨的，这样就可以减少返回自磨机或进入下段作业的矿量。

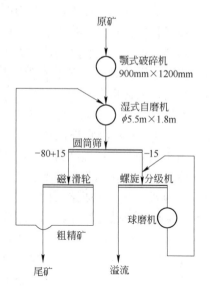

图4-8-9 某铁矿两段半闭路半自磨流程

湿式自磨机格板上安设有3个80mm×80mm的砾石窗，格子板孔为15（10）mm。从砾石窗及格孔排出的物料经圆筒筛筛分后，−80+15mm粒级物料用磁滑轮磁选，可抛弃相当于自磨机给料量5%~8%的废石，粗精矿返回自磨机再处理，−15mm粒级物料进入第二段磨矿，第二段磨矿为带预检分级的球磨机。

**例4-8-5** 瑞典波立登公司瓦斯堡铅锌矿两段一开路全自磨流程，如图4-8-10所示。瓦斯堡矿是石英状砂岩，矿石极其坚硬，须磨到50%~55%为−325目才能获得最好的单体解离。

矿石在井下用颚式破碎机粗碎至−206mm，提升上来，然后筛分成−38mm、−89+38mm和+89mm三个级别。三种粒级的矿石可以由不同的矿仓再混合配矿，以克服粒度上的不均匀。第一段自磨机开路工作，第二段为带检查分级的砾磨闭路。−89+38mm的砾介从粗碎产物中筛出，贮存于单独的矿仓中以备加入砾磨机。

采用两段全自磨与第二段用球磨的两段半自磨相比，在大多数情况下，前者是经济的。因为这种流程可以从湿式自磨机排矿格子板上开设砾石窗，使部分砾石从中排出，既部分地解决了砾磨所需介质，也同时排出了难磨粒级，提高了自磨机的处理量。但这种流程也存在一些缺点：（1）自磨工序前往往需设计从破碎产物中分取砾石的办法，这就使得流程复杂化；（2）由于砾磨产物较球磨产物粗，应采取措施将不适宜选别的粗粒级分出，较粗者返回自磨机，较细者返回砾磨机，这也使流程复杂化；（3）因为同规格的砾磨机的产量较球磨机小 $7.8/d_p$，这就

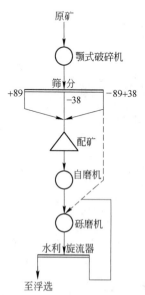

图4-8-10 瓦斯堡铅锌矿两段
一开路全自磨流程

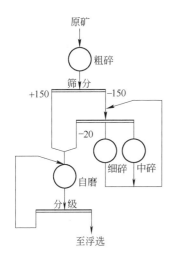

图 4-8-11　中间自磨流程

增加了基建投资的费用，但这一点可由节省了金属介质的消耗部分来补偿。

#### 4.8.4.4　中间自磨流程

中间自磨流程如图 4-8-11 所示。原矿经粗碎后，从中筛出 +150mm 粒级作为自磨磨矿介质，然后按一定比例给入自磨机。自磨介质一般情况下占原矿的 15%～30% 左右，视矿石性质而定。粗碎后筛出的筛下产物约占原矿的 70%～85%，进行中细碎，使其破碎到 -20mm，即相当于一般球磨机的给矿粒度，然后给入自磨机进行磨碎。这样，自磨机的给矿粒度及介质粒度的大小和数量都能得到控制。

中间自磨流程的特点是，将自磨的难磨粒级（即 30～70mm 的临界颗粒）先用破碎的方法排除，以达到提高自磨效率的目的。根据一般资料介绍，这种流程可提高自磨效率 25%～50%。不难看出，由于中间自磨流程既和传统的破碎流程有相似之处，又具有自磨的某些优越性，因此，它为传统破碎流程的改造提供了依据。另一方面，由于它增加了中、细碎作业，流程复杂，投资大，相应也带来了洗矿、贮运等一系列问题，抵消了自磨技术的一些优点，故在新设计厂矿中较少采用。

#### 4.8.4.5　砾磨流程

砾磨主要作为棒磨或自磨的二次磨矿设备，以进行细磨；少数情况下也可用于一次磨矿，代替棒磨进行粗磨。

**例 4-8-6**　我国某铜矿棒磨-砾磨流程，如图 4-8-12 所示。

该矿属含铜硅卡岩类型矿石，相对密度 3.2～3.6，矿石硬度 $f=12～16$，要求磨矿细度 -200 目占 65%。

此流程的特点是：原矿经三段破碎，破碎到 -25mm 以后，给入棒磨机进行粗磨，再入砾磨机进行细磨，砾磨介质从粗碎产物中由筛分获得，砾磨中难磨粒级间断排出并返回棒磨机处理，砾介的大小和数量容易控制，生产条件比较稳定，操作容易掌握，对矿石的适应性较广泛。

**例 4-8-7**　加拿大克利夫斯公司谢尔曼铁矿自磨-砾磨流程如图 4-8-13 所示。原矿经粗碎后进自磨机进行粗磨，再进砾磨机进行细磨。砾磨的砾介取自自磨机，在自磨机排矿端每块格子上均设有 2 个 65mm 的方孔，从中排出的矿料将在 25mm 和 4mm 的双层振动筛上进行筛分，4～25mm 的粒级返回自磨机，而 25～65mm 的粒级作为砾磨的砾介。这样的砾介均是比较耐磨的砾石

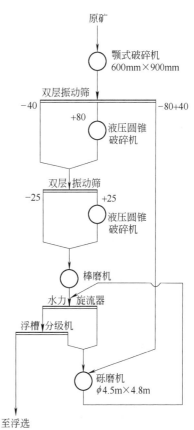

图 4-8-12　某铜矿棒磨-砾磨流程

组成，可使砾介的耗量降。在磨矿回路中设有磁选机，目的是尽早抛除尾矿，这样可以节省大量磨矿费用。另外，在回路中应用了弧形筛和敲击细筛，前者用来分级，后者用来选别。

　　**例 4-8-8**　芬兰奥托昆普公司克列蒂铜矿两段砾磨流程如图 4-8-14 所示。原矿经三段破碎后给入第一段砾磨机进行粗磨，粗磨的产物再进行第二段砾磨机细磨。第一段砾磨机的砾介从粗碎产物中筛出，第二段砾磨的砾介从中碎产物中筛出。若第二段砾磨机的砾介消耗量大，则所用砾介可从粗碎产物中筛出部分加以补充。

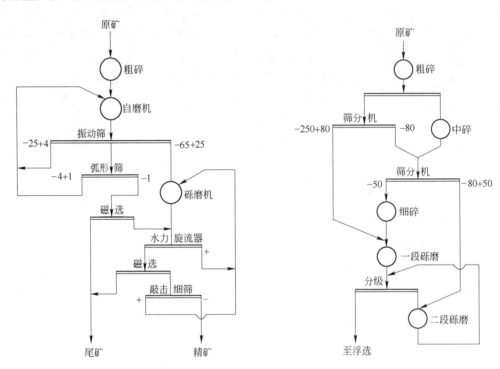

图 4-8-13　谢尔曼铁矿自磨-砾磨流程　　　　　图 4-8-14　克列蒂铜矿两段砾磨流程

## 复习思考题

4-1　按磨矿的目的划分磨矿有几类，为什么说选矿之前的磨矿属于解离性磨矿？

4-2　评价磨矿过程好坏的技术经济指标有哪些，如何评价？

4-3　磨内钢球运动状态与哪些因素有关，钢球有多少种运动状态，典型的运动状态有哪几种？

4-4　简述钢球各典型运动状态下的磨矿作用。

4-5　选矿厂常用的磨矿机如何分类？

4-6　简述格子型球磨机、溢流型球磨机、棒磨机的排矿原理及方式。

4-7　简述格子型球磨机、溢流型球磨机、棒磨机的性能及应用场合。

4-8　自磨机与常规球/棒磨机相比结构上有何特点？

4-9　砾磨机与常规磨机相比有什么优势及劣势？

4-10　说明自磨机的应用范围，为什么目前半自磨机应用较多？

4-11　磨矿机的安全问题主要易出现在哪些方面，如何注意预防？

4-12　现代磨矿机在哪些方面对老的磨矿机作了改进？

4-13　目前国外新出现而且具有发展前景的磨矿机有哪几种？

4-14 作用于钢球的力有哪些，这些力各起什么作用，在这些力作用下钢球如何运动？

4-15 何谓临界转速，$n_{KP}$ 如何推导计算？

4-16 超临界磨矿的实质是什么，实现超临界磨矿的条件是什么？

4-17 钢球做抛落运动的基本方程式是哪两个？

4-18 钢球做抛落运动时各特殊点坐标由什么因素决定？

4-19 何谓最小球层半径与最大脱离角？

4-20 抛落运动状态下磨机断面分几个区域，各区域的磨矿作用如何？

4-21 如何确定磨机的最佳转速？

4-22 何谓低转速及高转速磨矿制度，$\psi = 76\% \sim 88\%$ 时是否是最合理的转速？

4-23 钢球抛落运动理论的适用性如何？

4-24 电网输入磨机的能量主要耗在哪几个方面，大约各占多少比例？

4-25 泻落式工作下磨机有用功率有什么特点？

4-26 抛落式工作下磨机有用功率有什么特点？

4-27 根据泻落式及抛落式工作的有用功率特点说明其各自提高转速的效果。

4-28 磨矿过程的力学实质启发人们如何对待磨机的功耗？

4-29 开路磨矿有何特点，在哪些情况下使用？

4-30 闭路磨矿有何特点，在哪些情况下使用？

4-31 磨矿循环中常用的分级设备有哪几种，各有何优缺点？

4-32 何谓返砂比？推导带检查分级的返砂比。

4-33 何谓磨矿动力学？试推导它的基本公式。

4-34 返砂在磨矿过程中的作用是什么，返砂比过大或过小各有什么危害？

4-35 磨机生产率与循环负荷及分级效率的关系如何，利用这种关系如何指导磨矿生产？

4-36 用磨矿动力学原理分析开路磨矿可得出什么结论？

4-37 用磨矿动力学原理分析闭路磨矿可得出什么结论？

4-38 用磨矿动力学原理分析磨机生产率与循环负荷及分级效率的关系可得出什么结论？

4-39 影响磨矿过程的因素有哪几类，哪些可改变而哪些不可改变？

4-40 矿料性质怎样影响磨矿过程？

4-41 给矿粒度和磨矿细度怎样影响磨矿，这两个因素哪一个对磨矿的影响更大？

4-42 磨机的结构因素对磨矿有何影响？

4-43 转速怎样影响磨矿？

4-44 装球量怎样影响磨矿？

4-45 选矿前的磨矿对钢球尺寸有何要求，为什么要满足这些要求？

4-46 精确化装球如何实现，它有什么优越性？

4-47 磨机的生产率计算法有几种，其各自有何优缺点？

4-48 模拟计算法有何特点，在哪种情况下使用误差会小些？

4-49 功指数计算法有何特点，在哪些情况下使用误差较大？

4-50 功率指数计算法的应用应具备哪些条件？

4-51 影响磨矿流程选择的因素有哪些？

4-52 一段磨矿流程有何优缺点？

4-53 两段磨矿流程有何优缺点？

4-54 矿石自磨的流程有哪几类？

4-55 中间自磨流程的特点及作用如何？

4-56 半自磨-砾磨的磨矿流程有何特点？

# 碎矿与磨矿实验指导书

## 实验一　筛分分析和绘制筛分分析曲线

### 一、实验目的

选矿工艺中经常要了解物料的粒度组成。筛分分析是考查碎散物料粒度组成的重要方法之一，在整个选矿工艺过程中筛分分析是测定原矿、破碎和磨碎以及选别产品的粒度组成而使用的最广泛的方法。采取一定质量的有代表性的试料，用筛孔大小不同的一套筛子进行粒度分级，分成若干级别后，称量各级别的质量、计算出各级别的质量百分比，就能找出物料是由含量各为多少的某些粒级而组成。从粒度组成中，可以看出各粒级在物料中的分布情况，表示物料粒度的特性曲线通常称为筛分分析粒度特性曲线。因此，筛分分析是选矿工艺中最基本的试验。通过这次实验，应学会筛分分析的试验技术和整理有关的实验资料。

### 二、实验要求

（1）正确地取出筛分分析试样量，并用标准筛进行筛分和称出各级别的质量，通过实验对标准筛有一定了解，要求掌握使用标准筛做筛析的操作技能；

（2）通过实验学会填写筛分分析记录表，并作相关的计算：质量百分率、筛上累积质量百分率和筛下累积质量百分率；

（3）通过实验，要求学会正确取出筛析试样量，如果试样量过多，筛分分析的时间就会花的过长，试样量太少，则不能代表整个物料的特性，正确试样量的采取方法可以查表求得；

（4）把筛分分析的试验记录在算术坐标纸及双对数坐标纸上，画成"粒度-质量百分率"和"粒度-累积质量百分率"两种曲线。

### 三、实验用具和试样

（1）标准筛；（2）试验振筛机；（3）托盘天平；（4）试样缩分器；（5）搪瓷盘；（6）坐标纸；（7）秒表。

### 四、实验步骤

（1）估计矿料中的最大粒约有 2mm，查表或用公式计算求得需采取试样量 500g，试样 500g 的采取可以从原物料中用缩分器缩分而得，也可以用方格法在原物料中取出 500g 试样。

（2）检查所用的标准筛，按照规定的次序叠好。套筛的次序是从上到下逐渐减小的，并将各筛子的筛孔尺寸按筛序记录在表内。

（3）称量试样量，并把称得的结果填在记录表中。

（4）进行筛分。先从筛孔最大的那个筛子开始，依次序地筛。为了便于筛分和保护筛网，筛面上的矿料不应当太重，对于细筛网尤应注意。通常用筛孔为 0.5mm 以下的筛子进行筛分时，试样不许超过100g，矿料如果太多，可分几次筛。筛分时要规定终点，通常规定筛1min后，筛下产物不超过筛上产物的1%（或试样量的0.1%）即为终点，如果未到终点，应当继续筛分。为了避免损失，筛的时候，筛子要加底盘和盖。

（5）称量每次筛得的筛上物，并记录在表中。用托盘天平称质量，可以准确到二分之一克，估计到十分之一克。

（6）各级别的质量相加的总和，与试样质量相比较，误差不应超过 1% ~ 2%。如果没有其他原因造成显著的损失，可以认为损失是由于操作时微粒飞扬引起的。允许把损失加到最细级别中，以便和试样原质量相平衡。

## 五、实验记录

（1）筛分分析表

试样名称＿＿＿＿＿＿　　　试样质量＿＿＿＿＿＿

$$筛分误差 = \frac{试样质量 - 筛析后的总质量}{试样质量} \times 100\%$$

| 级　　别 | | 质量/g | 质量百分率/% | 筛上累积质量百分率/% | 筛下累积质量百分率/% |
|---|---|---|---|---|---|
| 目 | 筛孔宽/mm | | | | |
| | | | | | |
| | | | | | |
| | | | | | |
| | | | | | |
| | | | | | |
| | | | | | |
| | | | | | |
| 共计 | | | | | |

（2）在算术坐标纸和双对数坐标纸上各画出"粒度-质量百分率"、"粒度-筛上累积质量百分率"和"粒度-筛下累积质量百分率"三种曲线。

## 六、实验注意事项

（1）实验前要认真阅读实验说明书和本书中关于筛分分析的部分。

（2）实验中要严肃认真，严格禁止实验过程中马虎写报告和抄袭等不良现象。

（3）为保护网筛，卡在筛网上的难筛颗粒，禁止用手去抠，应该用毛刷沿筛丝方向轻轻刷除，合并筛上物一起计算称重。操作中，标准筛不能任意放置，以免网面碰到硬物而损坏，筛子用完后将筛子筛面向上放置在规定的地方。

（4）为保证称重，计量、读数、记录的准确，建议每组由专人进行称重、读数、记录和操作天平。

（5）各级别物料称重记录后，应暂时保存，待全部级别筛析称重后检查称重总和是否与原物料质量相符，总质量与各级别质量之和在允许误差范围内，物料才可以倒弃。

（6）实验结束，将实验记录填好，清理好用具和周围的卫生后才能离开。

## 七、回答问题

（1）什么是网目？

（2）筛分分析终点指的是什么，如何表示已达到筛分终点？

（3）根据所做曲线查出 +0.15mm 粒级的质量百分率是多少， −1.2mm 粒级的质量百分率是多少？

## 八、报告内容

报告内容包含：（1）筛分分析记录表；（2）绘制筛分分析曲线；（3）回答问题。

注：筛分时如用试验振筛机，可将几个筛子同时进行筛分，筛分时间约 10～30min，具体随物料被筛的难易程度而定。筛够规定时间后，将每层筛子取下，在塑料布上用手筛，检查是否已到终点。如果用手筛分，动作应和试验振筛机的相似，即将筛子做平面往复运动两次，击打筛边两次，然后持筛的手顺筛边移动约 30°角，再重复往复运动和击打动作。

# 实验二　振动筛的筛分效率和生产率测定

## 一、实验目的

振动筛是选矿厂中常用的筛子，它的工作质量对破碎车间的生产影响很大，因此要测定它的筛分效率和生产率。通过这次实验，学会怎样测定和计算它的筛分效率和生产率。

## 二、实验要求

（1）观察振动筛的构造和工作原理；

（2）测定振动筛的筛分效率和生产率各三次；

（3）作出有关筛分效率和生产率的计算；

（4）分析筛分效率和生产率的关系，验证筛分动力学中的公式。

## 三、实验工具

（1）振动筛；（2）钢卷尺；（3）筛孔宽和振动筛筛网孔宽相同的检查用的筛子和筛孔宽是振动筛筛网孔宽的一半的筛子各一个；（4）分样器；（5）台秤；（6）盛试样用的器具；（7）秒表。

## 四、实验步骤

（1）观察振动筛的构造，看清它的主要部件，用手盘动皮带轮，检查筛子是否能转动。开动筛子。结合学过的振动筛工作原理，观察它的运动，工作中要注意安全，不要靠近筛子的传动部分。

（2）用试样缩分器把试样分成四份，其中一份用作给矿的筛分分析，其余三份作振动筛的给矿。

（3）测量出筛面的长度和宽度。

（4）用两个检查筛筛分一份试样，找出试样中比筛孔小的矿粒的百分率和比 1/2 振动筛筛网孔宽小的矿粒的百分率。

（5）把其余三份试样分三次给入振动筛做试验。每次给料器的排口宽度要显著的不同，才能得到不同的给矿量。因此，应当把给料器的排口宽依次加大约一倍。矿料进入筛子时即开始用秒表计时，矿料全都离开筛面时停止秒表，记下时间。

（6）称出筛上物和筛下物的质量，再把筛上物用筛孔宽和振动筛筛网孔宽相同的检查筛筛分，求出它里面含有的比筛孔小的矿料的百分率。

（7）填好记录，并且检查规定要的资料是否都有后，作出有关的计算。

## 五、实验记录

振动筛的筛网：长_____ m，宽_____ m，面积_____ m$^2$，筛孔宽_____ mm

矿料中小于 1/2 振动筛筛网孔宽的含量_____% ，矿料堆密度（$\rho_0$）_____ kg/m$^3$

| 项　目 | 试验号次 | 1 | 2 | 3 |
|---|---|---|---|---|
| 筛分效率 | 给矿质量/kg | | | |
| | 筛上物质量/kg | | | |
| | 筛下物质量/kg | | | |
| | 筛分时间/min | | | |
| | 筛上物中比筛孔小的矿粒含量/% | | | |
| | 用 $E = \dfrac{C}{Q\alpha} \times 10000\%$ 计算的效率/% | | | |
| | 用 $E = \dfrac{\alpha - \theta}{\alpha(100 - \theta)} \times 10000\%$ 计算的效率/% | | | |
| | 两种计算法相比较的差值 | | | |
| 生产率 | 实测的生产率/kg·h$^{-1}$ | | | |
| | $Q = A_1\rho_0 qKLMNOP$ 计算的生产率/kg·h$^{-1}$ | | | |
| | 两种计算法相比较的差值 | | | |

## 六、分析并解决下面的问题

（1）两种计算法算得的筛分效率相差是否很大？如果很大，原因在哪里？

（2）两种计算法算得的生产率相差是否很大？如果很大，原因在哪里？

（3）试用第 2 章中讲过的"筛分动力学及其应用"分析试验的结果，看筛分效率和生产率有什么样的关系？

### 七、注意事项

（1）操作中要注意安全，筛子开动时不要靠近它。

（2）实验前认真复习本书第 2.2 节和第 2.3 节，并认真阅读说明书。

（3）记录填好后，收齐用的工具，清理实验场所后，才能离开实验室。

（4）报告只包括记录和 3 个问题的答案。

附：因为每次实验的时间内，只模拟了生产中的振动筛的一般工作，与生产中连续工作的振动筛的情况毕竟不同。最显著的是，在短时间的筛分中，难筛粒卡住筛孔，既未进入筛下，也来不及从筛上排出。其结果就会使筛上物的产率减少，或使筛上物中含小于筛孔的粒级增多。这两种可能性都存在，至于哪一种是主要的，须由矿料的性质和工作条件而定。

## 实验三　测定破碎机的产品粒度组成和找出它的粒度特性方程

### 一、目的和要求

调整破碎机的排矿口大小，测定破碎产品粒度组成，计算破碎机的破碎比，是操作破碎机的经常工作。通过此次实验，要求能够掌握本实验所用颚式破碎机的构造、性能、工作原理和操作方法，学会调整该种破碎机的排矿口，掌握测量排矿口大小的方法，测定该破碎机给矿和产品的粒度组成，计算该破碎机的破碎比和残余颗粒的百分率，绘制粒度特性曲线，找寻粒度特性方程。

### 二、实验用设备和其他设备

（1）破碎机（100×60 单肘复杂摆动型颚式破碎机）：本破碎机进料口尺寸为 100mm×60mm，最大的给料粒度可达 45mm，冲次为 650 次/min，排矿口调节范围 6~16mm，生产能力 250~400kg/h，电动机功率 1.5~2kW。

（2）筛子：本实验选 3mm、4mm、5mm、6mm、8mm、12mm、15mm、25mm、35mm、45mm 的木框铁线编织筛，测定破碎机给矿的粒度组成时采用 3mm、8mm、12mm、15mm、26mm、35mm、45mm 的七把筛子，测定破碎机产品粒度组成时采用 3mm、4mm、5mm、6mm、8mm 五把筛子。

（3）台秤：本实验采用精度为 0.2kg、称量为 500kg 的台秤来称原料和各级别质量，称时要求精确到 0.2kg。

（4）其他实验用具：铅球块、卡尺、钢尺、铁铲、盛料桶等。

### 三、实验步骤

（1）把给矿作出筛分分析，并将结果填在记录中。

（2）观察所用的颚式破碎机的构造，认清它的重要部件和作用。

（3）开动破碎机，运转数分钟后，将铅球丢入，用卡钳及钢尺测压扁了的铅球厚度，即得排矿口宽。测完排矿口宽度，然后开始给矿。操作时要注意安全，不要靠近破碎机传动部件，不要埋头看破碎腔，防止矿石飞出打伤人。在碎矿过程中，若矿块太硬而卡住颚板不能破碎时，必须立即切断电源，待将破碎腔内的物料消除完后，方能继续进行碎矿，以免损坏电动机和机器零部件。

（4）把破碎机的产品作筛分分析，并填写在记录表中，从整理好的记录中读出：最大粒度，残余粒百分率，破碎比。

## 四、实验记录

破碎机名称_____；排矿口宽_____mm；矿石名称_____

| 给矿筛分分析<br>原　　　重_____kg | | | | 产品筛分分析<br>原　　　重_____kg | | | | |
|---|---|---|---|---|---|---|---|---|
| 筛孔宽<br>/mm | 质量<br>/kg | 质量百分率<br>/% | 筛下累积<br>质量百分率<br>/% | 筛孔宽<br>/mm | $\dfrac{筛孔宽}{排矿口宽}$ | 质量/kg | 质量百分率<br>/% | 筛下累积<br>质量百分率<br>/% |
| | | | | | | | | |
| | | | | | | | | |
| | | | | | | | | |
| | | | | | | | | |
| | | | | | | | | |
| | | | | | | | | |
| | | | | | | | | |
| | | | | | | | | |
| 共　计 | | | | | | | | |

## 五、回答下列问题

（1）根据筛分分析曲线，填出下列资料。

给矿最大块 _____ mm；产品最大块 _____ mm；破碎比 _____；残余粒_____%。

（2）如果产品的筛分分析曲线近似直线，找出此直线的方程式中的参数并列出此直线方程式。即

$$y = Ax^k \quad 或 \quad y = 100\left(\frac{x}{K}\right)^a$$

式中　$k$——斜率，$k = \dfrac{\lg y_1 - \lg y_2}{\lg x_1 - \lg x_2}$；

　　　　$A$——截距，$A = \dfrac{y_2}{x_2^k}$；

$K$——粒度模数，即理论极限粒度；

$a$——与物料性质有关的参数，$a$ 值介于 $0.7\sim1$ 之间。

（3）根据所做曲线，找出破碎残余粒百分率。

（4）参考题：根据实验资料，若要求破碎产品中 $-6mm$ 的占 $70\%$，此时排矿口应调到多大。

### 六、实验注意事项

（1）做实验前认真阅读实验指导书和本书中的有关部分。

（2）操作中应注意安全，以免发生安全事故。

（3）报告内容包含记录表格和要回答的问题。

（4）物料称重时不要忘了减去桶或容器的质量。

（5）填好实验记录，并给指导老师检查无误后，清理好所用工具及场地，才能离开实验室。

# 实验四　测定矿石的可磨性并验证磨矿动力学

### 一、实验目的

测定磨矿时间与产品细度的关系，是研究矿石的可磨性及磨矿动力学的基本试验。通过这次实验，找出磨矿产品细度随磨矿时间增加而增加的规律，并对磨矿动力学作初步验证和体会。

### 二、实验要求

（1）通过实际操作学会使用不连续小球磨机磨矿；

（2）根据实验室小球磨机的规格特性，计算出该磨机的转速率和装球率；

（3）根据实验数据和计算，绘制如下曲线：

1）在计算坐标纸上，以磨矿时间为横坐标，以磨矿产品 $-100$ 目的筛下物百分含量 $(100-R)\%$ 为纵坐标，作曲线。

2）以 $\lg t$ 为横坐标，$\lg\left(\lg\dfrac{R_0}{R}\right)$ 为纵坐标，作曲线。

（4）所做曲线若近似直线，求此直线方程式及参数。

即求 $R_0=Re^{-kt^m}$ 或 $\dfrac{R_0}{R}=e^{kt^m}$ 并求式中的 $m$、$K$ 值

$$e=2.718 \qquad \lg\dfrac{R_0}{R}=-Kt^m\lg e$$

$$m=斜率=\dfrac{\lg\left(\lg\dfrac{R_0}{R_2}\right)-\lg\left(\lg\dfrac{R_0}{R_1}\right)}{\lg t_2-\lg t_1} \qquad K=\dfrac{\lg\dfrac{R_0}{R}}{t^m\lg e}=\dfrac{\ln\dfrac{R_0}{R}}{t^m}$$

（5）计算球磨机的装球率和转速率

转速率 $\qquad \varphi = \dfrac{n}{n_0} \times 100\%$

式中　$n$——磨矿机的实际转速；

$n_0$——磨矿机临界转速，$n_0 = \dfrac{42.4}{\sqrt{D}}$；

$D$——磨矿机直径，在此取 0.16m。

装球率 $\qquad \varphi = \dfrac{V_{球}}{V_{磨}} \times 100\%$

式中　$V_{球}$——装球体积，$V_{球} = \dfrac{G}{\delta}$；

$G$——球重；

$\delta$——球堆密度，$\delta = 4.85\text{t/m}^3$。

（6）对试验结果进行分析讨论。

## 三、实验用磨机和钢球

（1）本实验采用 200mm × 160mm 筒形球磨机，磨机转速 108r/min，磨机有效容积 0.32L，磨机电机功率为 0.6kW。

（2）磨机用大小不同的钢球作为磨矿介质，磨机钢球按装球率为 45%，计算得钢球总质量为 $G = V_{球} \times \delta_{球} = 1579.5 \times 4.85 = 8\text{kg}$。

8kg 钢球大小质量配比如下：

| 钢球直径/mm | − 50 + 45 | − 45 + 35 | − 35 + 25 | − 25 + 15 | − 15 + 10 |
|---|---|---|---|---|---|
| 钢球质量/kg | 1.4 | 1.8 | 2.2 | 1.8 | 0.8 |

## 四、磨矿条件

每次磨矿量为 500g，磨矿浓度为 65%（即每次磨矿 500g 须加水 270mL）。磨矿时间分别定为 3min、6min、9min、12min。

## 五、实验步骤

（1）称取四份试料，每份 500g；

（2）用手扳动磨机检查磨机转动是否灵活；

（3）打开磨机盖，若磨机内装有蓄水，必须将蓄水倒净，加料时必须先加钢球后再加入一份试料，最后加入 270mL 的水；

（4）盖紧磨机盖，旋紧磨机端螺丝，按规定时间，分别进行 3min、6min、9min、12min 磨矿，在开动磨机的同时，按秒表计时；

（5）磨到规定时间后关闭电源开关，停止磨机，将矿浆取出。用 100 目筛子，湿法筛出 +100 目物料；

（6）将 +100 目物料烘干称重，将质量记录于表格内。−100 目物料不做处理。

## 六、实验记录

试料名称＿＿＿＿＿　每次试料质量500g　磨矿浓度65%

| 实验次序 | 磨矿时间 | | +100 目质量/g | +100 目质量<br>百分率 R/% | −100 目质量<br>百分率 100 − R/% | $\dfrac{R_0}{R}$ | $\lg\left(\lg\dfrac{R_0}{R}\right)$ |
|---|---|---|---|---|---|---|---|
| | $t/\min$ | $\lg t$ | | | | | |
| 1 | 3 | | | | | | |
| 2 | 6 | | | | | | |
| 3 | 9 | | | | | | |
| 4 | 12 | | | | | | |

注：$R_0$ 是被磨物料中粗级别质量百分率；

　　$R$ 是经过 $t$ 时间磨矿以后，粗粒级残留物的质量百分率，+100 目物料为粗级别物料。

## 七、注意事项

（1）实验前必须认真阅读实验指导书和本书第4.5.3节。

（2）在操作磨矿机过程中要特别注意人身设备安全，防止事故发生。

（3）操作过程中不能将矿浆、水弄到磨矿机的皮带上去，不然会使皮带打滑，影响磨机转速和磨矿效率。

（4）磨机内的钢球是按一定大小、一定质量配合好的，操作时切勿乱丢乱放或私自拿走，不然会影响磨矿效率和实验数据的准确性。

（5）湿法筛分磨矿产品时，必须检查筛分终点，即另换清水筛分时，以洗水基本上不浑浊才算达到筛分终点，否则要继续筛洗，直至水清为止。湿法筛分方法，先盛一盆清水，右手握住筛框，将矿浆倒入筛上，若矿浆量太多，可分几次进行筛分，这样不仅能保护筛子的筛网，而且能加快筛分速度，筛分时将筛子浸入水中 1/3 ~ 1/2 位置，把筛框轻轻用手拍打或向盆边敲击产生振动，同时将筛子做上下运动，并用清水不断冲洗筛子。

（6）实验过程中，要严肃认真工作，每人都要争取操作机会。

（7）实验做完后，必须清理好用具，为了防止磨机筒体、钢球生锈，磨机筒体内要放满清水将磨机盖板盖好，实验数据经指导老师检查无误后，方能离开实验室。

实验报告内容包括实验指导书的实验目的、实验要求、实验工具、实验步骤及实验记录等内容，实验报告必须在一周内交齐。

# 参 考 文 献

[1] 李启衡. 碎矿与磨矿[M]. 北京：冶金工业出版社，1980.

[2] 中南矿冶学院，东北工学院. 破碎筛分[M]. 北京：中国工业出版社，1961.

[3] 安德烈耶夫，等. 有用矿物的破碎、磨碎及筛分[M]. 北京矿业学院译. 北京：中国工业出版社，1963.

[4] 《选矿设计参考资料》编写组. 选矿设计参考资料[M]. 北京：冶金工业出版社，1972.

[5] 《选矿设计手册》编委会. 选矿设计手册第二卷第一、二分册[M]. 北京：冶金工业出版社，1993.

[6] 段希祥. 选择性磨矿及其应用[M]. 北京：冶金工业出版社，1991.

[7] 段希祥. 球磨机介质工作理论与实践[M]. 北京：冶金工业出版社，1999.

[8] 徐小荷、余静. 岩石破碎学[M]. 北京：煤炭工业出版社，1984.

[9] 李启衡. 粉碎理论概要[M]. 北京：冶金工业出版社，1993.

[10] 段希祥. 球磨机球径的理论计算研究[J]. 中国科学 A 辑，1989，8.

[11] 段希祥. 贫磁铁石英岩矿石细磨的新方向[J]. 中国科学 A 辑，1992，35（5）：548～554.

[12] 段希祥. 球径半理论公式的修正研究[J]. 中国科学 E 辑，1997，27（6）：510～515.

[13] Д. К. Крюкоъ. Усоъершенствавание Раэмельнотто Оброудованния Горнооба гатительных Прелприятнй. излательство "нелра"，Москва，1996：10～44.

[14] Pit and Quarry Handbook Purcheasing Guide for the Nonmetallic Minerals Industries，sixty-second edition [M]. 1961.

[15] Bela Beke. The Process of Fine Grinding[M]. Budquest：Akademial Kiado，1981.

# 冶金工业出版社部分图书推荐

| 书　名 | 作　者 | 定价(元) |
|---|---|---|
| 中国冶金百科全书·采矿卷 | 本书编委会　编 | 180.00 |
| 中国冶金百科全书·选矿卷 | 编委会　编 | 140.00 |
| 选矿工程师手册（共4册） | 孙传尧　主编 | 950.00 |
| 金属及矿产品深加工 | 戴永年　等著 | 118.00 |
| 膏体与浓密尾矿指南（第3版） | 吴爱祥　译 | 185.00 |
| 选矿试验研究与产业化 | 朱俊士　等编 | 138.00 |
| 金属矿山采空区灾害防治技术 | 宋卫东　等著 | 45.00 |
| 尾砂固结排放技术 | 侯运炳　等著 | 59.00 |
| 地质学（第5版）（国规教材） | 徐九华　主编 | 48.00 |
| 采矿学（第3版）（本科教材） | 顾晓薇　主编 | 75.00 |
| 应用岩石力学（本科教材） | 朱万成　主编 | 58.00 |
| 磨矿原理（第2版）（本科教材） | 韩跃新　主编 | 49.00 |
| 金属矿床露天开采（本科教材） | 顾晓薇　主编 | 55.00 |
| 金属矿山生态－经济一体化设计与固废<br>　　资源化利用（本科教材） | 顾晓薇　主编 | 49.00 |
| 爆破理论与技术基础（本科教材） | 璩世杰　编 | 45.00 |
| 矿物加工过程检测与控制技术（本科教材） | 邓海波　等编 | 36.00 |
| 矿山岩石力学（第2版）（本科教材） | 李俊平　主编 | 58.00 |
| 新编选矿概论（第2版）（本科教材） | 魏德洲　主编 | 35.00 |
| 固体物料分选学（第3版） | 魏德洲　主编 | 60.00 |
| 选矿数学模型（本科教材） | 王泽红　等编 | 49.00 |
| 磁电选矿（第2版）（本科教材） | 袁致涛　等编 | 39.00 |
| 采矿概论（本科教材） | 陈秋松　主编 | 49.00 |
| 矿产资源综合利用（高校教材） | 张　佶　主编 | 30.00 |
| 选矿试验与生产检测（高校教材） | 李志章　主编 | 28.00 |
| 选矿厂设计（高校教材） | 周晓四　主编 | 39.00 |
| 矿山企业管理（第2版）（高职高专教材） | 陈国山　等编 | 39.00 |
| 露天矿开采技术（第2版）（职教国规教材） | 夏建波　主编 | 35.00 |
| 井巷设计与施工（第2版）（职教国规教材） | 李长权　主编 | 35.00 |
| 工程爆破（第3版）（职教国规教材） | 翁春林　主编 | 35.00 |
| 金属矿床地下开采（高职高专教材） | 李建波　主编 | 42.00 |
| 重力选矿技术（职业技能培训教材） | 周晓四　主编 | 40.00 |
| 磁电选矿技术（职业技能培训教材） | 陈　斌　主编 | 29.00 |
| 浮游选矿技术（职业技能培训教材） | 王　资　主编 | 36.00 |
| 碎矿与磨矿技术（职业技能培训教材） | 杨家文　主编 | 35.00 |